城镇污水厂
污泥处理技术与工程案例

安莹玉　吴云生　陈　云　主编
杭世珺　张宝林　冒建华　主审

化学工业出版社

·北京·

内容简介

城镇污水厂污泥产量巨大，其是否能得到有效、完善处理，已成为环保领域内的一项重要课题。本书基于国内外现状，分析了污泥来源与性质、国内污泥处理处置存在的问题，并介绍了各种污泥处理技术现状，包括浓缩与常规脱水、深度脱水、好氧发酵、厌氧消化、热干化、焚烧、热解炭化、其他工艺等，并对污泥处理辅助工程做了介绍，以上各污泥处理技术均附带案例，通过实际案例增强读者对各工艺技术的认识与理解。

本书内容全面，从实际案例出发，能客观展现各污泥处理技术的优缺点，可供从事环境保护、市政工程工作的技术人员、科研人员及政策制定者阅读、参考，也可作为高等学校环境科学、环境工程、给水排水工程、市政工程等专业本科生、研究生的教材或参考书。

图书在版编目（CIP）数据

城镇污水厂污泥处理技术与工程案例 / 安莹玉，吴云生，陈云主编． -- 北京：化学工业出版社，2024.12. -- ISBN 978-7-122-42789-2

Ⅰ．X705

中国国家版本馆CIP数据核字第2024CR4142号

责任编辑：王　琰　仇志刚
文字编辑：李晓畅　王云霞
责任校对：王　静
装帧设计：韩　飞

出版发行：化学工业出版社
　　　　　（北京市东城区青年湖南街 13 号　邮政编码 100011）
印　　装：北京建宏印刷有限公司
787mm×1092mm　1/16　印张 24¼　字数 519 千字
2025 年 1 月北京第 1 版第 1 次印刷

购书咨询：010-64518888　　　　售后服务：010-64518899
网　　址：http://www.cip.com.cn
凡购买本书，如有缺损质量问题，本社销售中心负责调换。

定　　价：158.00元　　　　　　　　版权所有　违者必究

随着我国经济高速发展和城镇化水平提升，城镇污水排放和处理规模不断扩大。污泥作为城镇污水处理的副产物，具有"污染物"和"资源"的双重属性，既承载着环境保护的重任，又蕴含着资源循环利用的潜力。国家对污泥问题越来越重视，进行了大量的科技投入，因此，我国污泥的处理处置技术与工程实践也经历了从无到有、由点到线、由线到面的发展。近年来，"污染防治攻坚战"、"美丽中国"等国家战略及"双碳"目标陆续发布。在国家战略的引导下，我国污泥处理处置技术发展方向也逐渐由传统"无害化处理单一目标"向"绿色、低碳、资源循环多目标协同治理"转变。

本书首先对污泥的性质进行了剖析，不仅从化学组成、物理特性及生物转化特性等多个维度阐述了污泥的本质，还通过对国内外污泥处理处置现状的总结，展现了不同国家和地区在污泥处理策略上的差异与共性。这一部分的内容，为读者构建了一个清晰而全面的认知框架，为后续的技术探讨奠定了基础。

本书的核心部分，是对各种污泥处理技术进行详细阐述。从浓缩及常规脱水到深度脱水技术，遵循污泥脱水减量这一共性技术的发展脉络，逐步递进深入。好氧发酵与厌氧消化作为污泥生物处理的两大主流技术，不仅实现了污泥的稳定化和无害化，还实现了资源的循环利用。热干化、干化焚烧技术的介绍，体现了污泥处理向更加高效、更加彻底的方向迈进。而热解炭化及其他创新技术的探讨，更是为污泥处理技术的发展注入了新的活力。

本书在每一种工艺技术的阐述中，都遵循了"技术原理—技术设备—工程案例—成本分析"的逻辑线索，既保证了内容的系统性，又增强其实用性。技术原理部分，通过深入浅出的语言，让读者能够快速掌握技术核心；技术设备部分，通过图文并茂的形式，直观展示了设备的结构与工作原理；工程案例部分，精选了国内多个成功应用实例，为读者提供了宝贵的实践经验；成本分析部分，从投资与运行两个维度，对各项技术的经济性进行了客观评估。这样的编排，无疑为读者提供了一个全方位、多角度的学习平台。

污泥处理项目的成功实施，离不开科学合理的辅助工程设计。本书在最后一章，对污泥项目辅助工程设计进行了全面且细致的介绍。从污泥收集与输送系统的规划，到处理设施的布局与选型，再到泥质监测与安全保障措施的设置，每一个细节都关乎项目的质量与效率。本书进行了详实的案例分析，不仅让读者了解了辅助工程设计的重要性，还提供了实用的设计原则与方法，为项目的顺利实施提供了有力保障。

我国污泥处理处置已经形成了具有中国特色的无害化与资源化道路，未来应以无害化为目标，以资源化为手段，减污降碳协同推进，同时实现资源高效回收利用。污泥处理正向着"绿色、低碳、健康"方向发展。新起点需要新的从业者加入，需学习了解污泥相关技术背景，为污泥行业发展添砖加瓦。同时，也需要有经验的从业者在已有经验基础上总结沉淀，为污泥行业发展建言献策。

本书全文内容全面、系统性强、通俗易懂、深入浅出，可作为水务企业、工程设计单位、政府机构、高校及科研院所的参考用书。我相信，这本书的出版，将为广大读者在市政污泥处理领域的学习和实践提供一定的参考与指导。

戴晓虎
同济大学环境科学与工程学院教授

拿到本书的初稿后，我不禁回忆起四十余年前的情景。彼时，关于污泥处理的书籍寥寥无几，除了一本从日文翻译的参考书，让我印象最深刻的便是金儒霖先生所著的《污泥处置》，这本书在当时乃至随后很长的一段时期内，成为我们行业内少有的专业参考书。我的污泥处理基础知识和许多实验方法都得益于此，相信当时的同行们也受益匪浅。然而，在随后的几十年中，污泥处理行业始终缺乏一本系统而全面的专业参考书。当下，看到这本书的诞生，我深感欣慰，认为它是近年来污泥处理领域中难得的专业力作。特别令人欣喜的是，本书的作者们虽年轻，但拥有丰富的实践经验。他们不仅学习了前辈的知识，更以多年的工作积累和切身实践，展示了我国污泥处理领域的宝贵经验。

本书的作者们长期深耕于水务行业，参与了全国大量工程项目的实践，积累了广泛的实践经验。他们在此基础上，深入研究了具体项目的技术细节，将多年的工程见解和实践成果系统化，形成了全面而深入的分析与总结。正是这份独特的经历，让本书既具有高度的理论价值，又饱含鲜活的工程实用性，为行业同仁和技术研究者提供了宝贵的学习与借鉴资源。

本书以工程案例为主，在编排上独具匠心，系统性与实用性并重。针对污泥处理的核心工艺环节——浓缩与脱水、深度脱水、好氧发酵、厌氧消化、热干化等，从原理与技术类型、工艺流程与参数、设备配置、工艺优缺点及适用范围、工程案例以及技术经济分析等方面展开全面介绍。这种编排方式不仅能为不同层次的读者提供清晰的技术路线图，也在各工艺单元中融入了一定的原理性阐释，使读者能对每项技术理解得更加系统和深刻。

除了核心工艺的详尽介绍，本书还着力于污泥处理的辅助工程设计，包括电气和自控方案、常用仪表选型以及除臭与通风方案等，进一步丰富了工程实践的参考价值，成为了一本具有高度参考价值的技术读物。同时，本书充分反映了近年来国家在污泥处理领域的政策引导与我国在污泥处理处置领域的技术进步。书中介绍了高压带式脱水机、厢式隔膜压滤机、立式直压压滤机、低温真空板框压滤干化机、电渗透脱水机等一系列污泥深度脱水设备及其相关工艺流程，涵盖了我国当前在这一领域领先的技术实践。此外，对于污泥热法处理、低温热泵干化等节能降耗的新技术，书中也进行了详尽的解析，尤其是对污泥热解炭化技术的系统介绍，更是凸显了本书的技术前沿性。通过这些国内外新技术的探索，污泥处理处置技术不仅实现了减量化、无害化和资源化的目标，同时也指向了未来低污染、低能耗、低碳的可持续发展方向。

希望本书的出版能够起到推动行业不断进步、鼓励在技术上深度探索的作用，为构建绿色环保的污泥处理体系奠定基础。同时，希望本书能帮助更多年轻的工程师和研究者，成为他们的知识伙伴，激励他们在污泥处理技术的提升与行业长远发展中做出贡献。

王凯军

清华大学环境学院教授

污泥是城市污水处理过程中的必然产物，其妥善处理与处置一直备受社会关注。随着城市化进程加快和环境保护要求提升，科学、有效、低碳、合理地进行污泥处理与处置至关重要，这不仅关乎城市环境的改善，更直接关系到可持续发展战略的实施。本书旨在全面系统地介绍污泥处理处置工艺路线和工程案例，可供从事环境保护、市政工程工作的技术人员、科研人员及政策制定者阅读、参考，也可作为高等学校环境科学、环境工程、给水排水工程、市政工程等专业本科生、研究生的教材或参考书。

目前，国内污泥处理处置在顶层设计、工艺技术、经济效益、末端出路及资源化利用等方面存在问题，以上问题既与行业背景有关，也与行业对污泥处理处置技术不够了解、不够重视有关。了解污泥处理处置技术原理及各项指标是正确认识污泥问题的基础，本书从工艺路线角度出发，详细阐述了污泥处理处置各个环节。首先，介绍了污泥来源、国内外处理处置技术、污泥处理处置目标及工艺选择原则。其次，介绍了污泥预处理技术，包括浓缩、常规脱水和深度脱水等，为后续处理奠定基础。接着，介绍了污泥生物处理技术，如好氧发酵、厌氧消化等，可有效降解污泥中有机质和有害物质，进一步实现污泥减量并减少恶臭。然后，重点介绍了污泥热化学处理处置技术，如干化、焚烧、热解炭化，以实现污泥最终无害化和资源化利用。本书在介绍传统污泥处理处置技术的同时，也关注了一些新兴污泥处理技术，如有机无机分离、超临界水氧化、水热炭化等，这些技术的发展为污泥处理处置提供了新的思路和方向。最后，介绍了与污泥工艺设计配套的电气、自控、常用仪表、除臭与通风等辅助工程技术内容。

为了使读者能够更直观地了解污泥处理处置的实际应用情况，本书精选了一系列工程案例进行介绍。这些案例涵盖了不同规模和种类的处理工艺，既有独立市政污泥处理处置厂案例，也有污水处理厂配套的污泥处理设施案例，还有污泥与其他环保设施协同处置工程。同时，对污泥处理处置各种技术经济指标进行了汇总，梳理了一部分国内市政污泥处理工程和相关标准供读者参考。

本书在编写过程中力争做到理论与实践相结合，既有深入的理论分析，又有丰富的实践经验。同时关注国内外污泥处理处置技术的最新发展动态，力求为读者呈现一个全面、前沿的知识体系。通过对污泥处理处置技术原理、设备、投资、占地及运行成本的介绍，帮助污泥处理相关从业人员了解现有污泥处理处置技术。随着科技进步和环保要求的不断提高，污泥处理处置技术将持续更新和完善。期待未来我们能够有更多创新和突破，为城市环境治理和可持续发展作出更大贡献。

本书具体编写分工如下：第 1 章由吴云生完成；第 2 章由安莹玉完成；第 3 章由金潇完成；第 4 章由李义烁、吴熙共同完成；第 5 章由许文波、王凯共同完成；第 6 章由陈云完成；第 7 章由陈云完成；第 8 章由张宇昕、金潇共同完成；第 9 章由银正一、吴云生共同完成；第 10 章由蒋红与、陈昊楠共同完成；第 11 章由李中杰、刘小宝、师盼盼、王松、杨永茂共同完成；附录由陈云整理完成。全书由安莹玉、吴云生、陈云整体统筹，杭世珺、张宝林、冒建华进行了全书审阅。感谢所有为本书编写提供支持和帮助的同仁和朋友们，没有你们的辛勤付出和无私奉献，就没有本书的顺利出版。此外，本书编写过程中参考和引用了一些科研、设计、教学和生产工作同行撰写的专著、论文、手册、教材等，在此向他们表示衷心感谢！

污泥处理处置是一个复杂而庞大的系统工程，涉及多个学科领域的知识。本书虽然力求尽可能全面地介绍相关工艺路线和工程案例，但仍有可能存在一定局限性和不足之处，敬请读者批评指正，你们的反馈和建议将是我们不断进步的动力！

编者

2024 年 11 月

第 1 章

概述

1.1 污泥的来源及性质

1.1.1 污泥来源

污泥是由各种微生物以及有机、无机颗粒组成的固液混合物质。根据来源分类，大致可分为原水净化产生的给水污泥、城镇污水输送及处理产生的管道污泥和污水污泥以及工业废水处理产生的废水污泥三类，本书主要探讨城镇污水处理厂污水污泥处理处置技术。城镇污水处理厂污泥主要来源于污水处理过程中产生的沉淀物和过滤物，其来源和特性如表1-1所示。

表 1-1 城镇污水处理厂污泥来源及特性

污泥类型	来源	污泥特性
初沉污泥	初沉池	主要为进水悬浮物产生污泥，污泥量与进水悬浮物浓度相关
剩余污泥	二沉池	主要以活性污泥为主，污泥量与进水有机物和悬浮物浓度相关
化学污泥	化学沉淀池	主要以化学沉淀污泥为主，污泥量与药剂投加量、进水悬浮物浓度以及需要去除的特征污染物浓度相关

1.1.2 污泥性质

污泥性质对于处理处置技术选择起着至关重要的作用，正确认识污泥性质，有助于深入理解各种污泥处理处置技术，并根据实际情况正确选择相匹配的技术工艺路线。污泥性质主要包括含水率、密度、流变特性、污泥比阻、污泥热值、污泥危害性及污泥资源性等。

（1）含水率

单位质量污泥所含水分的质量分数称为含水率，相应固体物质在污泥中所含的质量分数称为含固率。一般来说，处理源头的污泥含水率很高，市政污水处理厂初沉池污泥含水率在96%～98%，而剩余污泥含水率一般在98.5%～99.5%，经离心或带式脱水机脱水处理后污泥含水率在80%左右，经板框脱水处理后污泥含水率在60%左右。

污泥含水率和污泥体积可通过以下方法计算。

① 污泥含水率：

$$P = \frac{m_{水}}{m_{水} + m_{TS}}$$

式中 P——污泥含水率；

　　$m_{水}$——污泥中水分质量，kg；

　　m_{TS}——污泥中总固体质量，kg。

② 污泥体积：

$$V = \frac{m_{水} + m_{TS}}{\rho}$$

式中 V——污泥体积，m^3；

　　m_{TS}——污泥中总固体质量，kg；

　　$m_{水}$——污泥中水分质量，kg；

　　ρ——污泥密度，kg/m^3。

（2）密度

污泥密度是指单位体积的污泥质量，常用相对密度来表示，即污泥与水（标准状态下）的密度之比。污泥相对密度可用下式计算：

$$\gamma = \frac{100 \times \gamma_s}{P\gamma_s + (100 - P)}$$

式中 γ——污泥相对密度；

　　P——污泥含水率；

　　γ_s——污泥中干固体的平均相对密度。

干固体包含有机物和无机物，其中有机物的相对密度为1，其所占百分比为 P_v，无机物的相对密度约为2.5，则 $\gamma_s = \frac{250}{100 + 1.5 \times P_v}$。

污泥相对密度与污泥有机质含量及污泥含水率有关，一般污泥的最大相对密度约为1.22（含水率在60%～65%），含水率为80%时可按1.14～1.15，含水率为90%时可按1.01，含水率为40%时可按0.8～0.9，含水率为30%时可按0.75考虑。

（3）流变特性

污泥所含固形物多为微生物、胞外聚合物以及无机砂等，初始状为一种生物悬浮液流体，属于非牛顿流体，既是假塑性流体又是触变性流体，一般随污泥含水率的减少，污泥从纯液状逐渐变为黏滞状、半干固体状，直到变为纯固体状，其流变特性也随之发生变化。

（4）污泥比阻

污泥比阻（specific resistance to filtration，SRF）指单位过滤面积上，单位干重滤饼所具有的阻力，单位一般为 m/kg。污泥比阻反映了水分通过污泥颗粒形成滤饼时所受阻力的大小，其值越大，越难过滤，污泥的脱水性能越差。

（5）污泥热值

污泥热值反映了单位质量污泥完全燃烧时的发热量大小，根据实际应用场合不同，又有绝干基热值、收到基热值、空气干燥基热值、高位热值、低位热值等表述方式。

绝干基热值：污泥不包含水分部分的实际发热量。

收到基热值：含水污泥的实际发热量。

空气干燥基热值：在 20℃、相对湿度为 60% 的条件下，污泥会失去一部分水分，留下的稳定水分称为实验室正常条件下的空气干燥水分，以空气干燥过的污泥为基准的热值称为空气干燥基热值。

高位热值：污泥在定压状态下完全燃烧时所放出的全部热量。

低位热值：实际燃烧时，燃烧烟气中的水分一般以蒸汽形式存在，蒸汽具有的凝结潜热及凝结显热之和（2500kJ/kg）无法利用，在高位热值的基础上将其减去后即为低位热值。

污泥热值可以通过自动氧弹量热仪检测获得，也可根据污泥主要化学元素分析结果计算。高位热值计算可采用以下公式：

① Dulong 公式

$$H_h = 34000w_C + 143000\left(w_H - \frac{w_O}{8}\right) + 10500w_S$$

式中　　　　H_h——高位热值，kJ/kg；

w_C、w_H、w_O、w_S——C、H、O、S 元素的质量分数，g/100g 干泥。

② Scheurer-Kestner 公式

$$H_h = 34000\left(w_C - \frac{3}{4}w_O\right) + 143000w_H + 9400w_S + 23800 \times \frac{3}{4}w_O$$

③ Steuer 公式

$$H_h = 34000\left(w_C - \frac{3}{8}w_O\right) + 23800 \times \frac{3}{8}w_O + 144200\left(w_H - \frac{1}{16}w_O\right) + 10500w_S$$

④ 日本化学工学便览公式

$$H_h = 34000w_C + 143000\left(w_H - \frac{w_O}{2}\right) + 9300w_S$$

热值计算存在多种方式，多种计算方式之间也会存在偏差，因此可以仪器检测数据为准，利用公式计算结果进行校核，其中以 Dulong 公式应用较多。

（6）污泥危害性

污水处理厂污泥中所含有的有害物质主要是无机重金属和有机化合物两类，污泥中重金属含量一般跟污水厂进水水质有关，通常污水中含有的重金属主要来源于工业废水和生活污水。例如，冶金和电镀厂排放的废水中存在大量的 Cu、Ni、Cd，皮革厂在制造皮革过程中会产生大量含 Cr 废水，化工行业及火力发电厂会产生含 As 废水，铅蓄电池、染料和化妆品生产过程中会产生含 Pb 废水等。近年来，环境内分泌干扰物、药品与个人护理用品、纳米材料、全氟类有机化合物、溴化阻燃剂以及抗生素抗性基因等新污染物在污泥中的富集问题也日益凸显，这些新污染物的存在不仅可能会对生态环境造成破坏，还可能会通过食物链进入人体，对人类健康构成潜在威胁。

（7）污泥资源性

污泥中含有氮、磷、钾等营养元素，也含有钙、镁、铜、锌、铁等多种微量元素，同时含有较高比例的有机质。根据李鸿江等的统计，我国污水处理厂污泥中的营养物质成分及含量为：有机质平均值51.43%，总养分平均值7.32%，其中总氮（以 N 计）平均值3.58%，总磷（以 P_2O_5 计）平均值2.32%，总钾（以 K_2O 计）平均值1.42%。这些物质是植物生长所必需的，经过无害化和稳定化处理后，污泥可以转化为营养土，用于林地利用、园林绿化、土壤改良、矿坑修复以及农业利用。

1.2 国内外污泥处理处置现状

1.2.1 国内污泥处理处置现状

近年来，随着我国城镇化进程加快、环境保护力度加强、污水处理设施不断完善，城市污水处理效率明显提高，但随之而来的是污泥产生量的迅速增加。根据住房城乡建设部 2023 年 10 月发布的《2022 年城乡建设统计年鉴》，2022 年全国城市和县城污水厂分别为2894座和1801座，污水处理能力分别为 16893×10^4 t/d 和 3027×10^4 t/d，干污泥产生量分别为 3.75×10^4 t/d 和 0.56×10^4 t/d，全国城镇污水处理厂干污泥产生量合计为 4.31×10^4 t/d，折合湿污泥量为 21.55×10^4 t/d（折合80%含水率计算，下文如无特殊标注，均采用此种计算方式），年产生量接近 8000×10^4 t。近些年由于建制镇和乡村污水的大力发展，根据《2022 年城乡建设统计年鉴》，2022 年镇、乡、村级污水处理站污水处理量为 3285×10^4 t/d，参照县城污水厂污泥产量系数，镇、乡、村级污水处理站年产生湿污泥量估计在 1100×10^4 t 以上。如果考虑统计口径内不包含的工业园区污水厂污泥量，目前全国污水厂处理污泥量超过了 1×10^8 t/a。

（1）国内污泥处理处置方式

我国在城市污水处理方面，通过引进、消化、改进国外先进技术，已建立了较为完善的污水处理系统，污水处理效果已经接近国际先进水平。然而在污泥处理处置方面，由于国内外泥质存在差别，国外的污泥处置方法并不完全适用于我国，因此无法照搬国外污泥处理处置技术。由于污泥处置责任主体及最终处置路线不明确、法律法规监管体系不完善以及我国城市污水处理厂早期建设过程中存在严重的"重水轻泥"现象，我国在城市污泥处理处置方面发展缓慢，虽然近年来得到一些发展，但仍滞后于污水处理技术的发展水平。

根据对我国重点流域 106 座城镇污水厂污泥处置方式的调研，污泥主要处置方式包括土地利用、填埋、建材利用、焚烧和堆置，不同方式所占比例如图 1-1 所示。填埋仍然是我国重点流域最主要的污泥处置方式，所占比例达到 53.79%，焚烧和建材利用分别占 18.31% 和 16.08%，土地利用所占比例仅为 11.01%。值得注意的是，部分污泥处置方式虽然被归为填埋和土地利用，但仍存在随意、无序处置现象，从而产生二次污染风险。

目前我国已初步形成了污泥稳定化处理与安全处置的四条主流技术路线，分别为厌氧消化＋土地利用、焚烧＋灰渣建材利用/填埋、好氧发酵＋土地利用、深度脱水＋应急填埋。根据对国内 385 个污泥处理处置项目（截至 2022 年 3 月，不含填埋）的统计分析（图 1-2），国内已建污泥处置项目总规模为 $4851.4 \times 10^4 t/d$，其中焚烧＋灰渣建材利用/填埋占比最高，达到 65.41%。

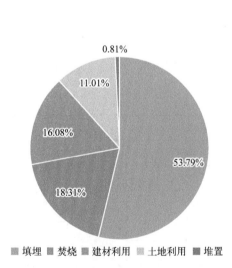

图 1-1　我国污泥最终处置方式占比

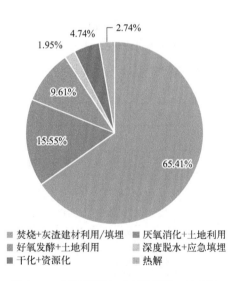

图 1-2　我国污泥处理处置项目工艺占比

（2）典型城市污泥处理处置

1）北京市污泥处理处置

2013 年《北京市加快污水处理和再生水利用设施建设三年行动方案（2013—2015

年)》（京政发〔2013〕14号）提出：到"十二五"末，全市新增污泥无害化处理设施14处，新增无害化污泥处理能力3995t/d，污泥基本实现无害化处理。

2016年《北京市进一步加快推进污水治理和再生水利用工作三年行动方案（2016年7月—2019年6月）》（京政发〔2016〕17号）提出：到2019年底，全市污泥无害化处理和资源化利用水平得到进一步提升，鼓励将污泥衍生产品用于沙地荒地治理、园林绿化、土壤改良、生态修复、能源利用等项目。

2019年《北京市进一步加快推进城乡水环境治理工作三年行动方案（2019年7月—2022年6月）》（京政发〔2019〕19号）提出：到2022年底，污泥产品本地资源化利用率显著提升，推进污泥资源化利用，研究推动污泥产品储存、中转场站建设，逐步增加污泥产品在本市园林绿化工程中的使用量。

北京市在以上顶层政策和行动方案的指引下，结合产业升级政策、雾霾治理等因素的综合影响，在主城区污泥处理处置方面开创了新思路，技术路线转向热水解＋厌氧消化，即北京市中心城区的"151模式"。一条主流处理工艺路线是指污泥热水解＋厌氧消化＋深度脱水＋土地利用；五个污泥处理中心是指高碑店、小红门、槐房、高安屯、清河第二再生水厂泥区工程（清河二期），总规模为6128t/d；一个主要处置利用方向是指以土地利用为主的污泥产品资源化利用。脱水后的厌氧消化污泥通过"污泥资源化苗圃种植项目""北京市污泥产品资源化林地利用试点项目""怀来县污泥产品综合利用战略合作项目""污泥产品升级利用实证研究"等项目的有效开展，得到了合理的资源化利用。

北京市郊区则以污泥好氧发酵为主，以干化焚烧、协同焚烧等为辅，多数由政府建设后委托社会资本运营，末端处置以园林绿化为主。

北京市各城区主要污泥处理处置工程的基本情况见表1-2。

表1-2 北京市各城区主要污泥处理处置工程的基本情况

区域	名称	设计规模/（t/d)	处理工艺
中心城区	高安屯污泥处理中心工程	1836	污泥浓缩＋热水解＋厌氧消化＋板框脱水
	高碑店污泥处理中心	1358	
	槐房再生水厂泥区工程	1220	
	小红门污水处理厂泥区改造工程	900	
	清河第二再生水厂泥区工程	814	
通州区	通州区河东污泥处置厂	100	好氧发酵
	通州区碧水污水处理厂污泥干化工程	200	低温除湿干化
	通州区有机质资源生态处理站	100（市政污泥）＋200（餐厨垃圾）＋300（城市粪便）	预处理＋联合厌氧＋沼气发电

区域	名称	设计规模/(t/d)	处理工艺
昌平区	昌平区污泥处理分散设施项目（沙河再生水厂）	200	板框脱水+好氧发酵
	南口污水处理中心污泥处理项目	60	湿式氧化+板框脱水
顺义区	顺义区污泥处置中心	400	热干化+独立焚烧
房山区	房山区污泥处置中心	120	好氧发酵
大兴区	大兴区污泥处置中心	200	好氧发酵
怀柔区	怀柔区污泥处理工程	300	热干化+生活垃圾协同焚烧
密云区	密云区污泥无害化处理PPP项目	120（一期），200（远期）	热水解+厌氧消化
平谷区	平谷区污泥无害化处理PPP项目	100（近期），285（远期）	好氧发酵
延庆区	延庆区污泥处置厂	130	好氧发酵
经济技术开发区	路南区污水处理厂污泥脱水项目	100	板框脱水+水泥窑协同焚烧

注：PPP表示政府与社会资本合作。

2023年北京市人民政府发布《北京市全面打赢城乡水环境治理歼灭战三年行动方案（2023年—2025年）》（京政发〔2023〕6号），这是北京市发布的第四个三年治污行动方案，其中提出：到2025年，污泥资源化利用水平显著提升（本地资源化利用率达到20%以上），充分利用污泥无害化处理产能，完善鼓励污泥与粪污、厨余垃圾、园林废弃物等协同处理和资源化利用的相关政策，推动达到相关利用标准的污泥资源化产品优先用于荒地造林、苗木抚育、园林施肥、沙荒地改造和土地改良等土地资源化利用。北京市于2023年10月开始实施《污泥产品林地施用技术规范》（DB11/T 2124—2023），对北京市污泥产品在林地中的施用和管理提出了更为细化的要求。

2）上海市污泥处理处置

《上海市污水处理系统及污泥处理处置规划（2017—2035年)》中提出，污泥处理处置规划布局在六大区域（包括石洞口、竹园、白龙港、杭州湾沿岸、嘉定及黄浦江上游、崇明三岛）分片处理布局的基础上，以"主城区及周边地区集中处理、郊区属地化集中处理"为原则进行规划布局。

主城区及周边地区三大污水区域的污水处理厂污泥处理处置方式以独立焚烧为主、协同焚烧为辅，处理后的污泥建材利用或统筹利用。原有污泥深度脱水处理设施规划保留，污泥深度脱水后卫生填埋作为应急保障。主要有白龙港污泥处理厂、石洞口污泥处理厂和竹园污泥处理厂。

郊区污水处理厂污泥处理方式以干化焚烧或协同焚烧为主，以好氧发酵后土地利用为辅以，卫生填埋作为应急保障。干化焚烧或协同焚烧处理后的污泥可进行建材利用或统筹利用；对于泥质良好且达到国家标准要求的污泥可采用好氧发酵后土地利用的处理处置方式，实现资源化利用。

上海市各城区主要污泥处理处置工程的基本情况见表1-3。

表1-3　上海市各城区主要污泥处理处置工程的基本情况

区域	名称	设计规模/（t/d）	处理工艺
石洞口区域	石洞口污水处理厂污泥焚烧一期工程	213	板框脱水＋流化床干化＋鼓泡流化床焚烧
	石洞口污水处理厂污泥处理完善（改扩建）工程	360	老线：离心脱水＋流化床干化＋鼓泡流化床焚烧 新线：离心脱水＋桨叶干化＋鼓泡流化床焚烧
	石洞口污泥焚烧二期工程	640	脱水＋桨叶干化＋鼓泡流化床焚烧
竹园区域	竹园片区污泥焚烧工程	750	桨叶干化＋鼓泡流化床焚烧
白龙港区域	白龙港污泥焚烧工程	2430	离心脱水＋流化床干化＋流化床焚烧
杭州湾沿岸区域	浦东新区污水厂污泥处理处置新建工程（一期）	800	薄层干化＋鼓泡流化床焚烧
	奉贤区污泥处理厂	150	高温好氧发酵
嘉定及黄浦江上游区域	嘉定区污水厂污泥资源化利用项目	700	鼓泡流化床焚烧
	青浦区污泥干化焚烧项目	600	薄层干化＋鼓泡流化床焚烧
	上海松江污水厂污泥处理处置工程	120	好氧发酵
	松江区污水厂污泥干化处理工程	240	圆盘干化＋垃圾协同焚烧

2023年6月，上海市水务局、上海市发展和改革委员会、上海市生态环境局等多部门联合印发《上海市污泥无害化处理和资源化利用实施方案》（以下简称《方案》），要求到2025年，污泥无害化处理处置率稳定达到100%，资源化利用水平进一步提高，基本形成设施完备、运行安全、绿色低碳、监管有效的污泥无害资源化处理体系。《方案》明确上海市污泥处理处置方式采用独立焚烧、协同焚烧后建材利用或统筹利用，兼顾高效生物处理后土地利用，以卫生填埋作为应急保障，"十四五"期间，实现污泥零填埋（应急处置除外）；持续推进污泥干化焚烧处理，完成嘉定区污泥焚烧工程建设，新增奉贤、青浦、崇明等区污泥处理处置工程；积极推进污泥土地利用试点；积极推进污泥应急处理处置体制建设；推广能量和物质回收利用。

3）天津市污泥处理处置

天津市水务局政府公开信息显示，截至2021年底，天津市共有津南污泥处理厂、张贵庄污泥处置厂等 18 座污泥处理处置设施，总设计规模为 4790t/d。天津市各城区主要污泥处理处置工程的基本情况见表 1-4。

表 1-4　天津市各城区主要污泥处理处置工程的基本情况

区域	名称	设计规模 /（t/d）	处理工艺
中心城区	张贵庄污泥处置厂	300	好氧发酵
津南区	津南污泥处理厂	800	厌氧消化 + 板框脱水 + 热干化
	天津锦鑫环境工程有限公司	300	好氧发酵
西青区	天津华能杨柳青热电有限责任公司	500	热干化 + 电厂协同焚烧
北辰区	天津金隅振兴环保科技有限公司	100	水泥窑协同焚烧
滨海新区	天津裕川微生物制品有限公司	300	碱性热水解 + 板框脱水
	天津滨海新区环汉固废综合处理有限公司	200	热干化
	天津滨海新区筑成建筑砌块制造有限公司	50	协同焚烧
	天津万德生物工程有限公司	60	好氧发酵
	天津市赛泓环境工程有限公司	200	好氧发酵
	天津金裕环保科技有限公司	300	好氧发酵
武清区	天津彤泰成科技有限公司	300	协同焚烧
	武清区污泥处置厂	130	有机无机分离 + 板框脱水 + 热干化 + 焚烧
宝坻区	天津市硕晋科技发展有限公司	150	协同焚烧
	天津恒沅环境工程有限公司	300	好氧发酵
	天津朝霞再生资源回收有限公司	200	协同焚烧
静海区	天津恒基环境工程有限公司	550	好氧发酵
宁河区	宁河区污泥处置站	50	厌氧消化 + 脱水 + 阳光干化

　　天津市污泥处理处置工艺呈现多样化，未形成统一的技术路线，有好氧发酵、厌氧消化等常规未实现最终处置的工艺类别，也有协同焚烧等可实现最终处置的项目，还有有机无机分离、碱性热水解等技术工艺。目前在建的天津市津沽污水处理厂三期污泥处理处置工程，设计规模为 700t/d，采用污泥圆盘干化 + 鼓泡流化床焚烧工艺。

　　依据《天津市排水专项规划（2020—2035 年）》，到 2035 年天津市将规划建成 19 座污泥处置厂，其中中心城区和环城四区 6 座，滨海新区 7 座，外围区 6 座，总规模 8110t/d。

4) 广州市污泥处理处置

2019 年 9 月,《广州市人民代表大会常务委员会关于推进全面实施污泥干化焚烧处理处置的决定》(以下简称《决定(草案)》)提交审议,其中提出,要加快污泥独立焚烧设施建设。《决定(草案)》提出,污泥处理处置实行厂内干化、市内焚烧,主动适应科技进步。广州市政府已明确了广州市污泥处理处置"厂内干化减量 + 焚烧"技术路线。同时,《决定(草案)》要求在 2020 年底前,结合广州市国土空间总体规划,编制完成 2019—2035 年的全市污泥处理处置相关规划,并制定污泥处理处置设施近期建设计划。新(改扩)建污水处理设施涉及新增污泥处理处置能力的,污泥处理处置设施应当与污水处理设施同步规划、同步建设、同步投入运行。

2019 年 9 月,广州市环保局污泥处理处置公开信息(表 1-5)显示,当月污泥处置量 46302.01t,污泥含水率为 40% ~ 80%。污泥处置单位共有广州华润热电有限公司、肇庆明智环保建材有限公司、广州市越堡水泥有限公司等 12 家,接收全市 62 家污水厂的污泥。其中主流技术路线有三种,分别为电厂协同焚烧 + 建材利用、烧结制砖 + 建材利用、水泥窑协同焚烧 + 建材利用,其污泥处置量分别占总量的 21.31%、34.06% 和 29.70%。同时《决定(草案)》提出:全力加快污泥独立焚烧处置设施建设,在新建资源热力电厂同步配置污泥焚烧处置设施,提升全市污泥焚烧处置能力,确保污泥处理处置稳定可控。

表 1-5　2019 年 9 月广州市污泥处理处置方式及处置量

序号	污泥处置单位名称	接收污泥的水厂数量	污泥处置方式	污泥处置量 /t	处置量占比 /%
1	广宁县奥茵环境工程科技有限公司	4	堆肥 + 土地利用	1893.79	6.68
2	清远绿由环保科技有限公司	1	堆肥 + 土地利用	1196.89	
3	广州恒运企业集团股份有限公司	2	电厂协同焚烧 + 建材利用	2321.83	21.31
4	广州华润热电有限公司	23	电厂协同焚烧 + 建材利用	7545.44	
5	肇庆明智环保建材有限公司	20	烧结制砖 + 建材利用	11007.38	34.06
6	清远绿由环保科技有限公司	14	烧结制砖 + 建材利用	4763.20	
7	广州市珠江水泥有限公司	10	水泥窑协同焚烧 + 建材利用	6418.08	29.70
8	广州市越堡水泥有限公司	13	水泥窑协同焚烧 + 建材利用	7335.80	
9	广州科学城水务投资集团有限公司	6	干化 + 暂存焚烧 + 建材利用	3795.00	8.25
10	广州华科环保工程有限公司	1	其他(99% 混合液用于培菌)	24.60	
	合计	94		46302.01	100.00

注:1. 统计口径为广州市 62 座污水处理厂,部分污水厂处置单位有多家,所以本表总污水厂数量高于 62 座。
　　2. 本表来源于广州市环保局网站公开数据。

2022 年 9 月，广东省住房和城乡建设厅和广东省生态环境厅制定的《城镇生活污水处理厂污泥处理处置管理办法》提出：鼓励污泥与垃圾焚烧、火力发电、水泥窑等相结合的焚烧方式，以提高污泥的热能利用效率。

2023 年 4 月，广州市水务局发布《广州市污水系统总体规划（2021—2035 年)》，规划文本提出：为实现规划期内污泥减量化、经济化和资源化的目标，采用"厂内干化减量化＋焚烧"的污泥处理技术路线，以满足协同焚烧和资源化利用等处理处置需求、优化调整污水处理厂内干化工艺为原则，选择合适的干化污泥出厂含水率。

2023 年 5 月，广州市生态环境局发布的广州市 2022 年固体废物污染环境防治信息公告显示：2022 年全市城镇污水处理厂污泥产生量 148.81 万吨（含水率 80%，下同)，按处置方式分类，全市污泥采用焚烧利用处置 65.31 万吨（43.89%)，采用水泥窑协同、烧结砖等建材利用方式处置 81.61 万吨（54.84%)，采用土地利用方式处置 1.79 万吨（1.20%)，采用污水处理培菌处置 0.1 万吨（0.07%)。公告还显示：截至 2022 年底，全市污泥焚烧能力为 6130t/d。完成花都、增城、从化区三间资源热力电厂污泥焚烧设施建设，增加污泥焚烧处置能力 450t/d（污泥含水率不超过 40%)，推进中电荔新热电公司新增 450t/d 污泥掺烧量的环评工作，原则同意珠江电厂燃煤机组等容量替代项目同步建设污泥处置设施。

目前广州市污泥处理处置基本上形成了污水厂内污泥减量，厂外采用以电厂协同焚烧、水泥窑协同焚烧以及与污泥制备烧结砖协同处理为主的技术路线。

1.2.2　国外污泥处理处置现状

目前，污泥处理处置技术的应用呈现出多样化发展趋势，各国主要的处理处置方式因国情不同也存在较大差异，以下对美国和日本等国家和地区的污泥处理处置现状进行简要介绍。

（1）美国污泥处理处置现状

1993 年，美国国家环境保护局（U.S. Environmental Protection Agency，EPA）首次制定发布了《污水污泥利用或处置标准》（40 CFR Part 503，以下简称 Part 503)。Part 503 将污水污泥定义为生物固体，其最终利用和处置分为三大类：一是污泥土地利用，指施用于土地中以调节土壤或作为肥料；二是地表处置，包括单独填埋、混合填埋、覆盖土、深井注入等；三是污泥焚烧。

Part 503 中根据病原体浓度（单位质量中的病原体数量)，将污泥分为 A 级和 B 级。A级污泥必须同时从处理效果和处理工艺上达到杀灭病原体的标准，处理效果上要求病原体浓度低于检测水平，即粪大肠埃希菌数 <1000 个 /g DS（DS 表示干固体）或沙门氏菌数 <3 个 /4g DS；处理工艺上要求处理过程包括一定时间的高温阶段。B 级污泥是以工艺为基础设定病原体浓度限值，其他任何工艺处理的污泥如果在每连续两周内检测七次以上，其粪大肠埃希菌的浓度均小于 200×10^4 个 /g DS，也可视为达到 B 级污泥标准。

Part 503 规定每两年修订一次，自实施以来在规范管理方面取得了较好的效果，总体促进了污泥的土地利用。1988 年美国污泥的土地利用比例为 33.5%，这一比例在 1998 年上升到 53%，基本消除污泥"未知处置路径"状况，到 2010 年已经达到 61.5%。

EPA 对美国大约 2200 家大型污水处理设施的污泥产量进行了调研，结果显示：2019 年美国污泥干基产量约为 475×10^5 t DS，其中土地利用约 244×10^4 t DS，约占 51%，其中适用于农业用地的约为 140×10^4 t DS，适用于非农业用地的约为 100×10^4 t

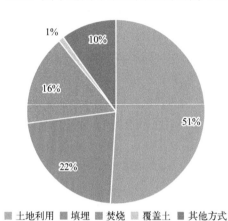

DS；污泥焚烧约 76.5×10^4 t DS；填埋约 100×10^4 t DS。如图 1-3 所示。

Part 503 中对不同类型的污泥焚烧炉烟气排放进行了规定，规定了砷、铍、镉、铬、铅、汞、镍七种重金属的排放浓度限值，还规定了总碳氢化合物或 CO 的最高体积浓度不应超过 100×10^{-6}，并实行实时监控。2011 年，EPA 发布了污泥焚烧烟气排放标准（40 CFR Part 60）。根据 2010 年 EPA 的统计数据，当时美国国内有 204 套污泥焚烧炉，其中多膛炉 144 台，占 70%，流化床焚烧炉 60 台，占 30%。总体来看，

图 1-3　2019 年美国污泥利用和处置占比

40 CFR Part 60 对污泥焚烧处理工艺的烟气排放指标做出了比 Part 503 更为严格的控制要求，流化床焚烧炉污染物排放限值明显低于多膛炉，新建污泥焚烧炉污染物排放限值明显低于已建焚烧炉，通过 40 CFR Part 60 的实施，引导污泥处置采用土地利用方式，间接促使部分项目放弃焚烧。

（2）欧盟污泥处理处置现状

欧盟对于污水污泥的管理先后有多个指令发布实施，包括《城市污水处理指令》（91/271/EEC）、《废弃物框架指令》（08/98/EC）、《填埋指令》（99/31/EC）、《污泥指令》（86/278/EEC）等。其中，《污泥指令》（86/278/EEC）设定了污泥中重金属含量的限值，鼓励污泥农用，但同时也严禁未经处理的污泥直接用于农用。在欧盟《污泥指令》的框架下，欧洲各国制定了本国污泥农用的规范标准，对重金属、病原体和微污染物制定了更为严格的限值。

欧盟污泥处理处置最初的方式是以填埋和土地利用为主，20 世纪 90 年代以来，随着各种指令的实施，对污泥填埋和农业利用进行了严格限制，这也导致了其他处理处置方式（包括热干化、热解、干化焚烧等技术）的出现和应用。21 世纪以来，欧盟关于污泥处置指令的修订更加关注资源回收和循环理念，由于欧盟（特别是德国）的磷回收要求，污泥焚烧已经成为主要的处理处置方式，欧盟污泥平均焚烧率已由 2010 年的 27% 上升至 2015 年的 41.5%。以下以德国为例重点介绍。

1) 德国污泥处理处置政策法规

1972 年，联邦立法机构颁布了在联邦范围内适用的第一部废物处置法。

1982 年，联邦政府在废物处置法下通过了一项关于在农业、林业及园艺用地上施用污泥的法律条例"污泥条例"。

1992 年，联邦立法机构根据污泥条例的实施经验和欧共体的污泥法规要求，对"污泥条例"进行了修订，对重金属含量提出了更严格的规定，出于预防目的，德国"新污泥条例"中首次给出了污泥中有害有机物质含量的限定值。

1997 年，在联邦德国"肥料条例"中将污泥归类于"二次原肥料"（有机 N-P 肥料），一方面利用其肥效，另一方面利用其中的有机质改良土壤。

2002 年，德国环境专家委员会提出"建议开发和进一步开发从废水和污泥中回收磷酸盐的热工艺"。

2004—2011 年，联邦教育、研究部 / 联邦环境部启动"植物营养物循环利用，特别是磷资源"资助计划。

2010 年，联邦教育、研究部将磷资源纳入资源效率计划。

2012 年，联邦德国对"肥料条例"进行修订，要求从 2015 年起，在农业、林业及园艺用地上施用的污泥必须遵守该条例的规定。

2013 年发布《第 17 号联邦排放控制条例》，该条例规定了污泥单独焚烧和协同焚烧大气污染物排放限值。

2017 年 10 月 3 日"污泥条例"修订版正式生效，其核心内容是对污水污泥或其焚烧灰提出了磷回收要求。按新条例，城镇污水处理厂污泥须进行磷回收处理。对于人口当量大于 10 万、5 万～ 10 万的污水处理厂，过渡期的截止期限日分别为 2029 年 1 月 1 日、2032 年 1 月 1 日，在截止期限日之前，污水处理厂污水污泥可按现状遵循肥料法继续用作土壤肥料。在过渡期之后，磷含量大于 20g/kg DS 的污水污泥须采用磷回收工艺，要求磷回收效率至少为 50%；磷含量高于 40g/kg DS 的，磷回收效率可以降低；或者承诺污泥进行单独焚烧或协同焚烧，并从灰渣中回收磷，磷回收效率至少达到 80%；或者对含磷灰分 / 炭质残余物进行物质性利用，或根据"填埋条例"进行存放，存放期为 5 年，以便进行后续磷回收。

2) 德国污泥处理处置情况

由欧盟统计局发布的德国污泥产量和处理处置数据（图 1-4）分析可得：

德国污泥产量在逐年降低，2008 年干基污泥量为 205.41×10⁴t/a，2016 年为 177.32×10⁴t/a，到 2017 年降低到 171.32×10⁴t/a。从 2008 年到 2017 年，污泥干基产量降低了 16.6%。

德国在 20 世纪 90 年代末，主要以厌氧消化及好氧发酵后农业利用为主，填埋在 2009 年后已经被全面禁止，2008—2017 年间，污泥用于土壤的（农业利用及堆肥）占比在逐年降低，占比由 47.1% 降低到 34.8%，而污泥焚烧占比逐年增加，占比由 52.5% 增加到 63.7%。

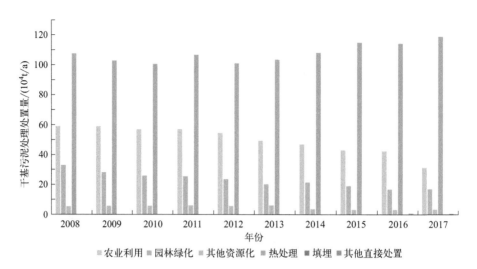

图1-4 2008—2017年德国污泥处置各工艺发展趋势

根据德国统计局对2015—2017年德国污泥产量及处理处置途径的公开发布数据分析得到其占比分析表，如表1-6所示。

表1-6 2015—2017年德国各处理处置途径占比分析表（以干基计）

处置途径	处理处置量及占比	2015	2016	2017
农用	处理处置量/(10⁴t/a)	42.77	42.35	31.19
	占比/%	23.72	23.88	18.21
园林绿化	处理处置量/(10⁴t/a)	19.01	16.94	17.16
	占比/%	10.54	9.56	10.02
其他资源化	处理处置量/(10⁴t/a)	3.35	3.11	3.26
	占比/%	1.86	1.75	1.90
单独焚烧	处理处置量/(10⁴t/a)	43.25	46.04	47.85
	占比/%	23.99	25.97	27.93
协同焚烧	处理处置量/(10⁴t/a)	44.69	61.59	64.81
	占比/%	24.78	34.74	37.83
其他热处理	处理处置量/(10⁴t/a)	26.93	6.66	6.36
	占比/%	14.94	3.75	3.71
直接处置	处理处置量/(10⁴t/a)	0.30	0.63	0.69
	占比/%	0.17	0.35	0.40
合计	质量/(10⁴t/a)	180.31	177.32	171.32

根据德国统计局提供的数据，对 2017 年德国污泥处置情况进行具体分析，如图 1-5 所示。

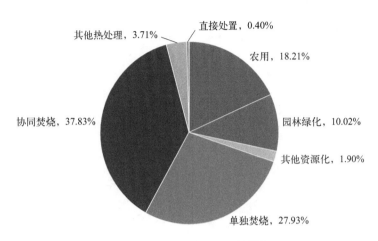

图 1-5　2017 年德国污泥处置情况

焚烧分为单独焚烧和协同焚烧，其中单独焚烧占比 27.93%，协同焚烧占比 37.83%，合计焚烧占比 65.76%，比 2016 年有所增加，因此基本判断焚烧在德国已成为主流工艺，占据了主导地位，且逐年增加。

土地利用中农用占比 18.21%，园林绿化占比 10.02%，合计占比 28.23%，相比 2016 年有较大幅度下降。因此判断土地利用处置方式在逐渐萎缩，向焚烧转变，亦可推断与土地利用相配合的前序工艺，如厌氧消化、好氧发酵等，正在逐渐减少。

填埋已被禁止。

（3）日本污泥处理处置现状

由于土地资源紧张，目前日本污泥处理处置主要以焚烧后建材利用为主，农用与填埋为辅。但日本污泥处理处置也经历了较多的变革和技术更新，以下对其历史演变过程进行介绍。

20 世纪 40 年代，日本污泥处理处置主要以海洋弃投为主。

20 世纪 40 至 60 年代，日本污泥处理处置主要采用自然干化，阳光下晾晒后农用。

20 世纪 60 年代，日本开始部分采用厌氧消化工艺，厌氧消化产沼气，部分资源化后脱水、填埋，同时期存在的工艺还有直接脱水填埋以及堆肥后农用。

20 世纪 60 年代，因填埋等最终处置用地征地困难，为达到减量化、无害化目的，出现了污泥干化焚烧。而自 20 世纪 80 年代以来，污泥干化焚烧技术在日本得到了更为广泛的应用，截止到 2004 年，污泥焚烧处理约占 72%，焚烧灰渣应用于道路沥青、建筑材料、路床和路基材料、水泥原料、熔融填料、电厂燃料等多个领域中。

2010年以来，基于对生物质资源利用、沼气能源利用、温室气体减排等的考虑，日本逐渐开始探索和实践，包括污泥热解炭化、气化、湿式氧化等技术，污泥的最终处置在焚烧的基础上，逐步向资源化倾斜，见图1-6。

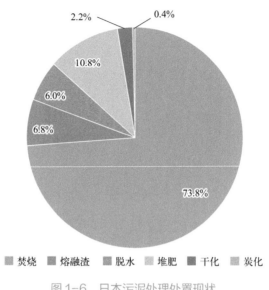

图1-6 日本污泥处理处置现状

1.2.3 国内污泥处理处置问题

（1）标准有待完善

污泥处理标准是监管污泥处理、选取合理技术路线的重要前提，目前我国与污泥处理处置相关的标准、规范有30多项，详见附表二。虽然标准数量较多，但标准规范体系的完整性、实操性以及技术参数的普适性等存在不同程度的问题。

《农用污泥污染物控制标准》（GB 4284—2018），相比于1984年的版本增加了多环芳烃的限值、允许使用污泥产物的农用地类型及规定、污泥产物的卫生学指标、污泥产物的理化指标、污泥检测分析方法，修改了污泥的适用范围、污泥产物的污染物浓度限值、污泥产物的年用量、同一地块连续使用年限等。但污泥农用标准中对重金属的限值要求，存在与实际不符的问题，如对锌含量要求过于严苛，根据全国土壤普查，我国小麦、水稻主产区存在不同程度的缺锌情况，规范要求与实际存在偏差。因此，标准规范的可靠性、技术参数的普适性仍需要继续探讨。

污泥协同处理是一种重要的技术手段，主要包括水泥窑协同处置、电厂协同处置、垃圾焚烧厂协同处置等。但是目前标准规范相对较少，技术标准规范体系急需梳理、归纳、补充。

（2）缺少政策支持

目前仅在深圳、上海、北京等大城市初步尝试了污泥处理专项规划的编制，但仅限于技术性规划，在系统性方面还有待进一步提高完善，而其他绝大部分城市尚未开展污泥处理的规划工作。专项规划是污泥处理的指导性方针，它的缺乏必然会使污泥的处理处于无序状态，给监管带来混乱。因此，各地应根据自身的具体情况尽快编制专项规划，并注意近远期相结合，同时尽可能地与污水处理规划同步编制，以便协调和统一。

污水和污泥处理系统是解决城市水污染问题的同等重要又紧密关联的两个系统。污泥处理是污水处理得以实施的保障，在经济发达的国家，污泥处理是极其重要的环节，其投资占污水处理厂总投资的 50%～70%。我国需尽快着手建立污泥处理的评估体系，开展污泥产量、污泥质量、污泥处理及再利用现状的调研与评价工作，加快城镇污水处理厂污泥处理处置技术政策的编制工作，尽快建立污泥处理技术的评价体系和方法。

（3）技术选择困难

污泥处理处置技术工艺繁杂，尤其是在近几年，随着新兴工艺的产生，技术路线更加多样化，如何从诸多工艺中甄别、遴选，成为污泥技术选择的难点。

污泥处理必须总体考虑，不能分割整个处理过程而强调某局部单元工艺的效果。污泥处理不是以经济效益为主，而是以保护生态环境和治理环境污染为主，因此污泥处理是社会公益事业，需要政府投入资金和建立收费体系来支撑。污泥处理应该以"稳定化、减量化、无害化"为目的，并因地制宜地实现资源化利用，应尽可能结合当地的实际情况，利用污泥处理过程中的能量和物质，以实现经济效益并达到节约能源的效果，从而实现其资源价值。

（4）付费机制及盈利模式问题

在污水处理费用中，同步征收污泥处理费用是大势所趋，但从当前情况来看，处置费用的征收存在较大阻力。我国现行收取的污水处理费用较低，仅能保证污水处理厂的正常运行，而推行在污水处理费中加入污泥处理费，又将在一定程度上加重被征收者的经济负担。因此，在未来较长一段时间内，专项补贴将是污泥处理处置资金的主要来源。

虽然有众多文件规定污水处理费应包含污泥处理成本，但目前将污泥处理费纳入污水费用的地区仅有北京市、江苏省太湖地区、常州市、广州市，且占比较低。

目前污泥处理技术呈现多样化，无论是从污水处理费中划取还是直接以污泥处置补贴方式给予，均存在补贴价格差异化的问题，无法像生活垃圾焚烧一样，有一个近似稳定的补贴范围。此外，因我国污泥成分的特殊性及污泥产品的市场接纳度问题，污泥基本无额外盈利空间，所以需要政府财政给予充足的支持。

第 2 章

污泥处理主要技术及选择原则

2.1 主要工艺技术

目前我国的污泥处理主要是通过污泥浓缩和脱水、干化、好氧发酵、厌氧消化、焚烧、热解等处理技术实现污泥的减量化、稳定化。

2.1.1 污泥浓缩和脱水

为了实现污泥的固液分离，减小污泥体积，提高污泥含固率，降低污泥运输成本，便于后续处理与处置，通常采用化学方法、物理方法来改变污泥特性，实现污泥的泥水分离，降低其含水率。

（1）污泥浓缩

污泥浓缩主要是去除污泥颗粒间的间隙水，浓缩后污泥含水率在 95% ~ 98%，仍为流体，常见的污泥浓缩技术有重力浓缩、机械浓缩和气浮浓缩。重力浓缩是应用最广泛的污泥浓缩技术，其电耗低、无药耗、缓冲能力强、构造和运行方式较简单，但也存在占地面积较大、停留时间较长、浓缩效率相对较低、易造成磷的释放等问题。随着污水厂对脱氮除磷要求的提高，目前新建污水厂大多采用机械浓缩技术，包括离心浓缩、带式浓缩、转鼓浓缩，也有的采用更简便的浓缩脱水一体机进行浓缩。在选择污泥浓缩技术时，除了考虑各工艺技术本身的优缺点外，也应综合考虑污泥来源、污泥性质特征、污泥处理流程、最终处置方式等因素。

（2）污泥脱水

污泥脱水主要是去除污泥中的毛细结合水和表面吸附水，通常污泥脱水后含水率可以降至 60% ~ 85%。常见的污泥脱水技术是机械脱水法，机械脱水法包括带式压滤脱水、离心脱水、叠螺脱水、板框压滤脱水等。污泥含水率的降低可以使其从流态转变为半固态或固态，呈泥饼状，污泥质量和容积大幅降低，便于后续污泥的运输和处理处置。由于污泥成分复杂、颗粒较细，并呈现胶态，因此不易脱水，调理污泥并改善其脱水性能仍是目前国内外研究的热门课题。

2.1.2 污泥干化

污泥干化主要是去除污泥颗粒间的表面吸附水和内部水，干化后污泥变为固态，呈颗粒状，通常半干化污泥的含水率可降至 40% 以下，全干化污泥的含水率可降至 10% 以下。全干化技术不仅能使污泥进一步减量减容，也可使污泥达到无病原微生物、无臭味的安全稳定化状态，全干化后污泥可用作替代燃料、园林绿化基质、土壤改良剂等。

污泥干化技术主要分为自然干化和机械干化。自然干化由于占地面积大、受气候影响明显、臭味明显等问题，目前在污泥处理中已极少采用。机械干化主要是通过污泥与热介质（蒸汽、导热油、热风、高温烟气等）之间的传热过程，实现污泥干化。

按热介质与污泥的接触方式可分为直接热干化、间接热干化。直接热干化技术包括带式干化、流化床干化、喷雾干化、转鼓干化等，间接热干化目前应用广泛且技术设备较为成熟，包括圆盘式干化机、桨叶式干化机、薄层式干化机等。污泥干化工艺技术的选择，要结合后端污泥处理处置工艺、可用热介质类型等综合确定。

2.1.3 污泥好氧发酵

好氧发酵是在有氧条件下，利用好氧微生物将污泥中有机物氧化、分解，转化为腐殖质的过程。污泥好氧发酵前，一般要在污泥中加入一定量辅料、返混料等，来改善污泥含水率、提供骨架结构、改善碳氮比（C/N）。污泥发酵通常与秸秆、畜禽粪污、园林垃圾、餐厨垃圾等进行混合。2021年农业农村部发布的《有机肥料》（NY/T 525—2021）中明确要求禁止使用污泥作为原料制造有机肥。目前污泥发酵产品主要用于市政园林绿化、林地利用、盐碱地治理、矿山修复、垃圾填埋场覆土等。

污泥好氧发酵效果与污泥的含水率、有机质含量、C/N、pH值、孔隙度、含氧量等因素密切相关。污泥好氧发酵按照反应器形式可分为条垛式发酵、槽式发酵、滚筒式发酵、罐式发酵、集成式发酵。

好氧发酵技术工艺流程成熟、简单，但其发酵后产物出路、运营成本、臭气控制等问题比较突出，制约了该工艺的大面积推广应用。

2.1.4 污泥厌氧消化

污泥厌氧消化是指污泥在无氧条件下，由兼性菌和厌氧菌将污泥中的可生物降解有机物分解成 CH_4、CO_2 和 H_2O 等，从而使污泥得到减量化、稳定化的过程。

污泥厌氧消化按温度不同可分为中温厌氧消化和高温厌氧消化。污泥厌氧消化可以产生大量的高热值沼气，沼渣经脱水处理后可用作园林绿化土、土壤改良剂等。与其他处理工艺相比，污泥厌氧消化是一种低碳排放的处理工艺。

目前，我国污泥厌氧消化技术包括单独厌氧消化、协同厌氧消化及热水解＋厌氧消化等。协同厌氧消化是指污泥与餐厨垃圾、园林垃圾、畜禽粪污、农作物秸秆等按一定比例混合，来改善污泥单独厌氧条件下存在的低 C/N 和低营养元素的特性。协同厌氧消化具有适应性强、有机负荷和产气率高、占地面积小等优点，同时存在原料预处理复杂、运行参数多变等缺点。污泥热水解是利用高温高压蒸汽对污泥进行处理，有效破坏污泥细胞结构，实现大分子有机物水解，彻底消灭细菌，降低污泥黏度，提高后续厌氧消化速率和有机物降解效率。

2.1.5 污泥焚烧

污泥焚烧是指在焚烧炉内利用高温将污泥中的可燃物质充分燃烧，最终将其转化为惰性气体（水分转化为水蒸气）和灰渣。污泥焚烧的产物包括烟气、炉渣和飞灰。烟气以燃烧生成的气态产物（CO_2、H_2O、SO_2、NO_x 等）为主，还含有少量的悬浮颗粒物、HCl、HF 和不完全燃烧产生的 CO 等。炉渣主要由污泥中不参与燃烧反应的无机矿物质组成（包括不易挥发的重金属类），也含有少量未燃尽的残余有机物。飞灰是燃烧后被烟气挟带出的固体颗粒（可能含有易挥发的重金属类），除污泥中的无机矿物质外，飞灰中还可能包含用于烟气净化的药剂和材料以及吸附的气相再合成的二噁英类污染物。

污泥焚烧具有工艺成熟度高、减量化和无害化程度高、处理彻底等优点，因此被广泛应用，但也存在投资运行成本较高、产物资源化程度较低、烟气产量较大及易产生邻避效应等缺点。在污泥焚烧前，一般先对污泥进行脱水和热干化处理，以降低其处理能耗。

污泥焚烧一般分为独立焚烧和协同焚烧。污泥协同焚烧以污泥垃圾协同焚烧、污泥水泥窑协同焚烧、污泥燃煤电厂协同焚烧为主。污泥独立焚烧按预处理方式可大致分为全干化＋焚烧、半干化＋焚烧、脱水＋焚烧三种类型。影响污泥焚烧的主要因素有污泥含水率、污泥有机物含量和热值、停留时间、焚烧温度、过剩空气系数等。

2022 年 9 月，国家发展改革委、住房城乡建设部、生态环境部联合印发的《污泥无害化处理和资源化利用实施方案》（发改环资〔2022〕1453 号）中指出：污泥产生量大、土地资源紧缺、人口聚集程度高、经济条件好的城市，鼓励建设污泥集中焚烧设施；含重金属和难以生化降解的有毒有害有机物污泥，应优先采用集中或协同焚烧方式处理；污泥单独焚烧时，鼓励采用干化和焚烧联用，通过优化设计，采用高效节能设备和余热利用技术等手段，提高污泥热能利用效率；有效利用本地垃圾焚烧厂、火力发电厂、水泥窑等窑炉处理能力，协同焚烧处置污泥，同时做好相关窑炉检修、停产时的污泥处理预案和替代方案。

2.1.6　污泥热解

斯坦福研究所的 J.Jones 提出了一个污泥热解的严格定义：在不向反应器内通入氧气、水蒸气或高温 CO 的条件下，通过间接加热使含碳有机物发生热化学分解，生成燃料（气体、液体和炭黑）的过程。污泥热解是在无氧或缺氧条件下进行高温热解处理，有机物在热解过程中会发生分解，产物包括由低分子有机物、水蒸气等组成的热解气、焦油以及由固定碳和无机物组成的固体碳化物。

污泥热解根据目标产物的不同，一般可以分为三种。第一种是以产炭为目的的污泥热解炭化，产炭量一般在 40% ～ 70%，同时与污泥中有机质和热解温度有关，污泥炭活化后一般可以用作吸附剂。第二种是以产油为目的的污泥液化或者热解油化，产油率一般为 30%，通过对条件的控制，产油率最高可达 50%，但是污泥热解油成分比较复杂，具有高氨氮、高有机物含量的特点，再利用成本比较高，排放到污水厂会对进水水质造成较大影响，国际上污泥热解制油工艺大多处于示范工程阶段，还没有大面积推广。山西正阳污水净化有限公司于 2011 年建设了一座 100t/d 的热解工程，产生的热解油进入污水厂用作碳源。第三种是以产气为目的的热解气化工艺，温度一般比较高（700 ～ 1100℃）。为了提高产气量，通常加入水蒸气、O_2 和空气作为催化剂，产生热

解气的主要成分为 H_2、CO、CO_2 和 CH_4，可直接燃烧以补充干化热量或者提纯净化用作化工原料。西安西咸新区沣西新城污泥处置项目采用污泥干化＋热解气化工艺，设计规模为 600t/d，2022 年 10 月投产。

热解过程中，高温会杀死污泥中的病原微生物，同时热解后的污泥炭含水率几乎为 0，残留微生物也无法继续生存，所以污泥热解工艺与污泥干化、污泥好氧发酵及污泥厌氧消化相比，是一种减量化程度更高、无害化和稳定化更彻底的处理工艺。热解过程中产生的热解气和热解油可以回收利用，热解污泥炭含有较高比例的氮磷，可以用于土地利用，符合污泥资源化利用要求。热解工艺与焚烧工艺一样，同属热法工艺，污泥焚烧是指污泥中的可燃成分与空气中的氧气发生剧烈的热化学反应，转化成高温烟气和性质稳定的固体残渣，并放出热量的过程，二者相比各有优缺点。

热解炭化工艺根据炭化温度的不同可分为污泥高温炭化（600～800℃）、污泥中温炭化（350～600℃）和污泥低温炭化（250～350℃）。污泥热解炭化工艺自 20 世纪 90 年代在日本、美国等国家逐步被开发并发展成熟，通过技术引进和自主研发，目前我国已有 10 余个污泥炭化项目稳定运行，并取得了较好的运行效果。

2.2 工艺技术选择原则

2.2.1 总体原则

城市污水处理厂污泥处理处置一般遵循减量化、无害化、稳定化和资源化四项原则。其中污泥处理的最终目标是要做到污泥的资源化，而无害化则是污泥处理过程中的重点。通过适宜的技术对污泥进行处理，使污泥由废物变成资源，可从根本上解决污泥对于环境的污染问题。

（1）减量化原则

由于污泥含水率高、体积大，且具有流动性，经减量化以后，可使污泥体积减至原来的十几分之一，且由液态转变成固态，便于运输和消纳。

（2）无害化原则

无害化原则的具体要求是采用合理的工程技术对污泥中的有害物质予以去除，污泥（尤其是初沉污泥）中含有大量的病原菌、寄生虫卵及病毒，易造成传染病传播。经过无害化处理（如消化）后，可杀死污泥中大部分蛔虫卵、病原菌和病毒，大大提高污泥卫生学指标。

（3）稳定化原则

污泥中有机污染物含量高，极易腐败产生恶臭，经稳定消化后，易腐败部分的有机污染物被分解转化，不易腐败部分的恶臭味也大大减弱，方便后续处理处置。稳定化原则的要求是根据生物厌氧或好氧的特点，采用消化工艺或者直接加入化学药剂的方法，使污泥中的有机物分解，最终形成无害稳定产物。稳定产物是指污泥中的各种成分都处于一种相对稳定的状态，包括污泥中的细菌和病原体以及臭味的去除，最终保证污泥在处置之后不会对周围环境造成二次污染。

（4）资源化原则

资源化原则的具体要求是指，在对污泥进行处理时，对污泥中含有的氮、磷、钾等元素进行回收和处理，使之形成可以被利用的有用资源，在保护环境的同时还能变害为利。因此，资源化是污泥处理处置的最终目标。

2.2.2　基本原则

污泥的处理处置首先应该以城镇总体规划及排水专项规划为主要依据，从全局出发，近远期结合，应根据城镇污水处理厂的规划污泥产生量，合理确定污泥处理设施规模。近期建设规模应根据近期污水量和进水水质确定，充分发挥设施的投资和运行效益。同时，结合污泥性质、处置方式、环境承载能力及当地的经济水平，按照"处置决定处理、处理满足处置、处置方式多样、处理适当集约"的原则来选择技术方案。

（1）根据污泥性质选择成熟、可靠、适宜、低碳的处理技术

应根据污泥热值、重金属含量、有机质及养分含量确定合适的工艺路线。对于热值较高的污泥，可以采用污泥深度脱水＋焚烧或热解工艺，尽量做到能量自平衡或最大程度地减少对外界能源的依赖；对于重金属含量较高的污泥，可以采用具有重金属固化功能的热解工艺或将其用于烧结砖等建材应用；对于有机质和总养分含量较高、重金属含量较低的污泥，可以采用污泥好氧发酵和厌氧消化工艺，处理后污泥用于土地利用。污泥处理工艺技术较多，新技术也层出不穷，实际工程中一定要采用技术成熟的工艺，必须有稳定运行一定年限的工程案例作为参考。对于正处于研发中的新技术，需经过严格评价，并经过中试或生产性工程示范确认可靠后方可考虑选用。污泥处理工艺选择时要坚持绿色低碳的原则，尽量做到与其他环保设施协同处理。污泥处理设施宜临近污水处理厂、垃圾焚烧发电厂、餐厨垃圾处理厂。污泥处理过程中产生的污水应就近排入污水厂处理，生产过程中需要的再生水、蒸汽、沼气可以取自污水厂、电厂或餐厨垃圾处理厂。对于污泥干化项目，干化后的污泥及臭气等还可以就近送入电厂焚烧。污泥厌氧消化项目可以和餐厨垃圾协同，提高沼气产气量，降低外部能源输入，最大程度地减少二氧化碳和甲烷等温室气体的排放量。

（2）根据处置条件选择适宜的处理技术

污泥末端出路与污水不同，虽然其出路广泛，但也最容易受到限制，从而影响到前

端处理工艺的正常运行。农林业发达的地区可采用好氧发酵、厌氧消化工艺后土地利用，但具有消纳条件不代表具有消纳意愿和市场接纳度，在政策及市场接纳度不明朗的当下，应谨慎采用，若采用，务必提前落实足量、稳定、合规的出路途径。建材利用（如水泥、陶粒、制砖等）等协同方式存在地域性分布差异，可以采用污泥深度脱水或干化工艺，并根据建材企业的要求确定合适的处理工艺。若当地无填埋空间、土地利用无稳定出路、建材利用亦无稳定配套企业，应优先考虑具有极致减量化的污泥焚烧和热解工艺。污泥焚烧可采用独立焚烧或与当地的热电厂、垃圾焚烧厂、水泥窑等协同焚烧，但在项目策划阶段就应该与后端企业达成意向协议，尤其是协同焚烧，其稳定性较差，会受到产能和环境容量的影响，后端处置接受量要大于污泥处理产生量。污泥处理工艺选择也要根据处置条件做到主辅结合、多种工艺并存。结合处置点位置，污泥处理可以采取多点布局、适当集约的方法。

（3）充分考虑不同污泥处理技术带来的环境问题

污泥处理本身是一个环保工程，不应产生较严重的二次污染，应根据当地的环境容量以及敏感水平确定工艺路线，并及时处置生产过程中产生的臭气、烟气。如果选择污泥好氧发酵工艺，则必须充分重视臭气问题，一方面臭气会对生产运行人员的工作环境造成较大影响，另一方面臭气收集、处理措施不到位，会引起臭气超标扩散，从而导致较严重的邻避效应，甚至会影响项目投产或正常运行。对于污泥焚烧工艺，要严格按照环评要求做好烟气处理设施的建设和运营工作，保证烟气达标排放，同时做好环保宣传工作，最大程度地降低周围居民的担忧。如果选择污泥厌氧消化工艺，除保证臭气达标处理外，还应该考虑沼气的安全性和安全防护距离。总之，环境问题有可能会决定一个污泥项目是否可投产使用，在污泥处理路线制订时，务必要给予足够的重视。

（4）根据当地经济、财政能力选择合适的处理技术路线

我国污水厂中污泥处理设施投资占比普遍较低，近年来污水处理厂经历了快速建设和多轮提标，污水处理率和污水排放标准已经达到世界前列水平。但是"重水轻泥"仍然是普遍现象，尤其是过往采用的污泥脱水填埋乃至非法处置，污泥处理处置价格普遍低于 300 元 /t，有的地区甚至低于 100 元 /t。传统路径受限后，新建污泥处理设施、合规处置污泥均会导致成本升高，如果按照 BOT（建设 - 经营 - 转让）项目核算方式，5×10^4 t 以上的污水厂污泥，按照 7.5×10^4 t 污泥 /t 水、工程投资 50×10^4 元 /t 污泥计，其合理运营价格应在 400 元 /t 以上，折合到污水处理中，其费用为 0.3 元 /t 水，虽然占比不高，但是对于经济水平一般的地方而言仍然偏高，所以应尽量根据当地经济发展水平选择合适的工艺路线和设备档次。同时，污泥处理设施投资与设计规模、工艺路线及设备档次有关，一般差异性较大。污泥运行成本与泥质、工艺路线、环保要求、末端处置方法、工程投资等因素有关，不同地区会存在较大差异，但是对于同一地区，如果做到合法合规处理处置，同等设备档次下，不同工艺的运行成本不会有较大差异。

第 3 章

污泥浓缩与
常规脱水

3.1 污泥脱水理论

3.1.1 污泥中水分的存在形式

根据污泥中水分和污泥的结合方式，可以将污泥中所含水分分为间隙水、毛细结合水、表面吸附水和内部水四类，见图3-1。

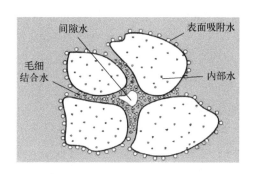

图 3-1 污泥中水分的存在形式

（1）间隙水

间隙水是存在于污泥颗粒间隙中的游离水，又称自由水，约占污泥水分总量的70%。由于间隙水不直接与固体结合，所以其作用力弱，很容易分离，分离过程可借助重力沉淀（浓缩）或离心力进行。通常认为污泥浓缩处理可以去除大部分的间隙水，后续的污泥调理、污泥常规脱水等会破坏污泥的胶体结构，从而进一步释放出间隙水。

（2）毛细结合水

毛细结合水是存在于高度密集的细小污泥颗粒周围的水，由于毛细管现象的产生，既可以在固体颗粒的接触面上由于毛细压力作用而形成楔形毛细结合水，又可以构成充满于固体本身裂隙中的毛细结合水，由毛细现象而形成的毛细结合水约占污泥水分总量的20%。由于这部分水是由结合力大、结合紧密的多层水分子组成的，仅依靠重力浓缩不易使其脱出，可通过人工干化、增大电渗力或进行热处理等方法加以去除，也可施加与毛细水表面张力方向相反的外力，如离心、负压抽吸等，从而破坏毛细管表面张力和凝聚力，进而使水分分离。通常认为，可以采用离心机、高压压滤设备来去除部分毛细结合水，后续的污泥调理、污泥常规脱水、污泥深度脱水等可以进一步释放出间隙水，也可以去除部分毛细结合水。

（3）表面吸附水

表面吸附水是附着在污泥颗粒表面的水分，常在胶体颗粒和生物污泥等固体表面上出现，约占污泥水分总量的7%。其表面张力较大，附着能力较强，去除较难，不能用普通的浓缩法或脱水法去除。通常可以在污泥中加入电解质絮凝剂，采用絮凝法使胶体颗粒絮凝，从而使污泥固体与水分分离，排除附着在表面的水分，也可采用热干化和焚烧等热力方法去除。

（4）内部水

内部水是污泥颗粒内部或者微生物细胞膜中的水分，包括无机污泥中金属化合物所带来的结晶水等，约占污泥中水分总量的3%。由于内部水与微生物结合紧密，去除较困难，采用一般的机械方法不能脱除，但可采用生物技术使微生物细胞进行生化分解，或采用热干化和焚烧等热力方法破坏细胞壁，从而使其破裂，进而使污泥内部水扩散出来后再加以去除。

3.1.2　污泥脱水性能和影响因素

（1）污泥脱水性能评价指标

污泥脱水性能是指污泥脱水的难易程度，用来衡量污泥脱水性能的指标主要有污泥比阻和污泥毛细吸水时间。

1）污泥比阻

污泥比阻（specific resistance to filtration，SRF）是指在一定压力下，在单位面积的过滤介质上，过滤单位质量的干固体所受到的阻力，常用 R（m/kg）表示，计算公式如下：

$$R = \frac{2PA^2b}{\mu W}$$

式中　P——过滤压力，N/m^2；

　　　A——过滤面积，m^2；

　　　μ——滤液黏度，$N \cdot s/m^2$；

　　　W——单位体积滤液产生的干污泥质量，kg/m^3；

　　　b——以过滤时间 / 滤液体积为纵坐标、滤液体积为横坐标作图的直线斜率，s/m^6。

不同污泥的比阻差异较大，比阻越大，污泥的脱水性能越差。一般来说，比阻＜1×10^{11}m/kg 的污泥易于脱水，比阻＞1×10^{13}m/kg 的污泥难以脱水。因此污泥脱水前应先进行调理，尽量降低其比阻。

污泥比阻是表征污泥过滤特性的综合性指标，其测定过程与真空过滤脱水过程基本相近，因此能准确地反映出污泥的真空过滤脱水性能，同时能比较准确地反映出污泥的压滤脱水性能。但因为比阻测定过程较为复杂，受人为因素干扰较大，测定结果重现性较差，因此在实际工程应用中不作为指标性数据，仅具有研究意义。

生产中对调理后的污泥也可以采取简易比阻小试方法对污泥调理效果进行判断，其步骤为：

① 准备两个 100mL 的玻璃量筒、一个布氏漏斗、若干张定量滤纸以及计时工具，将一张定量滤纸放置在布氏漏斗内；

② 用另一个量筒量取 100mL 待测污泥倒入布氏漏斗中；

③ 当漏斗下端出口有滤液流出时，开始计时；

④ 分别在 2min 和 6min 时，记录布氏漏斗下面量筒内的滤液体积，记为 V_1、V_2，相同时间内，V_1-V_2 差值越大，说明污泥调理效果越好。

2）污泥毛细吸水时间

污泥毛细吸水时间（capillary suction time，CST）是指污泥中的毛细水在滤纸上渗透 1cm 距离所需的时间，CST 越小，污泥的脱水性能越好。CST 适用于所有的污泥脱水过程，但其测定结果受含水率影响较大。与污泥比阻的测定过程相比，CST 测定过程简便，测定设备简单，操作简单，测定结果也比较稳定。

（2）污泥脱水性能影响因素

污泥脱水性能的影响因素有很多，包括污泥絮体的结构、性质和特征，如污泥中的水分存在形式、胞外聚合物、zeta 电位、絮凝剂种类和投加量、粒径分布及污泥来源等，都会对污泥的脱水性能起决定性作用。

1）水分存在形式

污泥颗粒因富含水分、拥有巨大的比表面积和高度的亲水性而带有大量毛细结合水，结合水与固体颗粒之间存在着键结构，结合力大、活性较低，仅靠重力浓缩不易使其脱除，需借助机械力或化学反应才能去除。相对于结合水，自由水环绕在固体四周，并能以重力方式去除。因此结合水的含量可视为机械脱水的上限，即结合水越多，污泥越难脱水。

2）胞外聚合物

胞外聚合物是附着在微生物细胞壁上的大分子有机聚合物，主要由蛋白质、多糖和 DNA 等组成。胞外聚合物带有负电荷，可吸引大量相反电荷的离子并聚集在污泥内部，使污泥内外形成渗透压差，从而影响污泥的脱水性能。

3）zeta 电位

污泥颗粒由带负电的微生物菌胶团粒子组成，具有双电层结构。污泥胶体的带电特性可以用 zeta 电位表示，颗粒的 zeta 电位越高，污泥颗粒本身负电荷之间的排斥力也就越大，污泥絮体越稳定，脱水性能越差。

4）粒径分布

粒径分布是衡量污泥脱水性能的关键因素，污泥颗粒的大小对污泥比表面积、污泥絮体孔隙率有重要影响，进而影响污泥的脱水性能。一般来说，细小颗粒污泥所占比例越大，污泥平均粒径越小，脱水性能就越差。污泥颗粒越小，其总体比表面积就越大，水合程度就越高，污泥颗粒本身带有负电，互相排斥，又由于水合作用而在颗粒表面附着一层或几层水，进一步阻碍了颗粒之间的结合，最终形成了一个稳定的絮体分散系统。

5）pH 值

pH 值波动会引起污泥胶体表面特性发生改变，从而使得污泥脱水性能随之改变。污泥胶体的表面电荷量会随 pH 值减小而降低。

6）絮凝剂种类和投加量

絮凝剂种类和投加量会直接影响污泥的脱水效果。在选择絮凝剂种类时，需要根据污泥特性、污泥脱水的目标含水率和脱水设备类型进行选择，例如通常选用阳离子 PAM（聚丙烯酰胺）絮凝剂用于带式压滤脱水机和离心脱水机进行常规脱水，如果是板框压滤脱水或高压带式脱水，则会结合铁铝无机药剂等。

7）絮体分形尺寸

分形尺寸描述了颗粒在团块中的集结方式，分形尺寸越大，絮体集结得越紧密，越容易脱水。

8）污泥来源

不同来源的污泥组分成分不同，脱水性能也不同。比如，城镇污水处理厂产生的初沉池污泥，主要由有机碎屑和无机颗粒物组成，比阻较小，易于脱水；而活性污泥则主要由有机颗粒（包括平均粒径小于 $0.1\mu m$ 的胶体颗粒、粒径在 $1.0 \sim 100\mu m$ 的超胶体颗粒以及胶体颗粒聚合形成的大颗粒等）组成，比阻较大，难于脱水。此外，污泥龄越长的污泥，脱水性能越差，污泥指数（SVI）越高的污泥，脱水性能越差。

（3）污泥脱水效果评价指标

一般用于衡量污泥脱水效果的有泥饼含固率（C_μ）和固体回收率（η）两个指标。泥饼含固率是评价污泥脱水效果最重要的指标，泥饼含固率越高，污泥体积越小，脱水效果越好。固体回收率是泥饼中的固体量占脱水污泥中总干固体量的百分比，用 η 表示。η 越高，说明污泥脱水后转移到泥饼中的干固体越多，随滤液流失的干固体越少，脱水率越高。η 计算公式如下：

$$\eta = \frac{C_\mu(C_0 - C_e)}{C_0(C_\mu - C_e)}$$

式中　C_μ——泥饼含固率；

　　　C_0——脱水机进泥含固率；

　　　C_e——滤液含固率。

污泥脱水效果需同时采用泥饼含固率（C_μ）和固体回收率（η）两个指标进行评价，只获得较高的泥饼含固率但固体回收率很低或者固体回收率很高但泥饼含固率很低，都说明污泥的脱水效果不好。此外，絮凝剂的投加量、脱水机处理能力等也是评价污泥脱水效果的重要因素。

3.1.3　污泥调理

由于污泥胶体含有大量水分，有较大的比表面积与高度的亲水性，带有大量结合水，污泥表面还带有大量负电荷，会互相排斥，无法快速沉降并堆砌成具有高透过率的泥饼，致使沉降性能与脱水性能不佳，因此在脱水之前需对污泥进行调理。污泥调理主要是通过采用向污泥中外加能量或化学试剂等手段，破坏絮体表面的胞外聚合物亲水性结构，从而改变胞内及胞外水分子的赋存形态，显著改变污泥絮体的沉降性和可压缩性，降低污泥脱水处理后的含水率。

污泥调理方法通常可分为物理调理、化学调理和微生物调理三大类。物理调理分为热处理法、冷冻法及淘洗法，其中也包含超声波、微波、高压电场等。化学调理是通过向污泥中投加絮凝剂、改性剂等化学药剂，来破坏污泥胶体颗粒的稳定性，使分散细小的颗粒相互聚集形成较大的絮体，从而改善污泥的脱水性能。微生物调理是一种由微生物产生的可使不易降解的固体悬浮颗粒、菌体细胞及胶体粒子聚集、沉淀的特殊高分子代谢产物，它是通过微生物发酵、分离提取而得到的一种絮凝高分子物质，该类型的生物代谢高分子产物起到了与化学高分子物质相同的作用。

污泥调理方式需要结合污泥性质，同时考虑经济效益和环境效益来选择。化学调理因工艺成熟、效果稳定、设备装备成熟、操作简单、经济效益好等优势，是目前应用较为广泛的调理方法。化学调理是向污泥中投加无机金属盐、有机高分子等化学药剂，使其在污泥颗粒表面发生化学反应，中和污泥颗粒的电荷或改变胶体的立体结构，促使污泥颗粒凝聚成大的絮体而发生沉淀，从而达到改善脱水性能的目的。一般认为，化学调理的内在机理有压缩双电层、吸附电中和、吸附架桥、网捕卷扫等。

（1）压缩双电层

加入含有与污泥电荷相反离子的药剂，使其进入双电层，污泥颗粒表面处阴离子的浓度最大，由颗粒表面向外，距离越大阴离子浓度越低。当两个颗粒互相接近时，扩散层厚度减小，zeta 电位降低，因此它们之间的互相排斥力减小，污泥颗粒得以迅速凝聚沉降，见图3-2。

（2）吸附电中和

带负电的污泥颗粒与带正电的调理剂水解产物有强烈的吸附作用，由于这种吸附作用中和了部分电荷，减小了静电斥力，使颗粒容易与其他污泥颗粒接近而互相吸附，导致 zeta 电位降低，发生絮凝沉降，见图3-3。

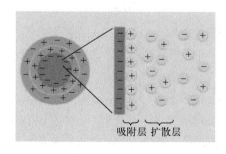

图3-2　压缩双电层

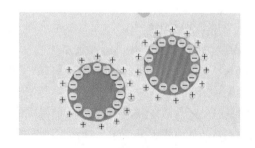

图3-3　吸附电中和

（3）吸附架桥

高分子絮凝剂与污泥颗粒相互吸附，但污泥颗粒本身并不直接接触，可理解成两个大的同电颗粒中间由于有一个异电颗粒而联结在一起。高分子絮凝剂一般有线状或分枝状长链结构，它们具有能与颗粒表面某些部位起作用的化学基团，当高分子絮凝剂与颗粒接触时，基团能与胶粒表面产生特殊反应而互相吸附，聚合物起到了架桥连接作用，最终促进吸附的悬浮颗粒沉降，见图 3-4。

（4）网捕卷扫

用金属盐（如硫酸铝或氯化铁）或金属氧化物和氢氧化物（如石灰）作调理剂时，加大投加量使得迅速生成沉淀金属氢氧化物或金属碳酸盐，污泥颗粒可在这些沉淀物形成时被网捕（图 3-5）。调理剂产生的多羟基络合离子可与其配体形成带正电的网状结构来网捕带负电的污泥颗粒，最终促进颗粒沉降。

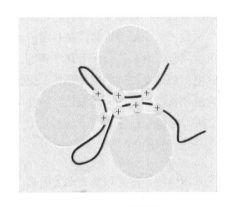 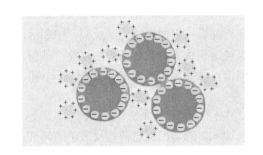

图 3-4　吸附架桥　　　　　　　　　　　图 3-5　网捕卷扫

一般而言，压缩双电层与吸附电中和的过程主要是通过减小静电斥力从而缩小颗粒间距离，而吸附架桥与网捕卷扫则是通过增大污泥絮体实现聚沉分离。化学调理过程通常是多种机理协同促进的结果，但在特定的条件下，会以某一种机理为主。

3.2　污泥浓缩

污水处理系统产生的污泥含水率很高、体积很大，输送、处理或处置都不方便。通常认为，污水处理厂初沉污泥含水率为 95%～97%，剩余活性污泥含水率为 99.2%～99.6%，初沉污泥与剩余活性污泥混合后含水率为 99%～99.4%。

污泥浓缩是污泥处理的第一步，其主要目的是使污泥初步减容，使其体积减小为原来的几分之一，如含水率为 99.5% 的污泥经浓缩处理后含水率降至 98%，体积缩小为原来的 1/4，从而大大降低了后续污泥处理构筑物的规模、减少了处理设备的数量等，为污泥处理提供了便利的条件。

目前污泥浓缩主要有重力浓缩、机械浓缩和气浮浓缩三种工艺类型，工艺选择与污水处理工艺、污泥产量和性质、浓缩效果需求（目标含固率）、后续处理方式、场地面积、环境要求、投资和运行费用等多种因素有关。

3.2.1　重力浓缩

重力浓缩是目前应用最广泛的工艺技术，其原理是利用污泥中固体颗粒的重力作用进行自然沉降与压密，在上层颗粒的重力作用下，下层颗粒间隙中的水被挤出界面，颗粒之间相互拥挤，从而变得更加紧密。通过这种拥挤和压缩过程，形成高浓度污泥层，上层上清液溢流排出，从而达到浓缩污泥的目的。重力浓缩本质上是一种沉淀工艺，属于压缩沉淀。

重力浓缩适用于活性污泥、活性污泥与初沉污泥的混合体以及消化污泥的浓缩，一般不适用于脱氮除磷工艺产生的剩余污泥。污泥重力浓缩时间不宜小于12h，重力浓缩池面积应按污泥沉降曲线确定的污泥固体负荷计算确定，当无污泥沉降曲线试验数据时，可根据污泥类型参考经验值选取。采用重力浓缩时，初沉污泥含水率一般可从95%～97%浓缩至90%～92%，污泥固体负荷为80～120kg/（m²·d）；活性污泥含水率从99.2%～99.6%浓缩至97.5%左右，污泥固体负荷为20～30kg/（m²·d）；初沉污泥与剩余活性污泥混合后含水率可从99%～99.4%浓缩至97%～98%，污泥固体负荷为30～50kg/（m²·d）。

重力浓缩工艺电耗低、缓冲能力强、构造和运行方式较简单，但也存在以下问题：

① 占地面积较大；

② 停留时间较长，浓缩效率相对较低；

③ 浓缩池中的污泥易发生厌氧消化，污泥上浮会影响浓缩效果，所产生的 H_2S 也可能会造成搅动栅及轴承等的腐蚀；

④ 容易释放出磷。

重力浓缩根据运行方式不同可分为连续式和间歇式，按池型不同可分为圆形和矩形。

间歇式重力浓缩池（图3-6）适用于小型污水处理厂，进泥、排泥间歇进行，圆形或矩形浓缩池底部设有污泥斗。

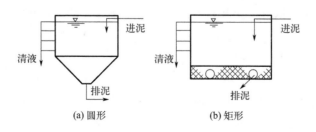

图 3-6　间歇式重力浓缩池

连续式重力浓缩池（图3-7）适用于大、中型污水处理厂，可采用沉淀池的形式，一般包括竖流式和辐流式，带有刮泥机和搅动栅。

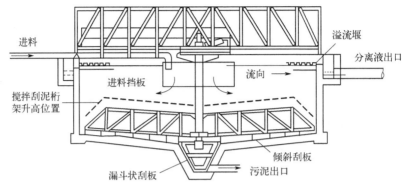

图 3-7　连续式重力浓缩池

3.2.2　机械浓缩

机械浓缩是指通过机械设备实现污泥浓缩的工艺类型，根据机械设备类型和运行方式的不同，通常分为离心浓缩、带式浓缩、转鼓浓缩等。

（1）离心浓缩

离心浓缩的工艺原理是利用污泥中固体、液体之间的相对密度差及惯性差，在离心力场内所受的离心力不同，从而实现污泥中固体、液体的分离，污泥则被浓缩。离心力远远大于重力或浮力，一般是重力的 $500 \sim 3000$ 倍，离心浓缩分离速度快、浓缩效果好，与占地面积较大的重力浓缩相比，离心浓缩在占地面积较小的离心机内，十几分钟即可完成浓缩过程。

完成离心浓缩过程的设备为离心浓缩机，可将剩余活性污泥含水率从99.2%～99.6%浓缩至91%～95%。离心浓缩与用于离心脱水的设备原理和形式基本一样，其区别在于，与离心脱水必须加絮凝剂进行调质的要求不同，离心浓缩通常不需加入絮凝剂调质，但如果要求浓缩污泥含固率大于6%，则可加入适量絮凝剂以提高其含固率，但应避免过量加药而造成浓缩污泥泵送困难。

离心浓缩工艺最早始于20世纪20年代初，当时采用的是最原始的筐式离心机。经过多年发展和迭代更新，离心浓缩工艺的流程及设备形式逐渐趋于成熟，目前普遍采用的是卧螺式离心浓缩机（图3-8）。

离心浓缩工艺具有占地面积小、不产生恶臭、车间工作环境好、可避免富磷污泥中磷的二次释放等优点，主要适用于剩余活性污泥等难脱水、含固率低的污泥浓缩，也适用于大规模污水处理厂或场地受限的场合。但离心浓缩机设备运行电耗较高、噪声较大，运行费用和维修维护费用较高。

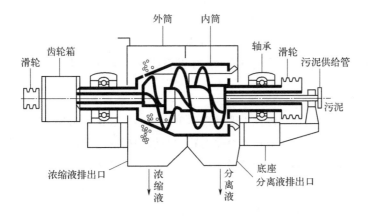

图 3-8　卧螺式离心浓缩机

（2）带式浓缩

带式浓缩是通过带式设备对污泥进行浓缩，带式浓缩机结构见图 3-9。带式浓缩机主要由进料混合器、脱水滤布、可调泥耙、冲洗装置等组成，根据污泥浓缩目标调节进泥量、滤带走速、泥耙夹角和高度等运行参数。

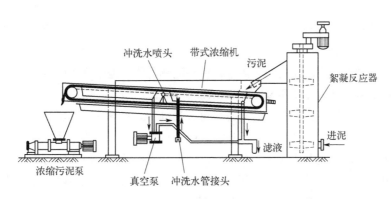

图 3-9　带式浓缩机

带式浓缩机将经过调理的污泥通过机械进料分配器均匀地分布在循环运动的滤带上，形成一层薄污泥层，由于化学药剂对污泥产生了絮凝作用，泥层污泥中大量的自由水在重力作用下被分离出来。同时，在泥耙双向搅动作用下，污泥絮体及颗粒间发生相互作用，从而改变了污泥结构，有利于污泥中水分的脱除，最终使污泥得到浓缩。污泥浓缩的滤液在滤带水平运动过程中穿过孔隙被去除，污泥固体颗粒被滤带截留，并随着滤带移动送至浓缩污泥收集系统中。

带式浓缩机通常在污泥含水率大于 98% 的情况下使用，常用于剩余污泥的浓缩。带式浓缩机主要用于污泥浓缩脱水一体化设备的浓缩段，可以将剩余污泥的含水率从 99.2% ～ 99.6% 浓缩至 93% ～ 95%。

带式浓缩机具有电耗低、噪声小、运行成本较低及可避免磷二次释放等优点，但在带式浓缩前通常需要投加聚合物调理，带式浓缩机运行过程中现场的水汽较大，容易造成较差的车间环境，如运行不当可能会发生滤带跑偏、跑泥等问题。

（3）转鼓浓缩

转鼓浓缩机是一个装有滤网的圆柱形转鼓，污泥通过转鼓内部可转动的螺旋输送器来完成传送和浓缩。其工作原理是经聚合物絮凝调理后的污泥，在进入缓慢转动的转鼓后，被转鼓中的滤网包裹，并沿着螺旋线从转鼓一端被推至另一端。在转鼓缓慢转动的作用下，污泥絮体及颗粒间互相作用，造成转鼓滤网中污泥结构的变化，从而促使其水分的释放，实现污泥浓缩。

转鼓浓缩机一般可将污泥含水率从 97% ～ 99.5% 浓缩至 92% ～ 94%，具有占地面积小、电耗低、噪声小、可避免磷二次释放等优点。但转鼓浓缩机的缺点主要在于其需要依赖絮凝剂的投加，加药量一般为 4 ～ 7kg/t 干污泥，而且需要用压力水定时冲洗滤网，以防止其被细小颗粒堵塞。

3.2.3 气浮浓缩

气浮浓缩利用固体与水之间的密度差而产生浮力，使固体颗粒在此浮力的作用下上浮，从而使其从水体中分离，达到污泥浓缩的目的。通常固体颗粒与水的密度差越大，气浮浓缩效果越好，气浮法适用于浓缩活性污泥和生物滤池中产生的较轻污泥，可将活性污泥含水率从 99.5% 浓缩至 94% ～ 96%。

气浮浓缩法按微气泡产生方式划分，可分为以下 4 种形式：加压溶气气浮法、真空气浮法、电解气浮法和分散空气气浮法。其中，只有加压溶气气浮法适用于活性污泥浓缩。加压溶气气浮法是基于在一定温度下，空气在水中的溶解度与压力成正比的亨利定律而开发出来的气浮工艺，在一定压力下使空气溶解在水中，然后降低压力使溶解在水中的过饱和空气从水中释放出来，产生大量直径在 10 ～ 100μm 的微气泡，从而实现固液分离浓缩。气浮浓缩系统见图 3-10。

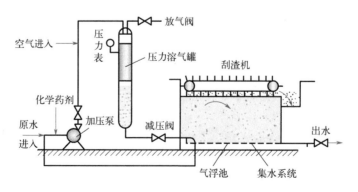

图 3-10　气浮浓缩系统

气浮浓缩与重力浓缩、离心浓缩相比，有以下特点：

① 气浮浓缩的污泥含固率高于重力浓缩，低于离心浓缩；

② 气浮浓缩的固体负荷和水力负荷较高，水力停留时间短，构筑物或气浮设备的体积小；

③ 对水力冲击负荷缓冲能力强，能获得稳定的浮泥浓度及澄清水质，能有效地浓缩膨胀的活性污泥；

④ 气浮浓缩能防止污泥在浓缩中腐化，避免产生臭味；

⑤ 气浮浓缩的电耗比重力浓缩高，比离心浓缩低。

气浮浓缩具有占地面积小、浓缩效率高、卫生条件好等优点，而且气浮浓缩是在好氧状态下完成的，避免了富磷污泥中磷的二次释放。但气浮浓缩池的污泥储存能力较小，且设备较多、动力消耗大，因此其操作要求和维护管理相对复杂。

3.3 污泥常规脱水

污泥浓缩主要是去除分离污泥中的间隙水，而污泥脱水则主要是将污泥中的毛细结合水和表面吸附水分离出来，通常污泥脱水后，含水率可以降至 85% 以下。污泥经脱水后，其体积可减小至浓缩前的 1/10，以及脱水前的 1/5，从而可达到减量减容的目的。污泥含水率的降低可以使其从流态转变为半固态或固态，便于后续的污泥运输和处理处置。

本节所述的常规脱水工艺设备可将污泥含水率降至 80% 左右，是当前我国大部分市政污水处理厂内脱水所采用的技术，包括自然干化脱水、机械脱水（带式压滤脱水、离心脱水、叠螺脱水等）等。一般城镇污水处理厂采用机械脱水，其具有脱水效果好、脱水效率高、占地面积小及恶臭影响小等优点。

3.3.1 自然干化脱水

污泥自然干化脱水是一种历史悠久、简便易行的污泥脱水方法，主要是依靠自然渗透、蒸发与人工撒除，使污泥自然干化。传统的污泥自然干化一般采用干化场的形式，污泥自然干化后，含水率可降至 70% ～ 80%。

干化脱水效果受气候条件和污泥性质的影响，脱水周期长、占地面积大、卫生条件差、劳动强度大，适用于气候比较干燥、蒸发量大、土地资源不紧张且环境卫生条件允许的地区，目前应用较少。

3.3.2 带式压滤脱水

带式压滤脱水机（图 3-11）是由上下两条张紧的滤带夹带着污泥层，从一连串规律排列的辊筒之间呈 S 形穿过，依靠滤带自身的张力形成对污泥层的压榨压力和剪切力，挤压出污泥层中的毛细结合水，从而获得含固率较高的泥饼，最终实现污泥脱水。

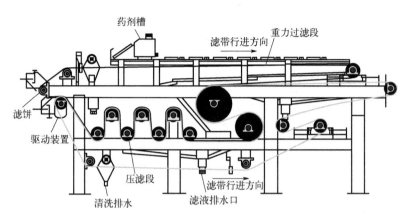

图 3-11　带式压滤脱水机工作原理

　　污泥通过污泥泵送至泥药混合器，经与絮凝剂充分反应混合后进入带式压滤脱水机。带式压滤脱水机有很多种形式，但一般可分为重力脱水、楔形脱水、低压脱水和高压脱水 4 个工作区。

　　① 重力脱水区　经絮凝调理后的污泥通过泵投加到滤带上，滤带水平行走。在重力脱水区内，污泥中的大部分自由水在自身重力作用下穿过滤带，从污泥中分离出来。一般认为重力脱水区可去除污泥中 50% ～ 70% 的水分，可使含固率增加 7% ～ 10%，污泥流动性降低，便于后续的挤压。

　　② 楔形脱水区　污泥经重力脱水后，流动性明显变差，但仍难以满足压榨脱水区对污泥流动性的要求，因此在污泥的压榨脱水区和重力脱水区之间，设置了一个楔形脱水区。楔形脱水区是一个三角形空间，滤带在该区内逐渐靠拢，使污泥逐步开始受到挤压。在该区内，污泥的含固率进一步提高，流动性几乎丧失，并由半固态向固态转变，为污泥后续压榨脱水做准备。

　　③ 低压脱水区　污泥经楔形脱水区后，被夹在两条滤带之间绕辊压筒做 S 形上下移动，在滤带张力的作用下形成对污泥层的挤压力与剪切力。施加到污泥层上的压榨压力取决于滤带张力和辊筒直径，在张力一定时，辊筒直径越大，压榨压力越小。通常带式压滤机的前 3 个辊筒直径较大，为 50 ～ 80cm，施加到泥层上的压力较小，所以称为低压脱水区。污泥经低压脱水区脱水后，含固率进一步提高，污泥成饼，强度增大，为接受高压做准备。

　　④ 高压脱水区　污泥进入高压脱水区后，辊筒直径越来越小，受到的压榨压力逐渐增大，高压脱水区的最后一个辊筒直径往往降至 25cm 以下，压榨压力增至最大。污泥经高压脱水区后，含固率一般可达 20% ～ 25%。

　　不同规格的带式压滤脱水机，其带宽也不同，一般不超过 3m。带式压滤脱水机的处理能力通常有两个评价指标，分别为进泥量和进泥固体负荷。进泥量是指每米带宽在单位时间内所能处理的湿污泥量 $[m^3/(m \cdot h)]$，进泥固体负荷是指每米带宽在单位时间内所能处理的干污泥总量 $[kg/(m \cdot h)]$。一般进泥量范围为 $4 \sim 7m^3/(m \cdot h)$，进泥固体负荷范围为 $150 \sim 250kg/(m \cdot h)$。

带式压滤脱水机运行操作简便，可连续稳定生产，噪声小，运行成本较低，维护维修成本较低，在污泥脱水中被广泛应用，但同时存在占地面积较大、冲洗水量较大、车间环境较差等问题。

3.3.3　离心脱水

离心机用于污泥浓缩及脱水已有几十年的历史，目前普遍采用的离心脱水机是卧螺式离心脱水机（图 3-12）。

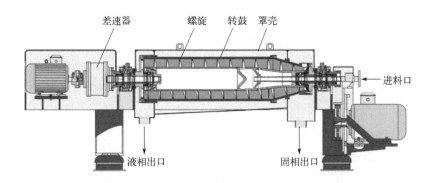

图 3-12　卧螺式离心脱水机工作原理

卧螺式离心脱水机主要由转鼓和带空心转轴的螺旋输送器组成。絮凝调理后的污泥由空心转轴送入转筒后，在高速旋转产生的离心力作用下，立即被甩入转鼓腔内。由于污泥颗粒密度较大，离心力也较大，被甩贴在转鼓内壁上，形成固体层，即固环层。由于水的密度较小，离心力小，只能在固环层内侧形成液体层，即液环层。由于转鼓和螺旋输送器有相对转速差，一般相差 0.2% ～ 3%，会对转鼓内的固环层产生输送力，固环层的污泥在螺旋输送器的缓慢推动下被送至转鼓的锥端（锥角一般在 8° ～ 12°），经转鼓周围的出口连续排出。液环层的液体则由堰口连续溢流排至转鼓外，汇集后依靠重力排出脱水机。

转鼓是离心脱水机的关键部件，转鼓直径越大，离心脱水机处理能力就越强。转鼓的转速取决于转鼓的直径，要保证一定的离心分离效果，直径越小要求转速越高，直径越大要求转速越低。离心脱水效果与离心脱水机的分离因数有关，分离因数（α）是颗粒在离心脱水机内受到的离心力与自身重力的比值。

$$\alpha = \frac{n^2 D}{1800}$$

式中　α——分离因数；

　　　n——转鼓转速，r/min；

　　　D——转鼓直径，m。

离心脱水机的 α 宜小于 3000，一般 α 在 1500 以下称为低速离心机，α 在 1500 以上称为高速离心机。这两种离心机在离心浓缩和脱水中都有应用，但以低速离心机为主，固体回收率一般在 90% 以上。

离心脱水机具有结构紧凑、占地面积小、附属设备少、固体回收率高、分离液浊度低、密闭运行臭味小、不需要过滤介质、自动化程度高、操作维护方便等优点。但一般离心脱水机的噪声都较大，能耗较高，脱水后污泥含水率较高，污泥中含有的砂砾等物质容易磨损设备，对固液密度差较小的污泥分离脱水效果差。

3.3.4　叠螺脱水

叠螺脱水机（图 3-13）是运用螺杆挤压原理，遵循水力同向、薄层脱水、适当施压及延长脱水路径等原则，通过螺杆直径和螺距变化产生的强大挤压力以及游动环和固定环之间的微小缝隙实现对污泥的挤压脱水。

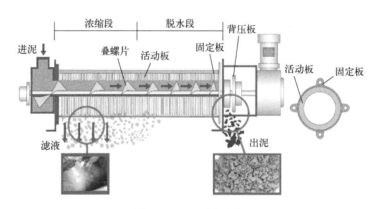

图 3-13　叠螺脱水机

脱水过程大致可分为浓缩、脱水、自清洗三个阶段。

（1）浓缩

絮凝调理后的污泥从进料口进入滤筒后，受到螺旋叶片的推送向出料口移动，当螺旋推动轴转动时，设在螺旋推动轴外围的多重固定环、活动环相对移动，在重力作用下，水会从相对移动的叠螺片间隙中滤出，从而实现快速浓缩。

（2）脱水

经过浓缩的污泥随着螺旋推动轴的转动不断向前移动。沿泥饼出口方向，由于螺旋叶片的螺距逐渐缩小，环与环之间的间隙也逐渐减小，螺旋腔的体积不断收缩。在出口处背压板的作用下，内压逐渐增强，污泥所受到的压力也随之不断增加，污泥中的水分受到挤压，从固定环与游动环的间隙流出，泥饼经过脱水后在螺旋轴的推进作用下从卸料口排出，从而实现污泥的脱水。

（3）自清洗

游动环不断转动，设备依靠定环与动环之间的移动来实现连续的自清洗功能。

污泥叠螺脱水机适用的进水悬浮物浓度范围为 5000 ～ 50000mg/L，可直接处理生化池或二沉池中的污泥，因此无须设置污泥浓缩池，可节省污泥处理系统土建投资费用和占地面积。叠螺脱水机本身具有设备结构紧凑、占地面积小、噪声小、能耗低、运行自动化程度高、操作维护简便及适用范围广等优点。但叠螺脱水机处理能力较低，进泥时必须投加絮凝剂调理污泥，使其形成良好的絮体，否则容易出现跑泥的现象，出泥含水率一般高于 80%，螺旋轴和动静环容易磨损。

第 4 章

污泥深度脱水

4.1 污泥深度脱水机理

4.1.1 污泥深度脱水宏观机理

机械脱水是一种典型分离固体与液体的方式，是污泥深度脱水过程中最常用的手段。

机械压滤脱水实际上就是水在外力推动下克服固体颗粒与过滤介质之间的淤堵阻力，从污泥排水通道排出的过程。污泥脱水的宏观过程主要表现为污泥中水分的排出和固体泥饼的形成，污泥中固体与液体分离过程为：第一步，开始压滤时，固体颗粒被过滤介质拦截并逐渐在介质表面堆积，形成滤饼；第二步，新形成的滤饼在短时间内主要起截留固体物质的作用，滤饼逐渐变厚，悬浮液逐渐减少，直至完全消失；第三步，在压榨压力的作用下，具有较高含水率和松散结构的滤饼上的污泥颗粒相互接触并逐渐承受应力，滤饼被进一步压实，并排出水分，最终实现固液分离。

4.1.2 污泥深度脱水微观机理

由于污泥中水分的存在形式不同，水分与颗粒之间的结合力有差异，在压力作用下，理论上污泥中水分排出顺序为先易后难，因此首先克服过滤介质以及淤堵阻力的是污泥中结合力较低的水分，并形成排水通道排出。于沛然等描述了污泥压滤脱水的过程，但是由于缺乏污泥中四种水分的检测方法，目前只能将污泥中的水分简单划分为自由水和结合水。如图4-1所示，整个压滤脱水过程可分为三个阶段：第一阶段污泥颗粒之间自由水较多；第二阶段污泥颗粒在压力作用下发生形变，自由水逐渐减少；第三阶段污泥中自由水全部脱除，此时结合水不仅要克服因吸附污泥颗粒而产生的结合能，还要突破由于固体颗粒形变而形成的淤堵。

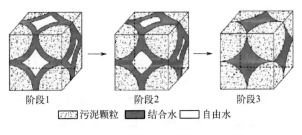

阶段1　　　　　阶段2　　　　　阶段3

▨污泥颗粒　▮结合水　▢自由水

图4-1　污泥深度脱水微观过程示意图

可通过一些物理或化学调理手段，增强排水通道的强度，同时使污泥中部分水从难脱形态转化为易脱形态，来克服水分脱除过程中的淤堵现象。研究表明，可利用微波预处理耦合超高压压滤脱水，通过排水路径模型可解释污泥脱水机理，结果表明：当压滤后的泥饼较薄时，排水通道较短并且滤饼阻力较低；反之，当泥饼较厚时，在高压下，污泥颗粒被挤压变形并紧密聚集，内部颗粒间通道连通性降低，孔隙通道曲折度增加，此时泥饼的渗透性和黏滞阻力急剧增加，水分的流动受到严重阻碍，导致滤饼的排水通道变长，最终导致污泥含水率无法进一步降低。

活性污泥有机物含量高、成分复杂，因此，污泥脱水过程中水分的迁移转化以及微观排水通道的研究仍有待深入，这对进一步探明污泥脱水机理意义重大。

4.2 污泥深度脱水工艺及设备

4.2.1 污泥深度脱水分类

污泥深度脱水设备根据脱水原理和脱水设备不同，可分为以下几类：

（1）压滤脱水类

此类设备包含厢式隔膜压滤机、卧式直压板框压滤机、立式直压板框压滤机及高压带式脱水机等。

（2）加热+真空脱水类

此类设备是通过压滤、热水加热和真空抽吸，通过其作用压力和水分饱和蒸气压的降低来实现脱水的，包含低温真空板框压滤机。

（3）电脱水类

此类设备通过高压电极使水极化移动，因电流放热，可对水分进行加热蒸发，从而实现脱除自由水、间隙水和表面吸附水，包含电渗透脱水机。

4.2.2 厢式隔膜压滤机

（1）工作原理及流程

厢式隔膜压滤机（图4-2）工作时首先启动进料泵，当进料泵压力达到所设定的压力时，进料泵进入变频保压阶段，此时滤液明显减少，停泵，进料结束。接着启动压榨泵，压榨泵将清水输送至各隔膜板腔体内，隔膜滤板受到压榨，水压不断增加，滤室内的滤饼受隔膜滤板膨胀压力的作用，滤饼中的水分穿透滤布溢出，滤饼含水率进一步降低，当压榨压力达到设定压力时，调频保压，保持压榨压力直至调频到设定频率，停泵，压榨结束。

压榨结束后，卸压阀自动打开并卸压至常压。吹风阀打开，压缩空气进入隔膜滤板中心管道，将中心孔中没有被压榨的污泥吹回到调理池。然后进行角吹，从隔膜滤板上面的两个暗流孔进气，下面的两个暗流孔排气，进一步降低水分，同时可以使滤布和滤饼脱离，起到辅助卸料的作用。

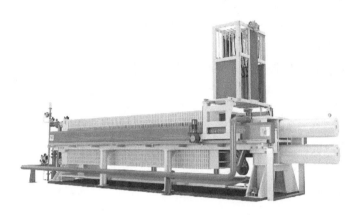

图4-2 厢式隔膜压滤机

之后，压滤机开始卸料，液压缸逐渐卸压，接液翻板自动打开。拉板机械手重复操作，滤板依次被拉开，直至所有滤饼卸完，卸料结束。在滤板卸料的同时，分螺旋将掉下来的滤饼输送至汇总螺旋，再通过提升输送机送入干污泥料仓。厢式隔膜压滤机具体工艺流程如图4-3所示。

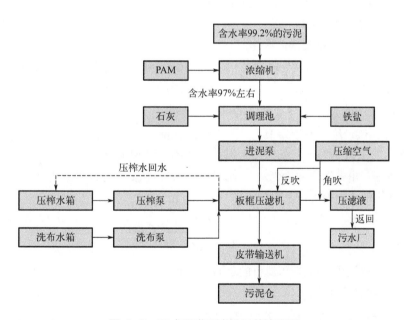

图4-3 厢式隔膜压滤机工艺流程图

主要工艺流程为：污泥浓缩—调理—进料—压榨—反吹—角吹—卸料。辅助系统有滤布清洗单元、加药单元和压缩空气单元，具体时序为：

① 导料（污泥浓缩—调理）30min；

② 加入铁盐 10min，搅拌调理 20min；

③ 加入石灰 10min，搅拌调理 20min；

④ 进料 1 ～ 2h，大型压榨机分高压和低压两种进料方式；

⑤ 压榨 1 ～ 2h；

⑥ 反吹、角吹、卸料共 0.5 ～ 1h。

综上，1 个处理批次共需要 3 ～ 5h。

（2）设备组成

厢式隔膜压滤机包含以下几个系统：

1）压滤机系统

该系统包含隔膜压滤机本体，含机架、滤板、滤布、洗布、压榨管、泵组、翻板及储泥斗等。

压滤机选型可通过以下几种方式进行，以脱水至含水率 60% 为例。

① 粗估：假设绝干泥量为 M_{dry}，一天内运行批次为 n，每平方米单批次处理的绝干泥量为 m，则需要选用的板框压滤机的总面积 S 可通过下式粗略估算：

$$S = \frac{M_{dry}}{mn}$$

式中　S——需要选用的板框压滤机的总面积，m^2；

　　M_{dry}——绝干泥量，t/d；

　　　n——一天内运行批次，次 /d；

　　　m——单位面积单批次处理的绝干泥量，$t/(m^2 \cdot 次)$，一般取 $0.004t/(m^2 \cdot 次)$ 左右。

假设水厂产生的绝干泥量为 5t/d，运行批次为 4 次 /d，则所需板框压滤机的总面积约为 $312m^2$，可粗估选用 2 台 $200m^2$ 的板框压滤机。

② 细算：假设绝干泥量为 M_{dry}，一天内运行批次为 n，绝干泥增量为 m_{dry}（石灰添加量按绝干泥量的 20%、铁盐按绝干泥量的 15%、PAM 按绝干泥量的 0.2%），出泥泥饼含水率为 ω，出泥泥饼密度为 γ，泥饼厚度为 d，压滤机过滤效率为 θ，则需要选用的板框压滤机的总面积可按下式计算：

$$S = \frac{2 \times (M_{dry} + m_{dry})}{n \times (1-\omega) \times \gamma \times d \times \theta}$$

式中　S——需要选用的板框压滤机的总面积，m^2；

　　M_{dry}——绝干泥量，t/d；

　　m_{dry}——绝干泥增量，t/d，石灰根据反应式，铁盐（铝盐）根据《给水排水设计手册》中的转化系数，PAM 按全部转化为络合物固体增量考虑；

　　　n——一天内运行批次，次 /d；

　　　ω——出泥泥饼含水率；

γ——出泥泥饼密度，t/（m³·次），含水率 60% 污泥的密度可取 1.2t/（m³·次）；

d——泥饼厚度，m，多数在 0.025m 左右；

θ——压滤机过滤效率，一般可取 85%。

同样以绝干泥量为 5t/d，一天内运行 4 次为例：

$$S=\frac{2\times(5+5\times30\%)}{4\times(1-60\%)\times1.2\times0.025\times85\%}\ \text{m}^2=318\text{m}^2$$，所以应选用 2 台 200m² 的板框压滤机。

2）药剂调理系统

该部分包括调理池搅拌机、石灰储仓、石灰加药系统、PAM 加药系统及铁盐加药系统等。

3）压榨、洗布、压缩空气系统

该部分包含压榨泵、压榨水箱、洗布泵、洗布水箱及空压系统。

4）出泥系统

该部分包含出泥螺旋、汇总螺旋、提升输送及干泥料仓等。

厢式隔膜压滤机设备具有以下特点：

① 批次运行时间较长，一般一个批次运行时间在 3 ～ 5h；

② 压榨压力低，一般在 2.0MPa 以内，电耗较低；

③ 检修操作方便，运行稳定性较高；

④ 有大量运行案例及运行经验，出泥含水率基本可达到设计要求；

⑤ 投资及运行成本较低。

4.2.3 超高压弹性压榨机

（1）工作原理

超高压弹性压榨机外形如图 4-4 所示。

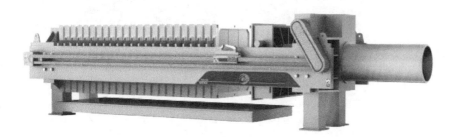

图 4-4　超高压弹性压榨机外形图

其压榨原理为：液压油缸增压使弹簧压缩，减小了滤室容积，从而达到压榨目的，

第 4 章　污泥深度脱水

可将污泥含水率降至60%。整个工作过程主要分为进料过滤、弹性压榨、滤液排出及拉板卸料4个过程。

1）进料过滤

由进料泵将物料输送到滤室，进料的同时借助进料泵的压力进行固液分离，即一次过滤。

2）弹性压榨

设备的一端固定，另一端通过液压油缸施加外界压力，通过弹簧压缩滤室空间对物料进行压榨，即二次压榨。

3）滤液排出

通过移动接液盘，将进料过滤和弹性压榨过程中滤出的滤液排出，为下一步卸料让出空间。

4）拉板卸料

自动拉板机通过传动及拉开装置上的传动链，进行取板、拉板，滤饼自动脱落，由下部的运输设备运走。

（2）设备组成

1）主机机架

机架由机座、压紧板、止推板及主梁组成。

2）压滤框

压滤框是污泥压榨机的核心部件，压滤框材质、形式及质量会直接影响最终产品的质量。核心弹簧部件数量较多，该部分是该设备的特色。

超高压弹性压榨机压滤框如图4-5所示。

图4-5 超高压弹性压榨机压滤框图

组成：压滤框由弹簧、滤板、动框和不动框组成。

特点：钢制压滤框更能耐高温高压，清洁简便。由于进行二次压榨，滤饼含水量更低，处理能力提高，强度、抗疲劳度、抗老化度提升，使用寿命延长。

滤布用量：过滤面积一般小于隔膜压滤机，因此滤布用量也相应减少。

单板过滤面积：单个滤室容积大，压缩行程长，单板过滤面积大。

3）自动拉板系统

超高压弹性压榨机自动拉板系统如图4-6所示。

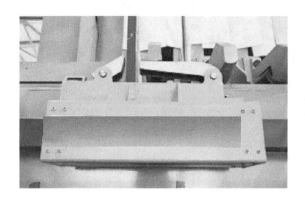

图4-6　超高压弹性压榨机自动拉板系统图

组成：自动拉板系统包括轨道、拉板电机、链盒、链条及拉板小车。

传动：自动拉板系统安装了扭矩限制器，驱动链轮通过链条带动链轮转动，链轮通过链条带动被动链轮转动，链条上设有拉板器，拉板器位于轨道上。

电控：拉板系统采用变频器控制，在运行过程中可自动检测拉板电机的电流及设定运行速度，拉板链条带动拉板小车时，变频器自动检测拉板减速机电机的过载信号，通过PLC（可编程序控制器）自动控制减速机改变旋转方向，完成自动拉板过程，减速机电机的运行转矩应根据滤板的运行阻力而设定。

防护：拉板器及轨道均设有防护装置，上下链盒密闭。

4）液压系统

超高压弹性压榨机液压系统外形如图4-7所示。

图4-7　超高压弹性压榨机液压系统外形图

集成模块化设计，能顺序完成油缸的自动压紧、自动保压、自动补压、自动松开、前进、后退及到位自停等基本动作。

5）滤布

超高压弹性压榨机滤布外形如图 4-8 所示。

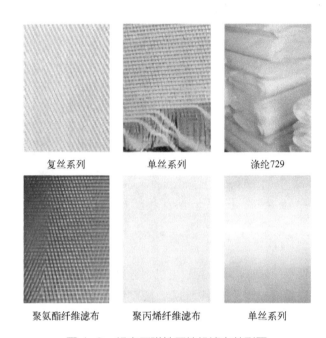

| 复丝系列 | 单丝系列 | 涤纶729 |

| 聚氨酯纤维滤布 | 聚丙烯纤维滤布 | 单丝系列 |

图 4-8　超高压弹性压榨机滤布外形图

6）自动接液系统

组成：翻板、翻板电机、接液槽。

功能简介：压榨机翻板结构是由低速电机驱动，再通过连杆连接，使翻板结构上下翻动，以不同的速度开闭，以起到接收滤液的作用。滤板压紧后，过滤开始，此时翻板处于闭合状态。过滤过程中，滤液沿翻板面流入接液槽中。过滤结束后，滤板即将松开时，翻板可将滤室中的残留滤液导入接液槽，以保证滤饼不受二次污染。滤板拉开后，翻板处于打开状态，滤饼可直接卸入料斗中。

工作原理：翻板结构由低速电机带动主动下翻板，主动下翻板上的摆臂为四连杆机构中的一个连架杆。四连杆机构的运动使从动上翻板产生一个不同于主动下翻板的速度，从而保证两个翻板面无接触地打开或闭合。翻板闭合后与水平面的夹角为 $5°\sim15°$，翻板打开后与水平面的夹角为 $65°\sim90°$。

（3）设备特点

超高压弹性压榨机具有以下特点：

① 批次运行时间较短，一个批次运行时间在 2h 左右；

② 压榨压力较高，一般在 2 ～ 10MPa；

③ 检修操作相对复杂；

④ 运行案例相比厢式隔膜压滤机少。

4.2.4 立式直压压滤机

（1）工作原理

立式直压压滤机根据进泥含水率不同可分为两类：一类进泥的含水率为 98% 左右，另一类进泥的含水率为 80% 左右。本书重点介绍第二类，其工艺原理为：将污泥经预浓缩脱水后含水率降至 80% 左右，或将外部 80% 含水率污泥直接在立式直压压滤机上压榨，利用"压豆腐干"原理，无须投加生石灰、PAC（聚合氯化铝）以及 PAM 等，经自动包泥、初压、主压、卸泥四个工序，使污泥出泥泥饼含水率达到 60% 以下。其工艺流程如图 4-9 所示。

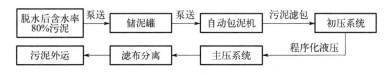

图 4-9　立式直压压滤系统流程图

在污泥压榨工艺流程中，污泥自动包泥系统耗时最长，一般需 3h，初压、主压、卸泥工段均按照 2h 控制，因此，整个系统从进泥到出泥全流程运行时间约为 9h。脱水前，需要进行脱水试验，验证是否能达到目标含水率，特别是在污泥有机质含量较高时，更应进行试验验证，同时可适当延长批次运行时间。

（2）设备组成

包含自动包泥系统、初压系统、主压系统及自动卸泥系统四个子系统，各系统是独立框架，经流水式作业后实现污泥脱水。

① 自动包泥系统：包括进料机、自动抓滤布、滤板机、自动翻板机、压滤框等。

② 初压系统：包括自动初压装置等，一般工作压力保持在 3 ～ 5MPa。

③ 主压系统：包括主液压系统、导向系统、排水系统等，一般工作压力保持在 10 ～ 20MPa。

④ 自动卸泥系统：包括自动翻布机、自动卸板机、自动卸泥机、自动输送滤布、滤板机、污泥输送机及压滤框转运系统等。

立式直压压滤机本体设备四个子系统的排列方式有直线式和矩形式两种。

① 直线式：立式直压压滤机第一代产品各子系统采用直线式布置，即自动包泥系统、初压系统、主压系统及自动卸泥系统四个系统的设备框架依次布置，从自动卸泥系统框架回至自动包泥系统框架时采用吊车来实现，如图 4-10 所示。

图 4-10　立式直压压滤系统直线式布置

② 矩形式：立式直压压滤机第二代产品各子系统预采用矩形式布置，系统之间采用底部链条推动式进入下一个系统位置，直至自动卸泥系统框架回至自动包泥系统框架，之后进入下一个污泥处理循环。第二代产品的系统布置方式可以首尾兼顾，流程更为合理，如图 4-11 所示。

图 4-11　立式直压压滤系统矩形式布置

（3）设备特点

立式直压压滤机具有以下特点：

① 压榨压力高，一般在 10 ～ 20MPa；

② 需要一定程度人工参与；

③ 设备投资稍高、直接运行成本相对较低。

4.2.5　低温真空板框压滤干化机

（1）工作原理

低温真空板框压滤干化机可将含水率在 95% ～ 98% 的污泥进行调理，经一次处理脱水干化至含水率40%以下。调理后污泥经进料泵送入脱水干化系统，同时在线投加絮凝剂，利用泵压使滤液通过过滤介质排出，完成固液两相分离。在此基础上，该技术还增加了真空干化功能，即在隔膜压滤结束后，向滤板中通入热水，加热腔室中的滤饼，同时开启真空泵，对腔室进行抽真空，使其内部形成负压，降低水的沸点，滤饼中的水分随之沸腾汽化，被真空泵抽出的汽水混合物经过冷凝器，汽水分离后，液态水定期排放，尾气经净化处理后排放，其流程如图4-12所示。

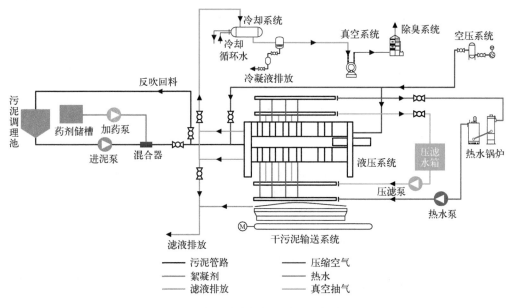

图4-12 低温真空板框压滤干化机流程图

（2）设备组成

如表4-1所示，低温真空板框压滤干化机系统主要由浓缩调理系统、机体系统、液压系统、进料系统、压滤系统、加热系统、真空系统、冷却循环系统、空压系统、卸料系统、除臭系统、滤布清洗系统及电控系统组成。

表4-1 低温真空板框压滤干化机系统组成

序号	系统名称	主要设备
1	浓缩调理系统	含污泥浓缩机、污泥调理池、配药装置、加药泵、仪器仪表、管道等
2	机体系统	含主机系统、滤板、滤布、临停装置、自动拉板等
3	液压系统	含液压站、液压缸等
4	进料系统	含污泥进料泵、加药泵、在线混合器、仪器仪表、管道等
5	压滤系统	含压滤水泵、压滤水箱、仪器仪表、管道等

第 4 章 污泥深度脱水

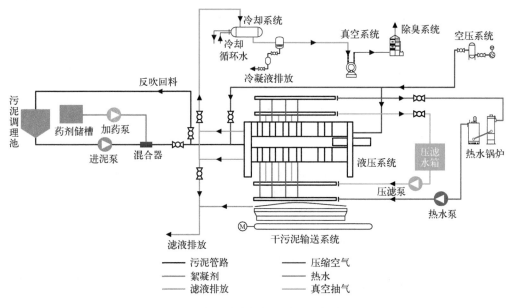

序号	系统名称	主要设备
6	加热系统	含热水锅炉、热水箱、热水泵、仪器仪表、管道等
7	真空系统	含真空机组、换热器、气液分离器、储液罐、仪器仪表、管道等
8	冷却循环系统	含冷却水泵、仪器仪表、管道等
9	空压系统	含空压机、压缩空气储罐、仪器仪表、管道等
10	卸料系统	含螺旋、刮板输送机等
11	除臭系统	含除臭风机、除臭塔、仪器仪表、管道等
12	滤布清洗系统	含清洗水泵、仪器仪表、管道等
13	电控系统	含 PLC 柜、配电柜、就地按钮箱、软件、电缆、桥架等

1）浓缩调理系统

污泥浓缩设备将含水率为 99.2% 左右的原始污泥浓缩到 95% ～ 97%，再输送至污泥调理池内调质。自动配药装置根据污泥的性质配置不同浓度的药剂，在污泥调理池内对污泥进行调理，满足进料要求后，通过进料系统进入主体设备。

2）机体系统

主机外形如图 4-13 所示，机体系统采用等强实心矩形主梁与止推板、压紧板组件和后支架相接，构成矩形框架机架，在加热蒸发过程中，滤饼体积减小，产生空间，隔膜膨胀会持续补偿空余的空间。滤板始终紧密地与干燥后的滤饼接触，主梁上排列着滤板与滤布，在液压缸压榨压力的作用下，形成多个滤室。

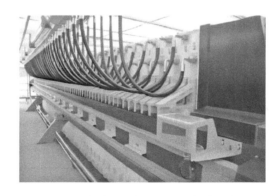

图 4-13　低温真空板框压滤干化机主机外形图

3）液压系统

液压系统采用高性能、高精度一体化设计制造。当滤板压紧时，活动压紧板推动滤板靠拢，油缸同步运动，实现滤板的稳定闭合，并对其均匀施压。液压系统在油缸压力达到上限值时，控制系统停止油泵工作，油泵处于保压状态。当压力下降至下限值时，控制系统启动油泵重新工作，使压力重新升至设定上限值，液压外形如图 4-14 所示。

图 4-14　低温真空板框压滤干化机液压外形图

4）进料系统

进料系统外形如图 4-15 所示，该系统主要由物料泵、管道、阀组组成，经过调理的物料通过进料系统，而后进入系统主机，通过滤板压榨后的污泥和通过滤板过滤后的滤液经过角孔汇集到总管排放。根据项目工艺不同，设计在线加药系统，污泥经进料泵进料的同时，加药泵将所需药剂泵入混合器内，污泥与药剂混合均匀后完成污泥的絮凝。

图 4-15　低温真空板框压滤干化机进料系统外形图

5）压滤系统

进料过滤结束后，高压水进入隔膜空腔内，挤压滤饼，进行压滤脱水。压滤结束后，利用压缩空气吹扫滤板中心孔和进料管路。

6）加热系统

压滤结束后，将通过锅炉加热的热水用热水泵注入滤板中，使其加热面迅速升温，进而加热滤饼，为后续的真空干化提供热源，热水回流经锅炉再次加热后进入滤板，形成闭路循环。

7）真空系统

真空系统外形如图 4-16 所示，真空泵用于抽取密闭腔室中的汽水混合物，使腔室内形成一定真空度，进而将水的沸点降低，从腔室中抽出的汽水混合物经冷凝后排放。

图 4-16　低温真空板框压滤干化机真空系统外形图

8）冷却循环系统

冷却循环系统是真空系统配套设施，可利用厂区内的水作为冷却循环水的水源。

9）空压系统

空压系统满足工艺设备用气和仪表用气要求，利用压缩空气吹扫滤板中心孔和进料管路，如图 4-17 所示。

图 4-17　低温真空板框压滤干化机空压系统外形图

10）卸料系统

真空干化结束后，油缸活塞杆回缩，自动拉板装置启动，滤板被逐块拉开，滤饼自行脱落后外运，进行后期处置。

11）除臭系统

除臭系统主要收集处理经真空系统排出的尾气和落料区域产生的尾气。

12）滤布清洗系统

根据设备使用情况，定期对滤布进行清洗，清洗采用清洗装置进行反冲洗。

13）电控系统

电控系统可现场调整系统运行工艺参数，具有运行状态显示、故障报警等功能，并可选择配置紧急停止装置和安全光幕，可有效保障工作人员的安全。

（3）设备特点

低温真空板框压滤干化机具有以下特点：

① 脱水干化一体化，污泥含水率可一次性由 95% ～ 98% 降低至 40% 以下。

② 在脱水过程中只需投加 PAM 等常规絮凝剂，无须投加石灰、铁盐等无机添加剂，污泥干基不会增加。

③ 干化加热介质为温度在 85 ～ 90℃ 的热水，过程封闭负压运作，污泥进入干化系统后不再与其他部件产生动态接触，无磨损隐患和粉尘爆炸危险。

④ 需要 85 ～ 90℃ 的热介质，因此适用于旁边有稳定热源的项目，若无配套热源，则需自建锅炉房，对现有水厂改造项目而言占地面积偏大，系统较为复杂。

⑤ 国内运行案例较多。

4.2.6　高压带式脱水机

（1）工作原理

高压带式脱水机工作原理如图 4-18 所示，含水率 80% 的污泥进入该高压带式脱水机后，首先在挤压剪切脱水区域进行初步低压挤压脱水，后进入对压辊区域即高压压榨脱水区域进行脱水，从高压压榨脱水区域出料。设备顶部配置有滤布清洗机构、滤布张紧机构及滤布纠偏机构，设备底部配置第二滤布及其张紧、清洗及纠偏机构。高压带式脱水机系统主要包含两步工艺。

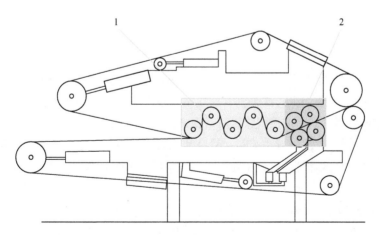

图 4-18　高压带式脱水机工作原理图

1—低压压榨脱水区；2—高压压榨脱水区

1）混合改性

将含水率 80% 的污泥输送至污泥改性混合机内，同时添加固化剂和改性剂。投加的药剂与含水率 80% 的污泥在改性混合机内快速混合。主要作用为对污泥进行改性，增加污泥絮体强度，但其在混合机内属于固体搅拌，固体搅拌的均匀度、改变污泥絮体结构的作用相比液体较差。

2）深度脱水

经改性的污泥进入高压带式脱水机内进行深度脱水。先经过布料装置将污泥均匀摊铺在滤布上，随着滤布的行进，污泥经过多组压力递增的压榨机构，对污泥产生高压、密集压榨，污泥中的水分被进一步压出，压榨后的污泥在出泥端经由刮刀自动脱落，上下滤布分离后分别投入冲洗循环使用。经高压带式脱水机脱水后，泥饼变为 5～10mm 的薄片状，污泥含水率因泥质和药剂添加比例的不同而不同，在 65%～75% 之间。

（2）设备组成

高压带式脱水机一般包括均匀布料系统、压榨辊、滤带、清洗装置、驱动系统等。

① 均匀布料系统：进料污泥均匀摊铺在滤带上，污泥布料厚度、速度可调，布料器可上下进行高度调节，保证了布料厚度的可调性，对于黏性大、难布料的污泥，可以通过返料（平铺装置），进行二次分料、平铺，可提高布料的均匀性，保证厚度统一均匀。均匀布料系统如图 4-19 所示。

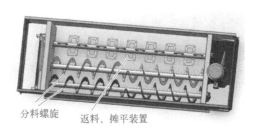

分料螺旋　　返料、摊平装置

图 4-19　高压带式脱水机均匀布料系统

② 压榨辊：辊筒采用厚壁无缝碳钢管加工制成，强度高、受压变形小。

③ 滤带：以聚酯为主，滤带张紧加压设备设有压力调节和压力指示装置，其形式可采用气缸或气囊，滤带应设置张紧及纠偏装置。

④ 清洗装置：清洗装置由喷嘴、管路和压力表等组成，通过冲洗水泵加压方式对滤带进行喷洗，有效保证滤带再生使用，喷嘴采用扇形防堵塞结构，喷射范围覆盖整个滤带宽度。

⑤ 驱动系统：包含驱动电机、减速机、传动链条 / 齿轮等。电机可变频控制并具备过热和过载保护功能，可满足 24h 连续工作的使用要求，滤带调速平稳，传动链条 / 齿轮应置于罩壳内。

高压带式脱水机系统一般采用全封闭设计，密封范围包括进料口、高压带式脱水机、卸料口与后续污泥输送装置连接处等，并设置除臭接口，确保现场使用环境整洁。

高压带式脱水机系统组成如表 4-2 所示。

表 4-2　高压带式脱水机系统组成

序号	名称	规格参数
1	主机本体	框架式
2	压滤方式	双滤布挤压，滤布材质为聚酯，型式采用钢卡接口
3	驱动装置	驱动型式可采用链轮＋齿轮一体式传动，变频调速
4	布料装置	布料型式采用双螺旋分料，变频调速
5	冲洗装置	喷嘴材质一般为 SS304 不锈钢，连续冲洗
6	压辊	包含压滤辊、张紧辊、驱动辊、顶辊及纠偏辊
7	主轴承	包含调心滚子轴承
8	排泥部件	采用上下刮板刮泥方式
9	排水部件	集水槽收集式
10	纠偏系统	包含纠偏阀检测、纠偏气囊调节

（3）设备特点

高压带式脱水机具有以下特点：

① 原理及结构简单，与普通带式脱水机类似，脱水流程及附属设备简单，占地面积较小；

② 滤带张紧压力在 0.4MPa 左右，近似于普通带式脱水机的张紧压力（0.2～0.6MPa），但普通带式脱水机仅有多级挤压剪切脱水区，而高压带式脱水机则增加了设有密集对压辊的高压压榨脱水区；

③ 国内运行案例较多，但出泥含水率受泥质影响波动较大，应根据泥质及含水率要求调查药剂类别及添加量。

4.2.7　电渗透脱水机

电渗透脱水机设备外形如图 4-20 所示。

（1）工作原理

电渗透机械脱水原理及过程如图 4-21 所示，通过电场对污泥产生作用，减弱污泥间隙水和结合水本身的电磁作用力，从而实现污泥间隙水和结合水与污泥颗粒的分离。污泥泥饼进入电渗透干化设备的滚筒和履带之间，通电后，在电场作用以及低温

（40 ～ 50℃）、低压（0.1 ～ 0.2MPa）条件下，污泥颗粒周围的结合水因分子动能增加，使胶体颗粒周围形成的多层结合水结构被破坏，变成自由水。同时间隙水、结合水和表面水也因温度升高，流动性增强而析出，提高了污泥的脱水性能。

图 4-20　电渗透脱水机设备外形图

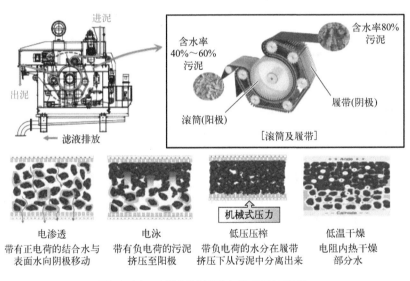

图 4-21　电渗透机械脱水原理及过程图

在电场作用下，电流和电阻作用产生的热量有助于污泥水分的蒸发，称之为电干燥。电渗透脱水机同时具有电渗透脱水和电热干燥两种作用方式，其脱水过程可分为以下三步：

①污泥电渗透、电泳，在电场作用下，带有正电荷的结合水与表面水向阴极（履带）移动、滤出，带有负电荷的污泥在滤布和阳极（滚筒）之间被履带挤压；

②通过履带挤压，将污泥中带有负电荷的水分挤压滤出；

③ 电荷移动形成电流，低温电阻热蒸发部分水分。

结合国内现有案例，总结污泥电渗透脱水工艺流程如图 4-22 所示。

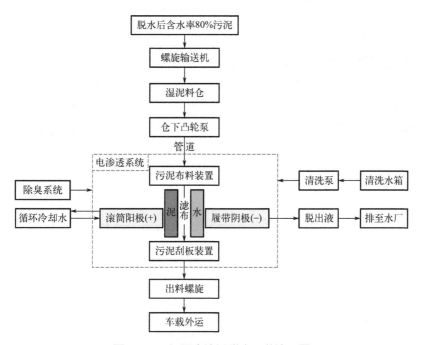

图 4-22 污泥电渗透脱水工艺流程图

其具体工艺流程为：

① 通过带式浓缩压滤一体机脱水后含水率 80% 的污泥，通过螺旋输送机输送到湿泥料仓；

② 湿泥料仓下设置两台污泥泵，分别对应两台电渗透装置，通过管道分别进料，电渗透装置进料口设有布料装置，可将污泥摊铺在滤布和阳极滚筒之间；

③ 在阴极履带的挤压、电场的电渗透、电阻热蒸发等作用下，污泥进行脱水，脱出液通过滤布、阴极履带滤出收集（图 4-23），部分以蒸发水形式外排（图 4-24）；

④ 电渗透后污泥通过滚筒边的刮泥板刮除，落料进入出料螺旋输送机；

⑤ 出料螺旋输送机将干化后的污泥提升车载外运；

⑥ 系统设置有清洗水箱，可通过高压清洗喷头对滤布、滚筒等处进行清洗；

⑦ 系统设置有循环冷却水，可对滚筒进行保护。

（2）设备组成

电渗透脱水设备由污泥引入装置、布料装置、阳极滚筒、阴极履带、网带、不锈钢机架、不锈钢外罩、履带驱动装置、网带自动纠偏装置、网带张紧装置、履带张紧装置、三维高压清洗系统、履带清洗冷却系统、滚筒恒温控制系统、污泥刮板及故障自动检测系统等组成。

图 4-23　电渗透出水、清洗水　　　　　　　图 4-24　电渗透蒸发水分

1）核心部件

① 污泥引入装置和布料装置，使污泥等厚度进入电渗透脱水区，确保污泥在整个网带宽度方向均匀脱水；

② 滚筒恒温控制系统，在滚筒上进行温度控制，保证滚筒温度恒定，延长滚筒使用寿命；

③ 滚筒涂层，保证滚筒寿命，需定期更换滚筒表面膜；

④ 高压清洗系统，通过凸轮电机带动可自旋转的高压清洗喷嘴，对网带进行清洗再生；

⑤ 网带自动纠偏装置和故障自动检测系统，在同一个装置内，功能复合，确保网带在使用中得到有效保护。

2）控制柜

采用可变容量电渗透技术、高效节能技术和安全供电技术，系统正常工作时为全自动运行，其控制系统采用 PLC 控制，分为手动控制、自动控制、远程控制三种控制方式。

① 手动控制：操作人员在柜上进行单机开、停控制，用于调试，设备手动运行。

② 自动控制：在自动状态下，当控制柜接收到开机信号时，系统自动运行，周而复始地完成一个又一个工作循环；当接收到停机信号时，系统在继续完成接到停机信号时尚未完成的最后一个工作循环后，停止运转。

③ 远程控制：可以接收远程发来的开、停信号，控制柜可以向远程控制室上传系统状态信号、系统运行信号、系统故障信号。系统通过工业以太网通信接口，将系统状态信号、各设备运行信号、各设备故障信号及系统设备运行参数传输至中央控制室，实现中央控制室对污泥脱水机的状态监视。

（3）设备特点

电渗透脱水机具有以下特点：

① 原理及结构简单，脱水流程及附属设备简单，占地面积较小；

② 对进料杂质成分要求较高，不能含有金属导电性杂质，对污泥电导率亦有要求，污泥电导率应在 2000 ～ 4000μs/cm，电导率太低会影响电场中的电荷移动，进而影响脱水效果，电导率太高又会对电极板有损伤；

③ 滤布的清洗对设备脱水效率的影响较大，设备配备有在线高压清洗装置，对清洗水的水质有严格要求，其 SS（悬浮物)＜20mg/L，电导率＜500μs/cm，硬度＜150mg/L，清洗水量消耗较大，为 2 ～ 30m³/h；

④ 国内运行案例偏少，无须添加药剂，进口设备投资高。

4.2.8　工艺设备对比表

机械脱水设备对比如表 4-3 所示。

表 4-3　机械脱水设备对比

序号	对比项	厢式隔膜压滤机	超高压弹性压榨机	立式直压压滤机	低温真空板框压滤干化机	高压带式脱水机	电渗透脱水机
1	进泥含水率 /%	95 ～ 98	95 ～ 98	80	95 ～ 98	80	80
2	理论出泥含水率 /%	60	60	60	40	60	60
3	实际出泥含水率 /%	60 ～ 65	60 ～ 65	60 ～ 65	25 ～ 45	65 ～ 75	70 ～ 75
4	进泥泥质要求	一般	一般	较高	一般	较高	高
5	系统复杂程度	中等	中等	简单	偏复杂	简单	简单
6	主机压榨压力 /MPa	1.6 ～ 2.0	2 ～ 10	3 ～ 20	1.6 ～ 2.0	0.4	0.1 ～ 0.2
	压力水平	中等	偏高	高	中等	偏低	低
7	压榨原理	压榨水使隔膜膨胀压榨	由液压缸增压压榨	由液压缸增压压榨	压榨水使隔膜膨胀，板框流道内通热水并抽真空蒸发	对辊压榨	泥水分别带电，在电场中定向移动
8	药剂	石灰、铁铝盐、PAM	石灰、铁铝盐、PAM	PAM	铁铝盐、PAM	铁铝盐、PAM	无药剂
9	出泥厚度 /mm	25 ～ 30	30 ～ 35	5 ～ 20	25 ～ 30	5 ～ 10	5 ～ 10
10	案例数量	多	稍少	稍少	较多	较多	稍少
11	占地面积	大	偏大	小	大	较小	较小
12	投资	较低	中等	稍高	高	中等	高

4.3 工程案例介绍

以下主要针对厢式隔膜压滤工程及立式直压压滤工程做具体案例分析。分别是河北南宫市某污泥隔膜板框压滤工程和江苏盐城市某立式直压压滤工程。

4.3.1 河北南宫市某污泥隔膜板框压滤工程

（1）进出水水质及干泥量

污水厂设计规模为 $3 \times 10^4 m^3/d$，采用 A/O（厌氧 / 好氧）工艺，生化池污泥浓度为 4000mg/L，剩余污泥含水率为 99.2%，绝干泥量为 6.35t/d。

（2）出泥含水率

设计出泥含水率为 60%。

（3）工艺流程

采用常规厢式隔膜板框压滤机工艺流程，参见图 4-3。

（4）板框压滤机选型

可根据下式估算：

$$S = \frac{2 \times (M_{dry} + m_{dry})}{n \times (1-\omega) \times \gamma \times d \times \theta}$$

式中 S——需要选用板框压滤机的总面积，m^2；

M_{dry}——绝干泥量，t/d，为 6.35t/d；

m_{dry}——绝干泥增量，t/d，石灰石根据反应式，铁盐根据《给水排水设计手册》中的转化系数，PAM 按全部转化为络合物固体增量考虑，若按前提添加量，则折算固体增量为绝干泥量的 30% 左右；

n——一天内运行批次，次 /d，为 4 次 /d；

ω——出泥泥饼含水率，取 60%；

γ——出泥泥饼密度，t/（$m^3 \cdot$ 次），含水率 60% 的污泥密度可按 1.2t/（$m^3 \cdot$ 次）考虑；

d——泥饼厚度，m，根据实际情况计算，取 0.025m；

θ——压滤机过滤效率，一般可取 85%。

以绝干泥量为 6.35t/d，一天内运行 4 次为例：

$S = \dfrac{2 \times (6.35 + 6.35 \times 30\%)}{4 \times (1-60\%) \times 1.2 \times 0.025 \times 85\%} m^2 \approx 405m^2$，考虑实际情况及经济性，该工程选用了 2 台 200m^2 的板框压滤机。

（5）布置情况

该工程为污水厂内污泥提标改造项目，可利用场地较小，需要对常规布置进行调整，采用了立体布置方式。污泥深度脱水车间主要工艺区分为板框压滤区、浓缩区、加药区、调理区、落料区、电控区及空压区。在二层进行浓缩，浓缩后污泥落到一层进行加药调理，调理后污泥进入板框内脱水，脱水后污泥在落料区车载外运，电控区设置在二层以方便监控及现场操作。为保证作业空间环境，应对板框压滤区、浓缩区、调理区及落料区进行密封除臭，臭气通过生物除臭系统处理。

（6）投资及运行成本

该工程投资为 1016 万元，除包含污泥脱水车间整体投资外，还包含配套生物除臭系统，直接运行成本为 100 ～ 130 元 /t（含水率 80% 污泥）。

4.3.2　江苏盐城市某立式直压压滤工程

（1）工程背景

江苏盐城市某污水处理厂设计规模为 $10×10^4m^3/d$，生化段采用 A^2/O 工艺，服务范围内主要的污水是生活污水，印染废水占进水总量的 10% ～ 15%，目前实际处理水量为 $7×10^4 ～ 8×10^4m^3/d$，产生污泥量约 65t/d，该工程设计采用 3 台立式直压压滤机，工程参数如表 4-4 所示。

表 4-4　江苏盐城市某立式直压压滤工程参数表

序号	参数	指标	备注
1	单台处理能力 /（m³/d）	≥ 40	含水率 80% 污泥
2	设备数量 / 台	3	—
3	滤板尺寸（长 × 宽）/m	1.298×1.298	
4	滤布尺寸（长 × 宽）/m	1.8×1.8	
5	厂房尺寸（长 × 宽 × 高）/m	约 16×25×11	要求吊钩下方净高 9.5m
6	压力 /MPa	预压：3 ～ 5 正压：10 ～ 20	—
7	单台运行时所需工人数量 / 人	1 ～ 2	—
8	污泥深度脱水系统电耗 /（kW·h/t）	14 ～ 16	从污泥料仓（含水率 80%）至立式直压压滤机出泥输送机
9	设备最小运行时间 /h	9	

序号	参数	指标	备注
10	正常出泥含水率 /%	55 ~ 60	若增大吹扫泥饼表面积，含水率还可下降 2% ~ 3%
11	滤布清洗周期 / 周	1	在线清洗 + 工业洗衣机

（2）工艺流程

该工程污泥处理工艺流程如图 4-25 所示。

图 4-25　江苏盐城市某立式直压压滤工程污泥处理工艺流程图

其具体流程为：

① 带式机脱水：首先污泥储池中的污泥通过螺杆泵将污泥输送到带式浓缩脱水机，脱水后含水率 80% 的污泥通过螺杆泵送料到污泥料仓。

② 进泥：现有带式机出泥含水率在 80% 左右，经出泥螺旋送至污泥斗，通过污泥斗下螺杆泵送至车间外的中间缓存仓，亦可通过现有带式机出泥螺旋电机反转，将污泥反向送至现有湿泥仓，应急出泥。

③ 包泥：中间缓存仓通过仓下螺杆泵给立式直压压滤机喂料，立式直压压滤机通过自动包泥系统的机械臂进行包泥作业，使污泥包裹在滤布及滤板间，因滤框是立式布置的，所以在包泥过程中，依靠自重就可实现部分自由水脱除。

④ 初压：包泥后的含泥滤框通过移位机构移位到初压机位，在初压系统中通过 3 ~ 5MPa 的液压压力进行脱水，同时因含泥滤框的高度较高，初压操作可初步压实，从而提高主压操作下滤框的稳定性，以免高压下压偏造成危险。

⑤ 主压：初压后滤框通过移位机构移位至主压机位，在主压系统中通过 8 ~ 20MPa 的压力进行脱水，根据出泥效果，可调节压力。

⑥ 卸泥：主压后滤框通过移位机构移位至卸泥机位，在卸泥机位通过机械臂抓取滤布及滤板，完成卸泥工序，同时将滤布及滤板自动抓放在包泥工位，从而完成一个批次的循环。

⑦ 出泥及排水：压滤液及清洗水通过地沟外排至水厂，压滤后泥饼通过各机组螺旋输送机初步搅碎后汇总于出泥皮带，再输送至干泥仓，车载外运处置。

工程现场设备如图 4-26 和图 4-27 所示。

对该工程各工艺段污泥含水率进行检测，针对其污泥泥质，可以达到设计的 60% 含水率目标。

图 4-26　江苏盐城市某立式直压
压滤工程立式压滤机

图 4-27　江苏盐城市某立式直压
压滤工程污泥料仓

4.4　技术经济分析

相较于其他深度脱水工艺及设备，厢式隔膜压滤机有着更高的市场占有率，以下针对厢式隔膜压滤工程做关于占地面积、工程投资及运行成本的汇总。

4.4.1　占地面积

根据现有实施工程及相关配套设计资料，总结厢式隔膜板框项目占地面积，如表 4-5 所示，按不同绝干泥量统计。

表 4-5　厢式隔膜板框占地情况统计表

序号	绝干泥量/（t/d）	设备配置	车间大致尺寸 （长×宽×高）/mm	占地面积/m²
1	5～7	2×200m²	23×20×13.5	600
2	7～9	2×300m²	26×20×13.5	650
3	9～11	2×400m²	30×20×13.5	720
4	11～13	2×500m²	30×20×13.5	760

注：以上占地及车间尺寸均为粗估，仅供参考，应以实际项目设计为准。

根据以上占地面积统计，折算到含水率 80% 污泥，占地为 15 ～ 25m²/t 湿泥。

4.4.2 工程投资

厢式隔膜板框压滤工程投资统计（含除臭）如表 4-6 所示。

表 4-6 厢式隔膜板框压滤工程投资统计表

序号	绝干泥量 /（t/d）	设备配置	粗估投资 / 万元
1	5 ～ 7	2×200m²	800
2	7 ～ 9	2×300m²	1000
3	9 ～ 11	2×400m²	1200
4	11 ～ 13	2×500m²	1400

折算到含水率 80% 污泥，投资为 20 万～ 30 万元 /t 湿泥。

4.4.3 运行成本

为统一比较，将运行成本折算成含水率 80% 污泥，厢式隔膜板框系统的运行成本（脱水至含水率 60%）总结如下。

以绝干泥量 5t/d 项目为例，即 25t/d 含水率 80% 污泥来测算，直接运行成本在 100 ～ 130 元 /t，如表 4-7 所示。

表 4-7 厢式隔膜板框系统运行成本测算表

序号	成本项	成本分项	耗量 / 取值	备注
1	药剂	生石灰	绝干泥量 20%	—
		38% 铁盐	绝干泥量 15%	
		PAM 固体	绝干泥量 0.2%	
2	电	基本电费	200kVA 以内	—
		电度电费	20kW·h/t 湿泥	
3	水	自来水	0.012t/t 湿泥	—
4	人工	—	—	水厂内部调度，不增加
5	污泥外运	外运费	16.5 元 /t 湿泥	按 20km 考虑
6	大修维护	—	—	按总投资减去不产生大修维护费部分的 2% ～ 4% 考虑
合计	—	—	—	100 ～ 130 元 /t

第 5 章

污泥好氧发酵

污泥好氧发酵是一种通过氧化可生物降解有机物从而减少污泥质量、缩小其体积、灭活病原菌、改善污泥特性以及产生稳定熟化污泥的过程。是一种利于污泥进一步资源化利用及处置的综合处理技术，亦称好氧堆肥。污泥发酵产物中含有大量的植物养分及有机物，有利于调节和平衡土壤中水、气、热状况，改善土壤结构，保水保肥，增加土壤氮磷养分及有机质，目前国内主要应用在园林绿化、土壤修复中。

5.1 污泥好氧发酵原理及分类

5.1.1 污泥好氧发酵原理

污泥好氧发酵是有机物在微生物作用下，通过生物化学反应实现转化和稳定化的过程。在有氧条件下，借助好氧微生物作用将有机物转换成 CO_2、生物量、热量和腐殖质。在好氧发酵过程中，有机物中的可溶性小分子通过微生物细胞壁和细胞膜被微生物吸收利用，不溶性大分子则先附于微生物体外，由微生物所分泌的胞外酶将其分解为可溶性小分子后，再输送入细胞内被微生物所利用。

通过微生物的生命活动——合成和分解过程，一部分被吸收的有机物氧化代谢成简单的无机物，并提供生命活动所需的能量，另一部分有机物则转化合成为新的细胞物质，使微生物菌群得到增殖。好氧发酵原理见图5-1。

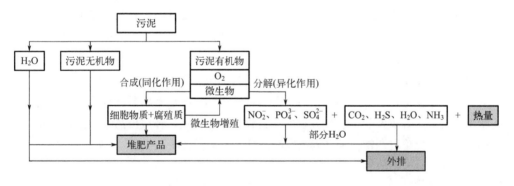

图 5-1 好氧发酵原理

污泥好氧发酵中有机物的氧化、细胞物质的合成及其氧化过程，可用下述反应式表示。

（1）有机物的氧化

① 不含氮的有机物（$C_xH_yO_z$）：

$$C_xH_yO_z + \left(x + \frac{y}{4} - \frac{z}{2}\right)O_2 \longrightarrow xCO_2 + \frac{y}{2}H_2O + 能量$$

② 含氮的有机物（$C_sH_tN_uO_v \cdot aH_2O$）：

$$C_sH_tN_uO_v \cdot aH_2O + bO_2 \longrightarrow C_wH_xN_yO_z \cdot cH_2O + dH_2O(g) + eH_2O + fCO_2 + gNH_3 + 能量$$

污泥好氧发酵成品 $C_wH_xN_yO_z \cdot cH_2O$ 与好氧发酵原料 $C_sH_tN_uO_v \cdot aH_2O$ 的质量比为 0.3~0.5，具有明显的减量效果。通常可取的数值范围为：w 在 $5 \sim 10$，x 在 $7 \sim 17$，y 在 1，z 在 $2 \sim 8$。由于好氧发酵温度较高，所以部分水分会以水汽状态排出。

（2）细胞物质的合成（包括有机物的氧化，并以 NH_3 为氮源）

$$nC_xH_yO_z + NH_3 + (nx + n\frac{y}{4} - n\frac{z}{2} - 5)O_2 \longrightarrow C_5H_7NO_2 + (nx - 5)CO_2 + \frac{1}{2}(ny - 4)H_2O + 能量$$

$C_5H_7NO_2$ 为细胞质的主要物质。

（3）细胞物质的氧化

$$C_5H_7NO_2 + 5O_2 \longrightarrow 5CO_2 + 2H_2O + NH_3 + 能量$$

好氧发酵中的纤维素分解反应如下：

$$(C_6H_{12}O_6)_n \longrightarrow nC_6H_{12}O_6$$

$$nC_6H_{12}O_6 + 6nO_2 \xrightarrow{微生物} 6nCO_2 + 6nH_2O + 能量$$

从微生物作用过程考虑，污泥好氧发酵可分为以下三个阶段。

（1）发热阶段

发热阶段，又称为中温阶段或升温阶段。在污泥好氧发酵初期，堆体基本呈现中温状态，嗜温性微生物比较活跃，并利用好氧发酵中的可溶性有机物旺盛繁殖。它们在转换和利用生物化学能的过程中，会产生一定的热量，堆料具有良好的保温作用，从而导致堆体温度不断升高。此阶段微生物以中温需氧型为主，通常是一些无芽孢细菌类。适合中温阶段的微生物种类极多，其中最主要的是细菌、真菌和放线菌。细菌特别适用于分解水溶性单糖类，放线菌和真菌对于分解纤维素和半纤维素物质具有独特的功能。这些微生物可利用好氧发酵中容易分解的有机物质迅速繁殖，释放出热量，使好氧发酵温度不断升高，此阶段通常被定义为主发酵前期，一般需要 $1 \sim 3d$。

（2）高温阶段

当污泥堆体温度上升到 50℃ 以上时，即进入高温阶段。在此阶段，嗜温性微生物活性受到抑制，嗜热性微生物逐渐活跃成为优势菌群，将好氧发酵中残留的或新形成的可溶性有机物继续分解转化，同时复杂有机物开始被进一步分解。通常在 50℃ 左右表现出较高活性的微生物菌群主要是嗜热性真菌和放线菌。当堆体温度升至 70℃ 时，真菌几乎完全失活，仅有嗜热性放线菌与细菌依然保持缓慢分解难降解大分子有机物的能力。堆体温度超过 70℃ 后，大多数嗜热性微生物已不能适应好氧发酵环境，微生物大量死亡或进入休眠状态。

高温阶段对污泥好氧发酵而言极其重要，主要表现在以下两个方面：

① 高温对快速腐熟起着重要的促进作用　在此阶段污泥开始逐渐转化为腐殖质，并开始出现可溶于弱碱的黑色物质。

② 高温有利于杀死病原微生物　病原微生物的失活取决于温度和接触时间。在 60 ~ 70℃维持 3d 左右，可使脊髓灰质病毒、病原菌、蛔虫卵等完全失活。根据国内好氧发酵经验，一般认为堆体温度在 55 ~ 65℃，持续 6 ~ 7d，可达到较好的灭活虫卵和病原菌的效果。各病原微生物的灭活情况统计见表 5-1。

表 5-1　污泥好氧发酵过程中各病原微生物的灭活情况

序号	污泥中病原体名称	灭活情况
1	伤寒杆菌	46℃以上不生长；55 ~ 60℃，30min 内死亡
2	沙门杆菌	55℃，1h 内死亡；60℃，15 ~ 20min 内死亡
3	志贺杆菌	55℃，1h 内死亡
4	大肠埃希菌	绝大部分，55℃，1h 内死亡；60℃，15 ~ 20min 内死亡
5	内阿米巴菌	68℃，1h 内死亡
6	无钩绦虫	71℃，5min 内死亡
7	美洲钩虫	45℃，50min 内死亡
8	牛布鲁菌	61℃，3min 内死亡
9	化脓性球菌	50℃，10min 内死亡
10	化脓性链球菌	54℃，10min 内死亡
11	结核分枝杆菌	65℃，10 ~ 20min 内死亡，有时在 67℃死亡
12	旋毛幼虫	50℃，1h 内明显减少，52 ~ 72℃死亡

另外，病原微生物除受到好氧发酵高温的影响外，在污泥好氧发酵后期，有些微生物还会产生多种抗生素类物质，也会极大地缩短病原微生物的存活时间。

（3）降温和腐熟阶段

污泥经过高温阶段的主发酵后，大部分较易分解的有机物质（包含纤维素）已被分解，剩余的是木质素等较难分解的有机物以及新形成的腐殖质。这时微生物活性减弱，产热随之减少，好氧发酵温度逐渐下降。随着好氧发酵温度的下降，中温微生物逐渐恢复活性，好氧发酵进入腐熟阶段。腐熟阶段的主要作用是保存腐殖质和氮素等植物养分，充分腐熟能大大提高好氧发酵产品的肥效与质量。从污泥有机质转化角度分析，胡敏酸、富里酸等腐殖质类物质的增加可表征污泥的稳定化程度，这也为发酵产物资源化利用创造了条件。

一个完整的污泥好氧发酵过程由上述发热、高温、降温和腐熟三个阶段组成。每个阶段都有不同类型的优势微生物发挥作用，并利用污泥和阶段性产物作为营养和能量来源,直至形成稳定腐殖质。

5.1.2 污泥好氧发酵分类

污泥好氧发酵有多种技术形式,包括静态堆肥、条垛式堆肥、搅拌槽式堆肥、隧道式发酵、筒仓式堆肥、装备式发酵(反应器堆肥)、蚯蚓辅助堆肥、膜覆盖好氧发酵等。不同技术形式各有特点,采用单一分类很难全面且准确地描述现有污泥堆肥方式,因此普遍采用多种分类方式进行描述,国内常见的技术形式,一般在发酵形式、翻堆方式、发酵阶段、供氧方式等方面进行分类。

(1)发酵形式

污泥好氧发酵工艺按照发酵形式,可分为条垛式、槽式和装备式好氧发酵。

1)条垛式好氧发酵

条垛式好氧发酵系统是一种开放式发酵系统,由传统的堆肥系统发展而来,即将混合好的固体废物在占地面积较大的堆场内堆成条垛状,并定期进行机械或人工翻堆,使有机物在好氧条件下分解。其优点在于操作灵活、处理量大、适用于多种发酵原辅料、投资及运行成本较低。污泥好氧发酵堆体需要保持一定通风,一般采用自然通风和机械搅拌两种通风方式,条垛式好氧发酵系统一般露天放置,在翻抛过程中会产生大量的臭气,难以控制,但也有部分项目进行了改进,设于棚室内,见图5-2。

(a) 露天   (b) 室内

图5-2 露天/室内条垛式好氧发酵系统

① 条垛式好氧发酵的规格

条垛式好氧发酵系统必须具有合适的规格。如果堆体太小,则保温性差,水分散失过快,在高温下维持不了足够长的时间,从而导致产品腐熟度达不到要求,同时单位面积处理的污泥量也较小;如果堆体过大,堆体中心通风效果不佳,发酵周期长,易产生厌氧环境,损失有机质及氮素等营养物质。因此,堆体的规格在发酵过程中至关重要,条垛的高度、宽度和形状会随原料性质及翻抛设备类型的变化而变化,常见的设计参数见表5-2。

表 5-2　条垛式好氧发酵一般设计参数

序号	项目	参数
1	堆体形状	梯形、不规则四边形或三角形
2	堆体高度 /m	1～3
3	堆体宽度 /m	2～8
4	堆体长度 /m	30～100
5	常见堆体	底宽 3～5m，高 2m，横截面为弧面形

条垛的大致断面可以是梯形、不规则四边形或三角形，常见的堆体高 1～3m，宽 2～8m，条垛堆体的长度可根据好氧发酵物料量和堆场的实际情况来决定，一般在 30～100m。

② 条垛式好氧发酵的通风

条垛式好氧发酵过程中的氧气供应主要来自两方面：一是条垛堆体中热气上升产生的自然通风或是强制通风；二是翻抛过程中的气体交换。

a. 在强制通风过程中，空气在鼓风机的作用下进入条垛下部，通过物料空隙渗透整个堆体。采用物料静止不动，通过地面管道强制通风的方式供氧发酵。通风方式可采取正压通风、负压通风或者两者结合的方式。一般来说，通风的速率由空隙度决定，风速太慢容易导致堆体中心出现厌氧区，从而产生大量臭气；风速太快则不利于温度的积累，会使散热过快，堆温不足以达到好氧发酵的需求。

b. 在污泥条垛式好氧发酵过程中，需要对堆体进行周期性翻抛，使堆体结构呈周期性调整。翻抛主要依靠专门的翻抛设备进行，翻抛的频率因堆体具体情况的差异而有所不同，包括堆体的外界温度、堆体大小、辅料条件等因素。一般而言，春夏秋季通常每天翻抛一次，冬季则在成堆后 3～4d 进行第 1 次翻抛，此后每隔 1d 翻抛一次，在第 4 次翻抛后，每隔 4～5d 翻抛一次。

2）槽式好氧发酵

目前国内新建的市政污泥好氧发酵项目大多数采用翻抛槽式堆肥方式。槽式好氧发酵过程发生在长且窄的"槽"通道内，在两侧墙体上方架设轨道，轨道上设有翻抛机（图 5-3），堆肥槽的底部铺设有曝气管道，可对堆体进行通风曝气。

污泥发酵的初始物料被布料机（装载机）布置在发酵槽内，在通气的条件下进行好氧发酵。翻抛机根据预设的时间间隔或其他条件在轨道上移动，对物料进行翻抛。物料在翻动过程中可与空气更好地接触，大量水分被带走，同时温度和湿度得以降低。随着翻抛机在轨道上移动、搅拌，混合物料向槽的另一端移动，或在原地搅动，两种方式均可达到促进堆肥腐熟的目的。

槽式污泥好氧发酵是将可控通风与定期翻堆相结合的一种现代污泥堆肥方式，因其占地面积小、机械化程度高、劳动力需求小、产品质量稳定等优点，得到了较为广泛的应用。

图 5-3　槽式好氧发酵翻抛机

3）装备式好氧发酵

随着装备化水平的提高，目前国内相关公司针对小型好氧发酵项目开发了多种不同类型的好氧发酵装备，代表性装置的有一体化智能槽式、滚筒式、立罐式、卧式桨叶发酵装置和静态发酵装置等。

① 一体化智能槽式

中小城镇污水处理厂污泥体量小，较适合装备化好氧发酵，基于此近些年国内一些相关企业，如北京中科博联科技集团有限公司、北京合清环保技术有限公司等，研发了一体化智能槽式好氧发酵成套设备。该设备集物料发酵、混合、除臭及监测于一体，污泥发酵过程在成套设备内完成，实现了原料直接装入设备、成品直接装车运出的过程。发酵过程在密闭设备内进行，并自带除臭设施，见图5-4。

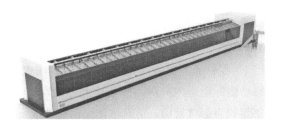

图 5-4　一体化智能槽式好氧发酵成套设备

该设备由发酵系统、通风系统、除臭系统和在线监测系统组成。

发酵系统分为序批式和连续式两种方式。序批式好氧发酵系统包含进料口、发酵装置、卸料口和渗滤液收集导排装置；连续式好氧发酵系统包括进料口、发酵装置、卸料口、物料输送装置、翻抛装置和渗滤液导排装置。通风系统包括曝气风机、控制阀和排气管。除臭系统包括除臭引风机、管道和除臭装置。在线监测系统可对好氧发酵过程中的温度、氧气、氮气、硫化氢和挥发性有机物浓度等相关参数进行自动监测。

某一体化槽式好氧发酵设备主要技术参数见表 5-3。

表 5-3 某一体化槽式好氧发酵设备主要技术参数

序号	主要技术参数	指标
1	适用处理量（含水率 80%）/(t/d)	≤ 50
2	工作环境温度 /℃	-10 ～ 60
3	进料粒径 /mm	≤ 30
4	含杂量 /%	< 30
5	污泥进料含水率 /%	≤ 65
6	一体化序批式好氧发酵设备能耗 /(kW·h/t)	< 35
7	一体化连续式好氧发酵设备能耗 /(kW·h/t)	< 25
8	发酵周期结束后污泥含水率 /%	≤ 45
9	风量设计指标 /[m³/(min·m³ 堆料)]	0.3 ～ 0.5
10	序批式好氧发酵周期 /d	> 20
11	连续式好氧发酵周期 /d	> 15
12	发酵后种子发芽率 /%	≥ 60

② 滚筒式

滚筒式好氧发酵具有代表性的设备为中持绿色能源环境技术有限公司（中持绿色）SG-DACT 滚筒式动态好氧发酵装备，其在市政污泥处理中有多项工程应用，其工艺流程见图 5-5。

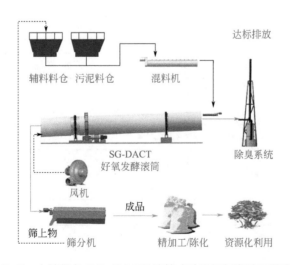

图 5-5 中持绿色 SG-DACT 滚筒式动态好氧发酵工艺流程

a. 污泥接收与混合　将含水率 60%～80% 的污泥卸料到污泥料仓，玉米秸秆、玉米芯（含水率＜10%）等辅料添加到辅料料仓；两个料仓的物料通过计量输送到混料机内混合，同时结合部分计量的返混料。常见的混料机有双螺旋式混料机、桨叶式混料机及立式混料机。混合后污泥含水率在 60% 左右。

b. 污泥滚筒发酵　混料后的污泥经输送机输送至全封闭外旋转式滚筒内进行好氧发酵处理，通过倾斜滚筒的缓慢转动，物料缓慢移向后端，并在此过程中实现物料的混合和充氧，为微生物提供比较优越的生长环境，以实现快速好氧发酵反应，使物料升温并促进有机物降解，完成污泥的稳定化与无害化处理。好氧发酵滚筒内污泥的发酵周期为 5～7d，滚筒内的温度＞55℃，并保持 3d 以上。好氧发酵滚筒中设有鼓风机和引风机，其中鼓风机通过管道与好氧发酵滚筒底部的空气接口连接，为发酵滚筒内微生物供氧，引风机通过管道与好氧发酵滚筒前端顶部的预留口相连，吸风后输送到除臭系统。滚筒设置在线监测装置，可实时监测好氧发酵系统的温度、氧浓度及硫化氢、氨气浓度等数据，通过以上监测数据及 PLC 系统，可以完成物料的混合、滚筒进出料、鼓（引）风等操作，实现系统的连续、自动、动态运行。中持绿色 SG-DACT 滚筒式动态好氧发酵工艺的主要设计参数及现有规格型号见表 5-4 和表 5-5。

表 5-4　中持绿色 SG-DACT 滚筒式动态好氧发酵工艺主要设计参数

序号	主要设计项目	主要设计参数
1	辅料添加量（质量分数）/%	20～25
2	辅料添加类型	玉米秸秆等
3	发酵周期 /d	5～7
4	发酵温度 /℃	55～70
5	设计车间	前车间、辅料间、筛分间、出料间、产品间、发酵滚筒露天区
6	处置规模	多在 50t/d 以下（含水率 80%）
7	占地规模 /（m²/t 湿泥）	100～200（50t/d 以下项目）

表 5-5　中持绿色 SG-DACT 滚筒现有规格型号

设备型号	处理能力 /（t/d）	发酵滚筒规格	系统装机功率 /kW	占地面积 /m²
DACT-1	5	φ2.5m×25m	60	300～500
DACT-2	10	φ3.0m×30m	70	500～750
DACT-3	15	φ3.5m×35m	80	750～1200
DACT-4	20	φ3.8m×40m	95	1200～2000
DACT-5	25	φ4.0m×40m	110	1500～2500

c.筛分及后加工　好氧发酵滚筒处理后的物料通过输送机输送到筛分机，筛分机采用滚筒筛、振动筛等形式。筛下物作为产品可进行精加工或资源化利用，筛上物作为辅料送至辅料料仓进行暂存及二次利用。

③ 立罐式

滚筒式工艺流程设计较容易、物流顺畅，但占地面积较大。立罐式发酵装置内物料除水平向流动外还有竖向流动，是较新的发酵系统布局方式，装置内物料输送设计较为困难，但其优势在于空间利用率高、用地较少，同时当场地存在高度差时，可较好地利用势能降低系统能耗。

立式高温好氧发酵罐是一种圆筒体设备，可用于实现堆肥的装备化处理。混合配料从罐顶入料口集中进料，通过罐中搅拌兼曝气桨叶进行间断或连续运行，混合配料依次经过"分解—氧化—干化—腐熟"功能层区，可在9～12d内腐熟并减量，堆肥产品由罐底出料口集中卸料，每天集中操作进出料一次。进料口有圆口和方口两种，并具有自动开闭功能，出料口有闸斗口和螺旋出料口两种形式。

设备主要构件包括液压站、罐体、内部搅拌装置、送风系统、排气水洗冷凝收集装置、螺旋出料系统、斗提上料系统、辅助加热系统等，如图5-6所示。

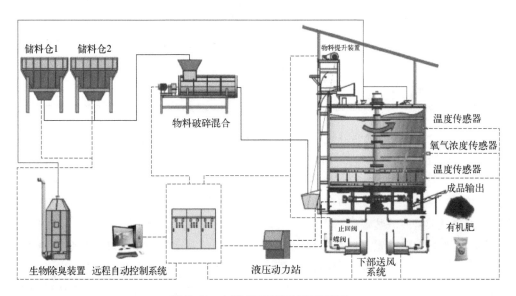

图5-6　立罐式好氧发酵工艺流程

含水率80%的污泥卸料在储料仓1中，辅料卸料在储料仓2中。两个储料仓中的物料在搅拌机内混合后，通过卷扬机带动受料斗提升卸料。卸料后污泥在发酵罐内停留9～12d，底部设置液压驱动系统，通过液压推杆的推动实现中轴缓慢转动，由中轴上的桨叶搅拌混合物料，相当于槽式堆肥的翻抛，同时曝气风机对发酵罐进行曝气，通过中轴通气，曝气口设置在桨叶上，桨叶上开孔，并有护板遮挡，可防止曝气孔堵塞。通过不断进料，物料在发酵罐内基本分层，每层物料停留的时间各不相同，底层停留时间较长，表层停留时间较短，通过不断地进料、出料，可实现污泥连续堆肥。最底层的堆肥成品在底部刮板的作用下进入出料螺旋输送机内，由罐体排出。罐体顶部设置除臭吸风口，吸风到除臭系统除臭。某公司的立式好氧发酵罐规格参数见表 5-6。

表 5-6　某公司立式好氧发酵罐规格参数

参数	V220	V116	V89	V70	V32
发酵罐容积 /m³	220	116	90	70	32
提升斗容积 /m³	1.5	1.5	1.5	1.5	1.0
下部曝气风机功率 /kW	60	17	17	11	7.5
液压站功率 /kW	15.0	7.5	7.5	7.5	4.0
料斗提升电机功率 /kW	2.2	2.2	2.2	2.2	1.5
投料口电机功率 /kW	0.75	0.75	0.75	0.75	0.37
除臭风机功率 /kW	7.5	4.0	4.0	2.2	1.5
辅助加热器功率 /kW	16	8	8	4	2
除臭循环水泵功率 /kW	3.00	0.55	0.55	0.55	0.55
除臭方式	生物除臭	生物除臭	生物除臭	生物除臭	生物除臭
润滑方式	集中润滑	集中润滑	集中润滑	集中润滑	手动润滑
混合料处理量 / (t/d)	18～24	10～12	8～10	6～8	3～4

该类型设备在畜禽粪污好氧发酵中应用较多，在一些小规模污泥堆肥项目中也有应用。通过以上设计参数可见，当发酵罐容积在 90～116m³ 时，可处理的混合物料量为 8～12t/d，若辅料按 30% 计，则湿污泥处理量在 6～9t/d。随着处理规模的增大，发酵罐数量增多，输送等配套设施更加复杂。

④ 卧式桨叶发酵装置

卧式桨叶发酵装置多用在园林绿化废弃物处理以及小型餐厨垃圾、畜禽粪便发酵项目中，在一些小型污泥堆肥项目中也有应用。以琦海松好氧发酵设备为例（图 5-7、图 5-8），其主要由喷淋塔除臭系统、投料门、出料门、搅拌轴驱动、处理机内胆、双轴搅拌系统、供风加热系统、电控系统组成。

图 5-7　某卧式桨叶发酵仓设备外观

图 5-8　某卧式桨叶发酵仓搅拌轴

相较于滚筒式，该卧式发酵装置更简洁，但其仓底部容易有存料，因此多用于餐厨等项目的快速稳定化处理。

⑤ 静态发酵装置

在一些更小型的项目中还开发了静态发酵装置，包括小堆肥箱式、多层网架式等形式。多用于小型畜禽粪污、村镇污泥堆肥等项目中，市政污泥项目中应用很少。

（2）翻堆方式

污泥好氧发酵工艺按照翻堆方式，可分为静态发酵、动态发酵和间歇动态（半动态）发酵。静态发酵完全不翻堆，设备简单，动力消耗小；动态发酵需进行持续性的翻堆，物料不断翻滚，发酵均匀，水分蒸发效果好，但能耗较大；间歇动态发酵需进行间歇性的翻堆，动力消耗介于静态发酵与动态发酵之间，发酵较为均匀，水分蒸发效果适中，是目前较普遍采用的一种方式。

1）传统静态污泥好氧发酵

静态好氧发酵技术是将污泥原料和堆肥辅料的均匀混合物堆放在用小木块、碎稻草或其他透气性能良好的物质做成的基垫上，再通过基垫下面的通风管道强制通风的一种污泥堆肥技术。透气性能良好的基垫包裹着通气管，通气管与向堆体供气或抽气的风机相连。根据原料的透气性、天气条件以及所用设备能达到的距离来进行堆体布料。布料相对较高的堆体有利于冬季保存热量，另外可能需要在堆体的表面铺一层腐熟堆肥，使堆体保湿、绝热，防止热量损失、防蝇并过滤堆肥过程中的氨气和其他在堆体内产生的臭气。

采用静态污泥堆肥好氧发酵工艺，应注意以下几种情况：

① 多孔基垫的高度控制　静态污泥好氧发酵技术是通过透气性基垫包裹的通气管把空气传送到堆体内，使堆体内具有充足的可供好氧发酵的氧气，从而使好氧微生物顺利降解污泥中的有机物，将不稳定的有机物逐步降解为稳定的腐殖质。当空气通过管道传送时，多孔的基垫使从管道中传过来的空气均匀分布，并将其缓慢匀速地提供

给污泥堆体。如果基垫层太薄，污泥混合物料压堆后，其透气性和分布均匀性会受影响，无法保证堆体好氧发酵顺利进行。因此，在处理市政污泥时，由木屑和稻草形成的多孔基垫厚度宜为整个堆体高度的 1/4 ～ 1/3，透气基垫的长度应比堆体的长度稍长一点。

② 堆体长度　应严格控制堆体长度，其受气体输送条件限制，并非越长越好或越短越好。如果堆体过长，距离鼓风机最远的堆肥位置很难得到足够的氧气供应，会造成局部厌氧，影响堆肥的腐熟期和腐熟效果。如果堆体太短，处理规模不足，则达不到大规模使污泥减量化、无害化、稳定化的效果。

③ 鼓风机控制　对鼓风机系统的控制通常有两种方法：时间控制法和温度控制法。

时间控制法：通过设定好鼓风机的工作时间控制启停。该方法为经验控制，不能保持温度稳定，有时甚至会超过所需的温度限制，堆肥的速度可能会由于高温而受到限制。

温度控制法：该方法为通过对堆体温度进行实时监测，与设定的温度进行对比，从而控制鼓风机工作或停止。当堆体温度达到设定的高温点时，应启动鼓风机以降低温度；当堆体冷却到设定的低温点时，系统则会关闭鼓风机。与时间控制法相比，温度控制法所需的鼓风机功率更大，气流速率更快，温控系统投资会更高。

一般静态堆肥系统的操作步骤为：a. 按比例把污泥和辅料（调理剂）混合；b. 在通气管上覆盖约为 10cm 厚的调理剂，形成堆体床；c. 把混合物料加到堆体床上；d. 在堆体的外表面覆盖一层已过筛或未过筛的腐熟堆肥；e. 把鼓风机连接到通气管道上。

然后堆体便开始缓慢升温、发酵。堆体内的空气补充可采用鼓风机吹入堆体内，也可采用引风机把气体抽出堆体形成负压补充，废气收集后经过除臭排放。

考虑到辅料（如木屑）体积较大且成本较高以及清除大的辅料后可改善产品质量，一般要求发酵完成后要把膨胀材料分离出来并加以利用。若采用木屑或其他可降解材料作为辅料，发酵过程中必然存在降解和物理性破碎，随后由于基质直径的减小，有些辅料会通过筛孔进入发酵料中，这样就需要在下次发酵时添加新的辅料以保持平衡。

通常堆体底部还会产生一些浸出液，在抽气式通风控制模式下，风机风头下需设置一个水池，以收集沉淀物。这些浸出液和沉淀物均应被收集和处理。

2）动态发酵和间歇动态（半动态）发酵

滚筒动态好氧发酵工艺及槽式好氧发酵工艺都属于典型的动态/间歇动态发酵方式，在第 5.1.2 节"（1）发酵形式"中已做过相关介绍，在此不再赘述。

（3）发酵阶段

完整的污泥好氧发酵一般包括一次发酵和二次发酵两个阶段。

一次发酵是好氧发酵的第一阶段，即快速发酵阶段，微生物在好氧条件下迅速分解物料中易降解的有机组分，通常包括升温、高温、降温和温度稳定四个阶段。在一次发酵过程中，发酵产热为微生物活动提供能量，同时可实现水分蒸发，降低污泥含水率。通过将发酵产物返混可减少辅料的添加，一次发酵的时间因发酵形式而异。

二次发酵又称腐熟或熟化阶段，是将一次发酵产物进一步陈化或腐熟的过程，微生物在好氧条件下以较低的速度分解物料中剩余的有机组分以及发酵中间产物。二次发酵生化速率比一次发酵低得多，需要停留较长时间，由于需氧量和产热量均较低，在此阶段强制鼓风或者搅拌并不重要，但在实际工程中仍会采用供气或翻堆等方式来维持物料的好氧条件，抑制臭气的产生，使堆料发酵得更加均匀，水分散发较好。二次发酵一般采用条垛式发酵。

在一次发酵后是否进行二次发酵取决于发酵产物的稳定化要求，二次发酵需额外增加进出料设备，占地面积较大，动力消耗较大，优点是产物的稳定化程度更高，可避免对植物生长产生不利影响。

（4）供氧方式

污泥好氧发酵的供氧方式包括自然通风、强制通风和间歇翻堆等。

自然通风不需要鼓风能耗，供氧靠空气由堆体表面向堆体内扩散，但供氧速度慢，随着堆体深度增加，空气量相应减少，堆体内氧气分布不均匀，易造成内部缺氧或无氧，从而发生厌氧发酵。原始的静态堆肥一般采用自然通风方式，目前在二次腐熟阶段空气需求量较低时，也可采用小堆体自然通风的方式进行发酵。

强制通风是通过风机的机械作用使空气进入堆体内部，创造污泥好氧发酵条件，并可准确控制风量和通风时间，有效调控发酵进程，促进物料腐熟。强制通风有正压送风及负压抽风两种。正压送风一般由堆体底部进入，由堆体表面散出，堆体内部水蒸气也会随着空气由下而上流动，堆体升温速度快，发酵产物腐熟度高。负压抽风则相反，空气经过堆体表面向下抽吸至管道内，有利于臭气的收集，但该方式管道中易产生冷凝腐蚀性液体及粉尘，对抽风机侵蚀较严重，且堆体表层温度较正压送风方式低，易滋生蝇类，无害化程度较差。

间歇翻堆有利于堆体物料与氧气接触，能够破碎物料，改善不同物料发酵条件，同时加快堆体中水分的蒸发。因此自然通风方式往往需要结合适当的翻堆来进行联合发酵。强制通风也经常与翻堆方式相结合，以实现颗粒破碎、加速水分蒸发、物料均匀发酵。

（5）好氧发酵新型工艺

1）蚯蚓生物稳定化

蚯蚓生物稳定化又称蚯蚓堆肥，利用了蚯蚓特殊的生态学功能及其与环境中微生物的协同作用，是一种用于污泥和其他有机固体废物的生物降解工艺。

蚯蚓是一种杂食性环节动物，它在自然生态系统中具有促进物质分解转化的功能。蚯蚓在其新陈代谢过程中能吞食大量有机物质，并将其与土壤混合，通过砂囊的机械研磨作用和肠道内的生物化学作用进行分解转化。蚯蚓的消化能力极强，其消化道能分泌出蛋白酶、脂肪酶、纤维素酶、甲壳素酶及淀粉酶等，在这些酶和微生物的作用下，有机物质会被分解成简单的碳水化合物、脂肪、醇等低分子化合物，这些物质再与土壤中的矿物质结合成高度融合的有机 - 无机复合体，最终以蚯蚓粪便的形式排出。蚯蚓在有机物料中的运动还可以改进物料中的水汽循环，使得物料和其中的微生物相互混合。蚯蚓的吞食量较大，1 亿条蚯蚓一天可吞食 40 ～ 50t 垃圾，排出 20t 左右蚯蚓粪便。研究还表明，蚯蚓是通过皮肤进行呼吸的，在含氧量很低的情况下也能维持生存，因此蚯蚓这种独特的生活方式和强大的消化能力为污泥生态处理提供了可能，蚯蚓本身就是生物处理器。

日本学者前田古彦成功培育出了繁殖倍数极高、适合人工养殖的蚯蚓品种"太平号二号"，使相关生物技术得到了革命性发展。20 世纪 70 年代末、80 年代初，美国研究者在纽约州立大学将蚯蚓应用于污泥处理过程中。1981 年，在英国洛桑试验站开始了一项利用蚯蚓加工处理鸡、猪、牛产生的废弃物的研究，这项研究又分别在法国、德国、意大利、西班牙、中国、印度和其他一些国家展开。在英国洛桑试验站，应用蚯蚓处理污泥、生活垃圾及农业有机废弃物已扩展到工业化和商业化规模。美国学者相继在实验室里开展了蚯蚓对有机垃圾处理的研究，主要是研究蚯蚓生长的最适温度、湿度、pH 值以及蚯蚓对植物生长的影响。1997 年，有研究者把蚯蚓引入纸浆工业污泥处理中。近年来，研究领域不断扩展，研究程度也不断加深。

在我国，蚯蚓堆肥处理研究始于 20 世纪 90 年代，直到 21 世纪初才开始逐渐深入。目前国内已有实际运行的项目案例，项目实景照片见图 5-9。

图 5-9　污泥蚯蚓生物处理项目实景

蚯蚓稳定化处理工艺流程包含有机废弃物预处理、蚯蚓堆肥处理及产品加工等。蚯蚓种床堆体内温度一般需维持在 20 ～ 25℃，多用来对初步发酵后的物料进一步进行降解和腐熟。蚯蚓堆肥项目的工艺流程如图 5-10 和图 5-11 所示。

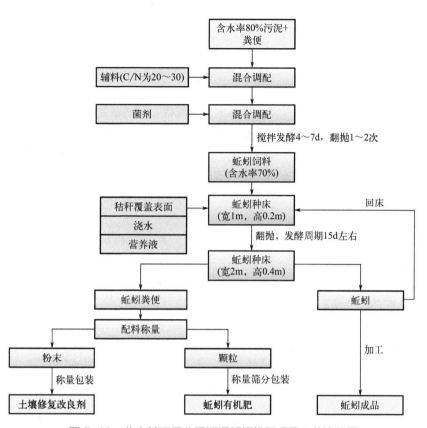

图 5-10　北方某环保公司污泥蚯蚓堆肥项目工艺流程图

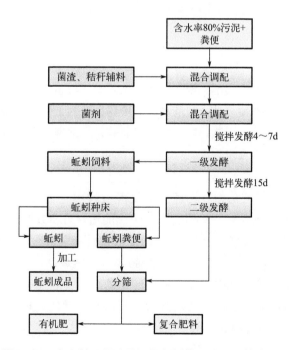

图 5-11　南方某环保公司污泥蚯蚓堆肥项目工艺流程图

2) 膜覆盖好氧发酵工艺

膜覆盖好氧发酵工艺是一种将微孔功能膜作为污泥好氧发酵处理覆盖物的工艺技术。利用功能膜的微孔特性，发酵过程产生的水蒸气和二氧化碳可以穿过膜向外排出，而病原微生物、气溶胶等则被隔离在膜内。一般在堆体底部强制通风供氧，会在膜内形成一个低压内腔，使堆体内的氧气和温度分布均匀，从而促进污泥中有机物的充分降解，并保证病原微生物在好氧发酵过程中得到有效杀灭，大大减少了敞开式堆体工艺由于局部易出现厌氧情况而导致的臭气产生。由于功能膜的覆盖作用，风机供氧利用率提高，能耗降低，其示意图见图 5-12。

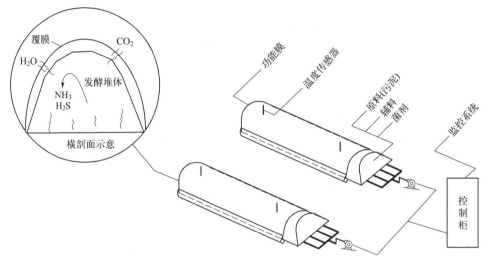

图 5-12　膜覆盖好氧发酵示意图

在发酵形式上，条垛式发酵、槽式发酵等工艺均可与膜覆盖技术结合应用。由于功能膜具有防雨功能，可在室外建立发酵堆体，堆体高度为 1.5 ～ 2.5m，宽度为 4 ～ 7m。其他环节如预处理、进料、一次发酵、二次发酵等，与常规发酵工艺类似。腔体内要形成均匀微正压，对密闭性要求较高。

3) 超高温好氧发酵工艺

超高温好氧发酵工艺是指在污泥好氧发酵过程中，通过添加外源嗜热微生物，在高于 80℃条件下完成好氧发酵的过程。传统的污泥好氧发酵工艺，高温阶段的温度为 55 ～ 65℃，且持续时间较短。通过向发酵物料中引入耐高温的嗜热微生物，可实现持续超高温发酵，高温阶段温度可达 80℃以上，最高可达 100℃以上，且持续时间较长，能够促进发酵进程，提高发酵产物的腐熟度和无害化程度。超高温好氧发酵工艺添加辅料的量较少，但其发酵所需的菌剂会导致处理成本增加。同时，高温会对大量的嗜温性低温菌有灭活作用，不利于二次发酵腐熟。

5.1.3　好氧发酵工艺对比

对前述几种主要好氧发酵工艺的汇总对比见表 5-7。

表 5-7　不同发酵工艺的对比

项目	传统条垛式	槽式	装备式			覆膜式	超高温
			一体化智能槽式	滚筒式	立罐式		
翻抛方式	静态或翻抛机	翻抛机	翻抛机	滚筒翻抛	立轴搅拌	翻抛机	根据设备型式
发酵时间	长	较长	短，主要一次发酵	短，主要为一次发酵	短，主要为一次发酵	长	较短，根据不同型式
供氧方式	正压鼓风/自然通风	正压/负压	正压鼓风	正压鼓风	正压鼓风	正压鼓风	根据设备型式
主要特点	投资低，占地面积大	适合较大规模，利于发酵控制	自动化程度高，环境好	自动化程度高，环境好，中小型	自动化程度高，小型	投资低，占地面积较大	高温，利于灭菌及水分去除
代表公司	—	北京中科博联科技集团有限公司	北京中科博联科技集团有限公司、北京合清环保技术有限公司	中持水务股份有限公司	山东福航新能源环保股份有限公司、浙江明佳环保科技股份有限公司	中农创达(北京)环保科技有限公司、青岛中海环境工程有限公司	沈阳东源环境科技有限公司
应用案例	新项目少	多	较多	较多	畜禽粪便多	较少	较少

5.2　工艺流程及主要参数

根据前述内容，好氧发酵工艺种类繁多，以下仅针对目前应用较多的槽式好氧发酵做详细工艺流程及参数介绍。

5.2.1　工艺流程

槽式好氧发酵过程一般由预处理、进料、一次发酵、二次发酵、后筛分及储存等工序组成，其中污泥好氧发酵反应系统是整个工艺的核心，其典型工艺流程见图 5-13。

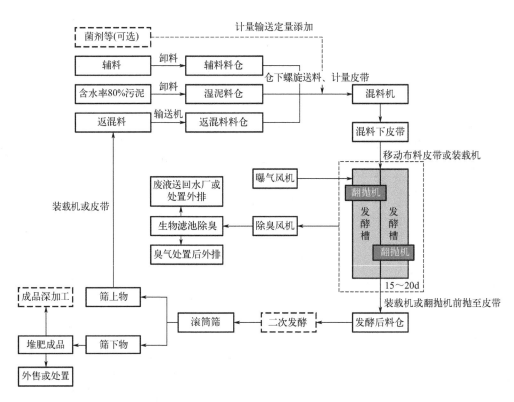

图 5-13　槽式好氧发酵典型工艺流程

（1）预处理

含水率 80% 的污泥车载运输到处理厂后，通过地磅房计量后，卸料在湿泥料仓内（部分料仓本身具有称重功能，便于配料，另外，也可以对深度脱水后含水率为 65% 左右的污泥破碎后进行发酵），辅料卸料在辅料料仓内，堆肥后的返混料通过皮带或装载机卸料在返混料料仓内。三种料仓均设有螺旋送料设备，通过螺旋卸料到主汇料皮带机中，皮带机再将三种物料输入混料机内。在汇料皮带机输送过程中根据设计情况，部分项目添加了生物菌剂。在混料机内，几种物料混合均匀后落料在混料机出料皮带中，完成预处理即配料和混合过程。

（2）进料

进料过程主要分为装载机进料和布料皮带装置进料。混合后物料通过混料皮带挑高落地后，通过装载机运输到发酵槽或通过混料机出料皮带倒料到发酵槽内。当物料需要在发酵槽内进行不同级别的分料时，可以通过混料机出料皮带倒料到发酵槽的各级分料、布料皮带上，实现发酵槽的自动进料、布料。

（3）一次发酵

一次发酵是槽式发酵的主发酵工段，包括好氧发酵的发热阶段和高温阶段，是混合物料从升温到温度降低的发酵阶段，通常周期在 7 ～ 15d。混合后物料均匀布料在发酵槽内，通过槽底的曝气管道、曝气孔进行曝气，此外在发酵槽内，物料通过槽壁上架设的翻抛机进行翻抛，通过翻抛增加料堆的含氧量，打碎物料颗粒，保证其均匀性，促进水分蒸发。

目前，国内项目中一次发酵曝气形式有正压曝气和负压曝气两种，正压曝气方式应用更广泛。翻抛形式有链板推进式翻抛和原位翻抛两种，对应的发酵槽设计不同，但整体发酵时间等其他发酵参数基本相同。一次发酵后物料通过皮带或装载机运送到二次发酵区。

（4）二次发酵

二次发酵是将一次发酵尚未分解的有机物进一步分解，使其进一步转化为腐殖酸、氨基酸等较稳定的有机物，此过程又称为熟化阶段，通常周期在 20 ～ 30d。

国内很多污泥好氧发酵项目中将一次发酵及二次发酵合并考虑，将一次发酵的周期延长至 20d 左右，取消单独进行的二次发酵工段，其产品作为肥料深加工原料外售。

（5）后筛分

通过滚筒筛或振动筛等筛分设备，筛除大粒径杂质、大粒径堆肥产品及辅料，筛除物回用到前端进料口，作为返混料使用。

5.2.2 主要影响因素

在污泥的好氧发酵过程中，微生物菌群活性会受到多种因素影响，以下是一些可能影响好氧发酵过程的因素。

（1）混合料含水率

过低或过高的含水率都会对堆肥过程产生不利影响。当含水率 <30% 时，微生物在水中提取营养物质的能力降低，有机物分解缓慢；当含水率 <15% 时，微生物基本停止活动；当含水率 >65% 时，水会充满物料颗粒间的间隙，堵塞空气通道，使料堆中的空气含量大幅度减少，堆肥由好氧转为厌氧状态，堆肥温度也急剧下降。一般来说，混合料的含水率应设置在 55% ～ 60% 范围内。

（2）碳氮比（C/N）

污泥堆肥过程中，C/N 对有机质的分解速率有重要影响。适当的 C/N 可以提供适量的碳元素和氮元素，从而促进微生物的生长和有机物的分解。研究结果表明，以细菌为例，其细胞的 C/N 在 5 : 1 左右，但合成 1 份细胞质物质还需要 15 ～ 20 份碳元素来释放能量，因此细菌稳定繁殖所需的 C/N 在 20 : 1 ～ 25 : 1，而真菌是在 25 : 1 ～ 35 : 1，故整体菌群应在 20 : 1 ～ 35 : 1。

如果 C/N 超过 40 : 1，碳元素过剩会导致氮元素相对不足，细菌和其他微生物生长受限，有机物的分解速率下降，好氧发酵达到稳定化的周期延长，最终肥料施加到土壤中，也会导致土壤氮饥饿状态，从而影响作物生长。如果 C/N 低于 20 ∶ 1，可供消耗的碳元素不足，会导致氮元素相对过剩，氮元素会转变成氨类挥发，从而导致氮元素大量损失，降低肥效。

（3）pH 值

pH 值是一个比较重要的影响因素，细菌及其他微生物大部分适应中性环境，因此，堆肥 pH 值应控制在 6 ～ 8 范围内，最佳 pH 值在 8 左右。当 pH ≤ 5 时，好氧微生物的活性会受到限制，影响堆肥过程。

（4）温度

温度是反映好氧发酵效果的综合指标。不同温度条件下，优势菌群不同，它们对各种有机质的分解能力也不同。不同微生物有不同的适宜温度范围，因此温度直接影响着微生物对有机质的分解速率，是影响好氧发酵过程的重要因素。

好氧发酵初期，嗜温菌群较活跃，且大量繁殖，在有机质的分解过程中放热，温度升至 50 ～ 60℃。在该温度下，嗜温菌会受到抑制，甚至死亡，而嗜热菌则进入活跃状态。嗜热菌占优势的过程也是堆肥温度最高的阶段，发酵物料中的病原菌、寄生虫等被杀死，腐殖质开始形成。在后续发酵阶段，由于易分解有机质已被降解，微生物繁殖所产能量不再增多，温度降低。一般嗜温菌的适宜温度为 30 ～ 40℃，嗜热菌的适宜温度为 50 ～ 60℃，根据卫生学要求，堆肥过程应至少达到 55℃，才能杀灭病原菌寄生虫卵，但温度高于 70℃会抑制微生物分解有机物。

5.2.3 主要设计参数

常规槽式污泥好氧发酵项目主要设计参数见表 5-8。

表 5-8 常规槽式污泥好氧发酵项目主要设计参数

序号	设计内容	指标
1	堆肥混合料含水率 /%	55 ～ 65
2	堆肥混合料挥发性有机质含量 /%	＞ 30
3	堆肥混合料 C/N	25 ∶ 1 ～ 35 ∶ 1
4	物料混合后 pH 值	6 ～ 8
5	槽式发酵通常槽宽 /m	5
6	槽式发酵通常设计堆高 /m	2
7	槽式发酵曝气量 /（m³/m³ 物料）	0.1 ～ 0.3

序号	设计内容	指标
8	槽式发酵温度 /℃	55 ~ 65
9	国内发酵周期（无二次发酵）/d	约 20
10	理论一次发酵周期 /d	> 7
11	理论二次发酵周期 /d	30 ~ 50
12	理论一次发酵温度 /℃	55 ~ 65
13	理论二次发酵温度 /℃	< 45
14	理论一次发酵模式	强制曝气翻抛
15	理论二次发酵模式	条垛式发酵

5.3　工艺设备

本节仍以目前应用最广泛的槽式好氧发酵为例进行工艺设备的介绍。其主体设备有预处理设备、主发酵区设备、后发酵区设备、曝气及除臭设备等。其中预处理设备包括污泥接收料仓、混料机、布料机；主发酵区设备为翻抛机；后发酵区设备主要为后筛分设备；曝气及除臭设备主要包括风机、除臭设备及配套管道。

本节仅对槽式好氧发酵的一些主要专用设备进行介绍，风机、除臭设备等通用设备不做详细展开。由于槽式发酵方式的除臭风量较大，目前一般采用生物除臭方式。根据实际运行效果，化学除臭方式更稳定、效果更好，但运行成本高。建议环境敏感地区采用两种除臭方式相结合的方法，来加强除臭效果。

5.3.1　料仓

好氧发酵工艺中的污泥料仓起到承接储存污泥、辅料及返混料的作用，料仓形状为圆形或方形，污泥料仓中的输送物料具有特殊性，因此避免起拱和架桥至关重要。目前的湿污泥料仓形式主要有以下三种：锥底锥斗仓、平底滑架仓、平底旋转仓。锥底锥斗仓的防起拱和架桥效果较弱，通常只可通过仓壁设置仓壁振动器来减轻污泥黏滞架桥，因此在大型项目中应用较少。以下主要介绍平底滑架仓及平底旋转仓。

（1）平底滑架仓

平底滑架仓一般由液压站、液压油缸驱动的拨料滑架单元以及液压驱动的仓下闸板阀组成，一般配合仓下螺旋喂料给下级螺旋或下级泵送设备。液压驱动油缸的方形或椭圆形滑架（根据仓的外形设计）在仓底前后缓慢移动，将污泥推动到料仓底部的卸料口，推送物料的同时，配合顶部污泥自重下沉，破坏污泥的架桥作用，卸料口设置仓下闸板阀、喂料螺旋，将污泥通过输送设备送入下一工艺环节，见图5-14。

图 5-14　滑架污泥料仓

该方式是大型污泥项目中应用较为广泛的方式，也是普遍认可的适用于污泥特性的中大型料仓形式。对于几百立方米的超大型料仓，亦可通过设置双侧液压缸的形式实现，但在实际应用中，100m³ 及以下容积的设备较多。

（2）平底旋转仓

平底旋转仓，也被称为平底推架仓，在国内很多好氧发酵项目中有所应用。料仓为圆筒形，底部配有一根悬臂出料螺旋，该螺旋安装在低速转动的底盘上，在底盘中心设有落料管。螺旋在自转的同时随底盘公转，从而将物料推向落料管，落料管中的物料再落入下部的输送机。

旋转污泥料仓设备构成如图5-15所示，包含仓体、取料螺旋、自转驱动装置、公转驱动装置及滑触导电装置等。

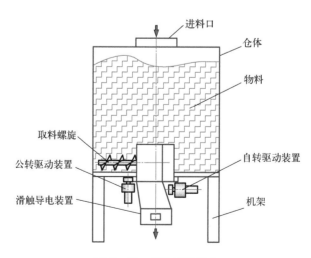

图 5-15　旋转污泥料仓

该形式的料仓主要应用在一些小型好氧发酵项目（100m³以下的料仓）中，其通过自转加公转的螺旋在仓内实现搅拌，防止污泥黏滞架桥。

几种典型污泥料仓对比见表5-9，可根据不同的项目要求和规模进行选择，大型项目在条件允许的情况下建议选择平底滑架仓。

表5-9　几种典型污泥料仓对比

序号	对比项	锥底锥斗仓	平底滑架仓	平底旋转仓
1	外形	锥底（圆锥或方锥）	平底（圆仓或方仓）	平底（圆仓）
2	驱动型式	电动	液压站，液压	滑触线，电动
3	防架桥措施	激振电机振打器	液压滑架	旋转螺旋
4	防架桥效果	差	优	中
5	容积	小	中大	中小
6	应用场合	要求不高的小规模项目	大型污泥处置中心项目	中小型污泥好氧发酵项目

5.3.2　混料机

混料工序可调整物料的孔隙率，优化物料的营养配比，是控制供氧效率和发酵速率的关键因素之一。在适宜的物料粒径范围内，提高物料间的孔隙率，可使氧气易于到达颗粒内部，有利于好氧发酵的进行。一般来说，粒径小于20mm即可保证混合物料在发酵过程中处于良好的好氧状态。但混料机选型务必要考虑污泥、辅料、返混料的物料性质，一些市场上应用的混料机因辅料粒径小，导致混料效果差，甚至发生在混料机内积聚的情况。常用的混料机型式有卧式双桨叶混料机和单轴桨叶式混料机两种。

（1）卧式双桨叶混料机

卧式双桨叶混料机在国外始于20世纪90年代，目前国内卧式双桨叶混料机发展较快，且比较成熟。

卧式双桨叶混料机具有混合能力强、混合速度快、混合均匀度高、能耗低、使用范围广的特点，其由两根相位排列的桨叶轴、混合仓及驱动装置构成。在电机的驱动下，桨叶将物料甩起并随其一同旋转，另一侧轴上的桨叶利用相位差将物料反向旋转甩起。这样，两侧的物料便相互落入两轴间的腔内，在混料机的中央形成一个流态化的失重区，且以低圆周速度旋转。物料被提升后形成旋转涡流，从而实现物料的快速、充分、均匀混合，见图5-16。

该类型设备的生产能力一般在1～10t/h，混合均匀度≥85%，功率在4.0～18.0kW。

（2）单轴桨叶式混料机

比较典型的单轴桨叶式混料机为罗迪格（北京）机械设备有限公司的犁铧式混料

机，目前市场上有 3 万多台，其结构型式如图 5-17 所示。在混合器内有一根主轴，轴上设有不同角度的犁铧状部件。混合物料在进入混合器后，通过这些犁铧状构件不停地翻抛，实现物料的混合和前进。总体混合效率比较高，停留时间短。但其对物料的粒径、形状等有一定要求，物料应该具有一定的流动性和可混合性，以确保在混合过程中的均匀性和混合效率。

图 5-16　卧式双桨叶混料机

图 5-17　犁铧式混料机结构型式

5.3.3　翻抛机

翻抛机是污泥好氧发酵工艺中的核心设备，在好氧发酵过程中起到了翻堆，协助通风曝气、混合，控制温度，甚至是污泥移位的作用。通过翻抛，槽内好氧发酵物料整体被打散、移位，与空气充分接触，提高充氧率，促进有机物分解，起到调节系统水分和温度的作用。

最早的现代污泥好氧发酵翻抛设备，研发自 20 世纪 50 年代的德国、美国等国家。相比于原始的好氧发酵系统，翻抛设备具有机械化程度高、处理量大、好氧发酵速度快、无害化程度高等诸多优点，因此得到了广泛的应用。

20 世纪末，由于我国对翻抛机械的政策扶持，市场上出现了一些结构简单的翻抛设备，近年来随着我国机械加工及自动控制技术的发展，设备水平逐步提高。

根据翻抛所应用的好氧发酵类型不同，可分为条垛式翻抛机和槽式翻抛机。因规模化、规范化的好氧发酵主要以槽式发酵为主，所以以下主要介绍槽式翻抛机，包括链板式、滚筒式、桨叶式、螺旋式等多种类型。根据污泥应用案例调研情况，因污泥黏滞性较强，采用滚筒式翻抛机的项目较多。

（1）链板式翻抛机

链板式翻抛机采用移动式履带旋转输送原理，通过翻抛机履带快速旋转带动物料翻抛，将物料从翻抛履带的前方翻抛到后方，见图 5-18。当物料脱离翻抛履带后，呈分散状被抛出，从而促使物料与空气接触，以增强发酵效果。

图 5-18　链板式翻抛机

链板式翻抛机采用高强度链式传动和滚动支撑的托板结构，配备可拆换耐磨曲面齿刀。通过纵向和横向移位，可实现槽内任意位置的翻抛作业。单槽宽度可达 20m 左右，配合移位小车就可实现多槽翻抛。此外，该设备还可通过远程遥控进行翻抛操作。

链板式翻抛机与其他类型的翻抛机相比，在槽体设计时有所不同。链板式翻抛机在槽体长度设计时，应考虑每次翻抛物料的位移，槽体长度可按下式设计：

$$L = l_{移位}n + l_{余量}$$

式中　L——槽体长度，m；

$l_{移位}$——每次翻抛物料位移，m，一般在 4m 左右，具体根据设备翻抛参数确定；

n——设计发酵周期（天数）；

$l_{余量}$——发酵槽两边预留的空间，m，根据具体情况取 2 ～ 5m。

某链板式翻抛机系列的选型参数见表 5-10。

表 5-10　某链板式翻抛机系列选型参数

项目	FA38	FB38	FC38
功率 /kW	31.55	31.55	31.55
翻抛链板宽度 /mm	2000	2000	2000
物料高度 /mm	1800	1800	1800
工作速度 /(m/h)	150	150	150
空载速度 /(m/h)	300	300	300
最大翻抛能力 /(m³/h)	540	540	540
每次翻抛物料位移 /m	4	4	4
轨道中心距 /m	4.40/6.40/8.40	10.40/12.40/14.40	16.40/18.40/20.40
发酵槽高度 /mm	2000	2000	2000

（2）滚筒式翻抛机

滚筒式翻抛机通过一个与发酵槽同宽的滚筒来翻动物料，在滚筒周边安装若干刀片，用于搅拌破碎物料。设备在发酵槽轨道上前后移动，高速旋转的翻抛滚筒将发酵物料打碎、抛起，物料散落并实现混合搅拌。通过控制减速机的旋转方向，可实现翻抛机双向翻抛搅拌。发酵槽的敞口处设置有移位小车，便于一机多槽使用。

滚筒式翻抛机主要由滚筒、提升机构、行走机构及控制系统四部分组成，见图5-19。

图 5-19　滚筒式翻抛机

滚筒式翻抛机适用于槽高2.2m、行走槽宽度0.3m、行走跨度5.3m的发酵槽，翻抛能力不低于800m³/h，翻抛深度为0～2m，翻抛速度为2.5m/min，可通过远程遥控操作。

（3）桨叶式翻抛机

桨叶式翻抛机通过安装在传动轴上的桨叶对物料进行拨动、搅拌来翻抛物料，同时具有翻动和破碎的功能。桨叶配有液压升降系统，可根据物料的高度进行调节。利用控制柜集中控制，可实现全自动进行，见图5-20。

图 5-20　桨叶式翻抛机

（4）螺旋式翻抛机

螺旋式翻抛机由双螺旋翻堆装置、纵向行走装置、横向行走装置、液压系统和电气控制系统等组成。双螺旋翻堆装置是其核心组件，包括固定于机架上的减速机和与减速机通过联接件相连并固定有螺旋桨叶的螺旋轴。通过螺旋翻堆装置的翻抛，不断地将底部的物料向上升运并向后移动，起到搅匀、粉碎、洒水、充氧等作用，为物料的发酵创造良好条件，见图5-21。

图5-21　螺旋式翻抛机

5.3.4　布料机

污泥好氧发酵过程中，布料是非常关键的环节之一，常用的布料方式包括装载机铲运布料、移动皮带布料、布料机布料等。

装载机铲运布料，即装载机铲运混合物料后，运送至发酵区并卸料，无须设置专门的布料设备。为了确保发酵区的充满度和污泥物料的均匀分布，卸料时需注意卸料点的位置和卸料方式。

对于自动化程度较高、装载机及人员无法进入的场合，可采用移动皮带布料或布料机布料等设备化方式。

（1）移动皮带布料或伸缩皮带布料

图5-22中右侧T形结构为移动皮带组合，其中水平皮带沿皮带机滑轨左右移动，垂直皮带沿滑轨上下移动。混合后的污泥通过水平皮带受料，在垂直皮带上落料。通过垂直皮带的上下移动及正反转，实现上下两个发酵槽内物料的均匀布料。然后，水平皮带向左移动，重复以上操作，直至组合皮带移动到发酵槽端头，从而实现污泥均匀布料。

两个皮带均可移动，且接线方式可实现正反转运动。垂直皮带的正反转运动也可以利用三通分料器来实现。对于发酵槽较短的工况，可以采用伸缩皮带受料、布料。如北京某厂（好氧发酵物料为生活垃圾）采用德国进口伸缩皮带机，在隧道窑发酵仓中进行受料和布料。

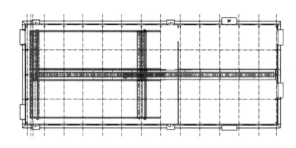

图 5-22　移动皮带布料示意图

（2）布料机布料

部分项目采用一种布料斗设备，将物料输送到其他运输工具难以到达的位置，装满物料的布料斗在轨道上行走，到达指定位置后，液压翻斗启动卸料。该种类型设备应用很少，不做具体介绍。

5.3.5　移行机

如图 5-23 所示，当翻抛机对一个发酵槽翻抛完成后，就会沿着发酵槽轨道或槽壁退回到发酵槽始端，此时移行机沿其轨道上下移动，亦移位至该发酵槽始端与翻抛机对接，翻抛机行驶至移行机上，由移行机沿其轨道拖送至下一发酵槽，翻抛机沿轨道或槽壁移位到发酵槽始端，开始翻抛作业，从而完成一个移位工序。该设备主要用于槽式发酵过程中，翻抛机或布料机的换槽移位。

图 5-23　移行机示意图

5.3.6　后筛分设备

污泥经过好氧发酵后的腐熟物料，往往还含有石子、陶瓷片、木片、塑料、辅料等，为提高污泥好氧发酵产品的品质且回用部分辅料，一般会设置后筛分环节，部分项目还设有烘干、造粒、冷却、包装等装置，以下主要介绍后筛分系统设备。

（1）张弛筛

张弛筛具有上下两个筛箱，通过两套曲柄连杆结构的转动，箱体水平往复运动，筛箱悬吊于前后垂直、夹角不同的两组吊杆上，两组吊杆分别绕各自的固定端往复摆动，使筛箱在往复运动的同时产生垂直振动。由于两组吊杆的垂直夹角不同，导致筛箱前后的垂直振动幅度不同，物料在筛面上垂直跳动的同时会产生向前的水平跳动，从而能够有效地防止污泥堵塞筛孔，影响筛分效果。

在进料口集中喂料后，物料在筛体的振动作用下迅速分布在整个筛盘上，并产生自动分级。物料层下面粒度较小的物料迅速过筛，而大于筛孔尺寸的颗粒则迅速向出口方向跳动，直到排出筛分机外，完成腐熟污泥的筛分过程。

（2）滚筒筛

滚筒筛是分选技术中应用非常广泛的一种机械设备，可通过按照颗粒的粒径大小来实现物料的分选，见图5-24。滚筒筛的结构包括驱动装置、筛筒、接收斗等。好氧发酵后的污泥腐熟产品从进料端（高侧）进料，在滚筒筛旋转及重力作用下，物料向下输送，输送过程中，小粒径物料透过筛孔落料到接收斗内，大粒径物料无法透过筛孔，从出料端（低侧）出料，从而实现大小粒径的筛分。

图5-24　滚筒筛

两种筛分设备在污泥好氧发酵项目中均有应用。

5.4　工艺优缺点及适用范围

前述章节对污泥好氧发酵的原理、分类、影响因素及主要工艺设备等做了描述，本小节对污泥好氧发酵工艺的优缺点进行汇总。传统的有机废物好氧发酵以静态发酵为主，发酵产物质量不稳定。而污泥的性质决定了其在发酵过程中应进行强制性供氧并应及时调整其堆体结构，如此更利于发酵进程的完成，但又不能过于频繁地翻堆，避免堆体温度过低，达不到无害化要求。因此，间歇动态发酵的方式更适合污泥好氧发酵。

5.4.1 优点

（1）工艺流程成熟、简单

好氧发酵工艺经过诸多项目验证，已经比较成熟，并且工艺流程设计比较简单，运营操作亦比较粗放，无须使用过多精细化设备和控制系统。

（2）项目投资较低

目前好氧发酵工艺的项目投资，相比其他工艺（如干化、焚烧等）具有一定优势，与厌氧消化工艺的项目投资水平类似。

5.4.2 缺点

（1）出路问题

污泥好氧发酵仅为污泥处理的中间过程，虽进行了一定程度的减量化、稳定化、无害化处理，但仍会产生大量待售或待处置污泥。出路问题成了制约污泥好氧发酵继续发展的重要因素。

（2）成本问题

目前在辅料价格上涨的形势下，污泥好氧发酵成本大幅增加。

5.4.3 适用范围

根据以上优点及缺点分析，污泥好氧发酵适用于有稳定发酵产品出路、辅料及人工成本较低的地区。

5.5 工程案例介绍

5.5.1 秦皇岛绿港某污泥好氧发酵工程

（1）基本概况

秦皇岛绿港某污泥好氧发酵工程于 2010 年 6 月经批准生产试运行，占地约 50 亩（1 亩 =666.67m²），总投资 5980 万元。设计规模为处理污泥 110t/d（暑期高峰为 200t/d），主要负责处理秦皇岛市第一、第二、第三、第四污水处理厂以及山海关污水处理厂产生的污泥，是全国首家采用槽式高温好氧发酵（第二代 CTB 技术）的工艺项目，是国内首个符合市政行业标准和环保标准（臭气达标排放）的规范化城市污泥生物发酵处理厂，并在污泥最佳适用技术案例评选中入选"2010 年度污泥处理处置十大推荐案例"。

（2）工艺流程

本工程工艺流程如图 5-25 所示。

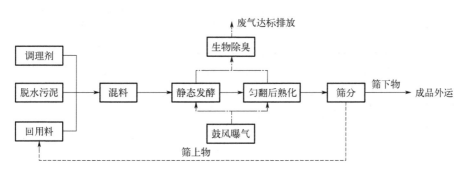

图 5-25　秦皇岛某污泥好氧发酵工程工艺流程图

污水处理厂产生的脱水污泥经污泥车运送到污泥处理厂混料车间，直接倒入污泥料斗，由皮带机运送至混料机。不能及时运入料斗的污泥倒入污泥堆放池临时储存。有机辅料以作物秸秆为主，秸秆经运输车运入厂区后放置于秸秆堆放车间储存，秸秆经粉碎机粉碎后利用铲车倒入秸秆料仓中，由皮带机运送至混料机。回用料由铲车和翻斗车运送至回用料斗，再经皮带机运送至混料机。脱水污泥、秸秆按一定比例混合后通过皮带机落入临时暂存区，再用铲车将混匀的物料倒入发酵槽中。发酵槽装填完毕，经槽式多功能车平整后，安放温度、氧气监测装置，启动发酵过程。发酵过程中根据温度、氧气监测装置获得的数据，进行鼓风机、阀门、翻抛机等设备的控制。

发酵结束后由铲车和翻斗车将腐熟的物料铲出发酵槽，部分用作回用料，其余进入成品仓库，外运处置。对污泥发酵车间、混料车间等产生的臭气，可通过臭气收集系统进行集中除臭处理，采用生物滤池型式。

（3）主要设计参数

根据工程设计的物料衡算图（图 5-26），设计处理污泥含水率为 80%，辅料添加量为进泥量的 12.5%，返混物料量为进泥量的 35%，混合后进槽物料含水率为 64%，过程中水分及有机质损失量为根据中科博联研究的经验值估算的值（经过 20d 好氧发酵，水分和有机质降低 40%），腐熟物料含水率约为 40%。

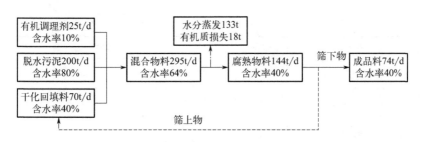

图 5-26　工程设计物料衡算图

该工程主要设计参数汇总如表 5-11 所示。

表 5-11 秦皇岛某污泥好氧发酵工程主要设计参数

序号	设计参数	指标	备注
1	发酵周期 /d	20	—
2	辅料配比 /%	12.5	实际在 30% 左右
3	进料含水率 /%	80	—
4	熟料含水率 /%	40	—
5	C/N	大于 20：1	—
6	发酵槽数量 / 个	20	
7	发酵槽堆高 /m	2	
8	发酵槽宽度 /m	5	
9	发酵槽长度 /m	35	
10	发酵仓总占地 /m	35.0×6.4×18.0	—
11	发酵车间总占地 /m²	6390	
12	曝气量 /[m³/（m³ 物料·min）]	0.1 ～ 0.3	60m³/min，折合 0.2m³/（m³ 物料·min）
13	曝气风机对发酵仓	1 对 3	—
14	曝气风机风压	2 m 对应 9800 Pa	罗茨风机
15	发酵温度 /℃	55 ～ 65	—
16	辅料堆积密度 /（t/m³）	0.3	—
17	辅料堆高 /m	2.0	—
18	除臭风量 /（m³/h）	93000	生物滤池
19	混料车间换气次数 /（次 /h）	3	—
20	发酵车间换气次数 /（次 /h）	3	—
21	配电负荷	3 级	—
22	总装机功率 /kW	687	—

（4）主要设备清单

工程主要设备见表 5-12。

表 5-12 秦皇岛某污泥好氧发酵工程主要设备

序号	名称	数量	型号
1	防拱结污泥料仓	1	容积：30m³
2	防拱结回填料仓	1	容积：20m³
3	混料机	1	型号：HLS650 生产能力：25 ～ 30t/h

序号	名称	数量	型号
4	秸秆料仓	1	容积：20m³
5	筛分机	1	型号：BLSF-1600 电机功率：7.5kW 筛子规格：φ1600mm×6000mm
6	槽式多功能机	1	4.6 m/min，覆盖层 3～6cm
7	液压式深槽翻抛机	1	248m³/h
8	移行车	1	型号：BLYH-540 电机功率：2.2kW 轨距：本机 3500mm，机载 5400mm
9	鼓风机	7	型号：BK10034 风量：140m³/min
10	引风机	3	型号：TF-421B 马达功率：55kW 风量：833CMM 风压：250mmAq 额定电压：380V

注：1CMM=1m³/min；1mmAq=9.80665Pa。

（5）主要经济指标

① 投资　该好氧发酵工程建设时间比较早，于 2009 年运行，至今已有 10 余年，总投资 5980 万元，折合投资 30 万元 /t。

② 运行成本　根据 2019—2021 年的运营情况，由于上游出泥含水率高、辅料添加量大、辅料单价有所增加、发酵肥料出路不太通畅等原因，导致污泥总处理量下降，直接运行成本大幅增加。

（6）目前运行情况

① 运行成本高；

② 处置能力不足，设备老旧、无检修时间，与水厂产泥需求已不匹配；

③ 污泥出路受阻。

秦皇岛某污泥好氧发酵厂运行现场状况见图 5-27。

图 5-27　秦皇岛某污泥好氧发酵厂运行现场状况

5.5.2　海口生物资源某好氧发酵工程

（1）基本情况

海口生物资源某好氧发酵工程是海南省重点项目，也是国家中央预算资金重点支持项目，项目占地面积在 5～6hm²，厂区平面图见图 5-28。该项目规划负责海口市及其周边市县的市政污水处理厂污泥的处理处置，通过采用污泥高温好氧发酵＋二次腐熟工艺，解决污泥减量化、稳定化、无害化处置问题，并实现污泥经济循环利用。

图 5-28　海口生物资源某好氧发酵工程平面图

该工程于 2017 年建成，工程一期处理含水率 60% 及含水率 80% 的污泥量为 240t/d（统一按含水率 80% 计算），二期处理含水率 60% 及含水率 80% 的污泥量为 120t/d（统一按含水率 80% 计算）。

污泥处理后应满足《城镇污水处理厂污泥处置　园林绿化用泥质》（GB/T 23486—2009）和《城镇污水处理厂污泥处置　混合填埋用泥质》（GB/T 23485—2009）的要求。

① 实际处理量　项目实际接收海口市下辖全部污水处理厂的污泥，含水率包括 60% 和 80% 两类。其中包括白沙门项目经过高压板框脱水后含水率 60% 的污泥 100t/d，其他项目含水率 80% 的污泥 40t/d，污泥混合后平均含水率为 65.7%。每天处理混合后的污泥 140t，折合成含水率 80% 的污泥处理量为 240t/d。

② 建构筑物　主要为综合主厂房，其中包含污泥接收间、辅料储存间、鼓风机房、返混料储存间、混料间、发酵车间、制肥车间等，合计 140.35m×131.80m，单层设计，层高 11.3m，采用框架结构。此外还包括机修仓库、消防泵房、配电间、办公楼、除臭基础设施等，在此不做具体描述。

（2）工艺流程

白沙门项目通过高压板框脱水工艺将白沙门一期、二期污水处理厂产生的污泥由含水率 97.5% 脱水至 60%，使用粉碎机将污泥直径破碎至 2mm 左右后，运送到海口好氧发酵厂进行好氧发酵。海口市其他污水处理厂，将含水率 80% 的污泥直接运送到海口好氧发酵厂进行好氧发酵。

① 进料 含水率为 80% 的污泥由车辆运输到污泥料仓，含水率为 60% 的污泥由白沙门项目污泥车运输到返混料仓，料仓下部设有阀门和螺旋输送机，通过调节阀门开度和螺旋输送机转速，控制污泥以一定的速度落入皮带机。

由于进厂污泥含水率高，孔隙率低，不适于直接好氧发酵，故需要添加一定比例的调理剂（采用发酵腐熟后含水率 40% 左右的产品以及粉碎后的作物秸秆），腐熟好氧发酵和作物秸秆也通过料仓落入皮带机，再经皮带机输送至混料机。

② 混料 污泥、有机辅料和回流腐熟料在专用混料机中充分混合，使进入发酵车间的物料具有适宜好氧发酵的含水率，保证混合料结构松散，达到好氧发酵特定的 FAS 值（即自由空域，堆料中的气体体积与堆料总体积之比）。混匀的物料从混料机出口经皮带机送入翻斗车中，再由自卸车送入发酵仓。

③ 发酵 混合物料送入发酵仓（图 5-29），插入温度监测探头，并由计算机控制系统启动发酵过程。发酵开始后，在鼓风机提供氧气的条件下，好氧微生物迅速增殖。项目采用正压曝气方式。堆体温度迅速升高，2～3d 后堆体进入高温期。为达到充分杀灭病原菌和杂草种子的目的，实现物料的稳定化和无害化，需保证堆体温度维持在 50℃以上的时间在 5d 以上。

图 5-29 海口生物资源某好氧发酵工程发酵仓

完成主发酵后，堆体进入腐熟阶段，腐熟阶段在按设定程序进行曝气的同时，由匀翻机匀翻供氧，通过物料翻动使静态好氧发酵过程中未充分腐熟的死角物料达到腐熟，从而保证成品的质量。

为实现自动控制，发酵仓中设有温度监测探头，探头采集的数据经信号采集器输入计算机控制系统，计算机控制系统通过在线监测的温度等参数来实现自动调节控制鼓风强度和鼓风时间，从而保证生物好氧发酵的效果。发酵车间内还安装有环境监测探头，可在线监测厂内环境中 NH_3、H_2S 等有害气体的浓度，当有害气体浓度达到预设危害浓度时，系统报警并开启预警系统，启动除臭系统。

④ 除臭　采用过程监控与末端处理相结合的方式对车间内臭气进行处理，其中末端处理采用生物滤池除臭装置。

混料区内设置硫化氢和氨气在线监测探头各 2 套，发酵车间内设置硫化氢和氨气在线监测探头各 4 套，自控系统通过监测探头对车间内部的臭气量进行实时在线监测。

⑤ 制肥　污泥经过一次好氧发酵处理后，含水率降至 40% 以下，体积大大减小，初步达到了稳定化、无害化目的。产生的物料作为基肥底料送入制肥车间，其后端制肥工艺流程见图 5-30。首先用铲车按照配方比例将腐熟料、其他辅料运送至二次发酵位置建垛发酵，随后用翻抛机进行翻抛。二次发酵结束后，根据不同的市场需求和不同功能肥料的要求，按照配方使用相应的生产设备进行加工，通过破碎、搅拌、调理调制、造粒等工艺，制造成营养土、栽培基质、有机肥等产品。包装之后对每一批次的肥料进行质量检测，符合国家肥料标准之后，准予入库出厂。

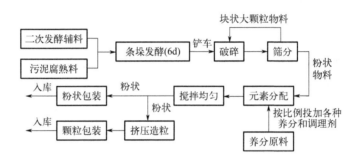

图 5-30　后端制肥工艺流程

（3）主要设计参数

工程的主要设计参数见表 5-13。

表 5-13　海口生物资源某好氧发酵工程主要设计参数

序号	设计参数	指标	备注
1	发酵周期 /d	24	—
2	辅料配比 /%	10	实际为 30%
3	进料含水率 /%	60	实际在 65% 左右
4	熟料含水率 /%	40	—
5	C/N	（25～35）：1	—
6	发酵槽数量 / 个	18	辅料的增加增大了成本，同时发酵周期缩短，污泥处理量下降
7	发酵槽堆高 /m	1.8	
8	发酵槽宽度 /m	5	
9	发酵槽长度 /m	41	

序号	设计参数	指标	备注
10	发酵槽设计利用率	2/3	—
11	曝气量 /（m³/m³ 污泥）	0.4	—
12	风机供给量	1 机带 3 槽	—
13	发酵腐熟料储存时间 /d	20	—
14	辅料储存时间 /d	20	—
15	辅料间堆高 /m	2.5	—
16	臭气风量 /（m³/h）	180000	—
17	封闭单元数量 / 个	9	两槽一个单元
18	除臭封闭单元高度 /m	4.2	—
19	发酵除臭换气次数 /（次 /h）	8	—
20	制肥除臭换气次数（次 /h）	3	—
21	全厂运行功率 /kW	1301	—

（4）主要设备

该工程的主要设备见表 5-14。

表 5-14　海口生物资源某好氧发酵工程主要设备

序号	设备名称	规格参数	数量
发酵系统			
1	污泥料仓	V=25m³；输送量在 0 ～ 25m³/h	1 套
2	调理剂料仓	V=25m³；输送量在 0 ～ 25m³/h	1 套
3	返混料料仓	V=25m³；输送量在 0 ～ 25m³/h	1 套
4	混料机	$Q \geqslant$ 90m³/h	1 台
5	匀翻机	翻抛能力≥90m³/h	1 台
6	移行车	—	1 台
7	罗茨风机	Q=135m³/min；P=9800Pa	6 台
筛分系统			
1	筛分机	$Q \geqslant$ 45m³/h	1 台
2	腐熟料料仓	V=10m³	1 套

序号	设备名称	规格参数	数量
除臭系统			
1	离心风机	Q=50000m³/h；P=2200Pa	4 台
2	离心风机	Q=50000m³/h；P=3000Pa	4 台
3	循环水泵	Q=25m³/h；H=32m	9 台
除尘系统			
1	离心风机	Q=30000m³/h；P=2000Pa	1 台
2	离心风机	Q=30000m³/h；P=2200Pa	1 台
3	循环水泵	Q=25m³/h；H=32m	3 台
制肥系统			
1	双轴搅拌机	10 ～ 18t/h	1 台
2	双级粉碎机	6 ～ 8t/h	2 台
3	滚筒筛	15 ～ 25t/h	1 台
4	环模挤压造粒机	5 ～ 6t/h	2 台

（5）主要经济指标

① 投资 该污泥处理工程概算投资为 62 万元 /t。

② 运行成本 其成本包含辅料、污泥运输、电耗、油耗、人工成本，未包含废水处理费、大修维护费以及后续成品处置费等。

（6）运行中的问题

① 产品出路需重视，并积极开拓。

② 海口市污泥产量已经超过 240t/d，厂区无法消纳所有污水厂产泥。

③ 辅料添加量多，导致运行成本增加。

5.5.3 朔州市某污泥集中处置工程

（1）基本情况

该项目位于朔州市第一污水处理厂空地区域，设计处理规模为 40t/d（干基质 16t DS/d），污泥含水率为 55% ～ 65%。项目占地面积约 8200m²，其中污泥处理设施占地面积约 4000m²，预留远期用地约 4200m²，近期可用作物料堆场或进行园林绿化实现污泥的资源化利用（出泥含水率≤ 40%）。工程现场照片见图 5-31。

图 5-31 朔州市某污泥集中处置工程现场

（2）工艺流程

工程的工艺流程见图 5-32。

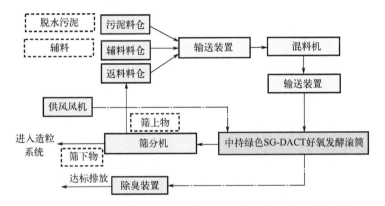

图 5-32 朔州市某污泥集中处置工程污泥滚筒发酵工艺流程图

工艺由以下几个子系统组成：前处理系统、好氧发酵系统、后处理系统、废气收集处理系统及配套电气自控系统组成。

① 前处理系统　含水率 60% 的脱水污泥 40t，通过车辆输送至污泥料仓中，辅料和返料通过车辆输送至辅料/返料料仓中，料仓下部设有螺旋输送器，通过调节螺旋输送器的转速，将污泥、辅料和返料以一定的速度通过螺旋输送器运送至混料机进行混合。

② 好氧发酵系统　发酵滚筒在水平方向上倾斜放置，逆物料移动方向强制供气。物料进入发酵滚筒后，在滚筒的转动和抄料板的组合作用下，沿旋转方向提升，然后利用自身重量落下。通过如此反复升落，物料被均匀翻抛，并通过微生物的作用进行发酵。发酵滚筒经保温处理，系统热损失小，可保持较高温度，提高反应速率。严格的密闭环境和智能通风设计能够确保滚筒好氧发酵产生的臭气和水蒸气被定量排出，并同时补充新鲜空气。这样既能保证滚筒内的氧气供应，又能有效排出臭气和水蒸气，实现臭气的集中处理和物料干燥。物料经 5 ～ 7d 发酵后排出。

③ 后处理系统　发酵滚筒出料经过出料皮带输送机输送至筛分机，物料经过筛分后，筛下物暂存，可进行资源化利用，筛上物作为返料返回辅料/返料料仓作为返料使

用。后处理系统设有发酵滚筒放空系统以及筛分、上料系统。

④ 废气收集处理系统 从滚筒前端进行抽气,用于对高温好氧发酵滚筒产生的水汽、少量臭气进行收集和集中处理,臭气处理后应满足《城镇污水处理厂污染物排放标准》(GB 18918—2002)中的二级标准。

测算的物料平衡如图 5-33 所示。

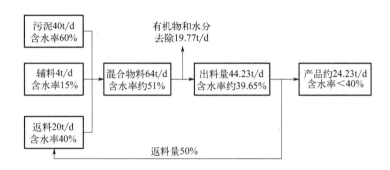

图 5-33 朔州市某污泥集中处置工程污泥滚筒发酵物料平衡图

（3）主要设计参数

工程的主要设计参数见表 5-15。

表 5-15 朔州市某污泥集中处置工程主要设计参数

序号	设计参数	指标	备注
1	污泥处理量 /（t DS/d）	16	折合 60% 含水率污泥量约 40t/d
2	进料含水率 /%	60	—
3	进泥有机物 /%	60.5	—
4	进泥 pH 值	6 ～ 9	—
5	设计辅料投加比	小于 10%	根据污泥含水率及有机物量调节
6	返料量 /%	50	—
7	熟（返）料含水率 /%	40	—
8	混合料 C/N	（20 ～ 30）∶1	—
9	混合料含水率 /%	50 ～ 60	—
10	滚筒数量 / 台	2	—
11	单台反应器有效容积 /m³	276	—
12	反应器发酵周期 /d	5 ～ 7	—

序号	设计参数	指标	备注
13	55℃以上温度控制 /d	3～5	—
14	好氧发酵终止指标	含水率（40±5）%、温度降至30℃以下	—
15	滚筒供风量设计 /[m³/（min·m³ 物料）]	0.2～0.5	—
16	发酵腐熟料储存时间 /d	15	—
17	辅料储存时间 /d	10	—
18	辅料间堆高 /m	2.5	—
19	设计除臭风量 /（m³/h）	7000	—
20	装机功率 /kW	332	—
21	运行功率 /kW	218	—

（4）主要设备

该工程的主要工艺设备见表5-16。

表 5-16 朔州市某污泥集中处置工程主要工艺设备

序号	名称	规格型号	数量
1	污泥料仓	有效容积 20m³	1 台
2	辅料/返料料仓	有效容积 20m³	1 台
3	混料机	混合能力 0～14m³/h	1 台
4	发酵滚筒	单台处理能力 20t/d，60% 含水率，尺寸 $\phi \times L$=3.5m×36m	2 台
5	供风风机	风量 3000m³/h，风压 3.8kPa，变频风机	4 台
6	筛分机	筛分能力 12m³/h，筛孔直径 8mm	1 台
7	除臭装置	风量 7000m³/h，风压 1900Pa	1 套

（5）主要经济指标

① 投资　该工程于 2018 年建设，工程概算总投资 2920.88 万元，设计处理污泥量为 40t/d（含水率 60% 污泥），折合投资为 73 万元 /t（含水率 60% 污泥）。

② 运行成本　根据设计测算，直接运行成本为 283.93 万元 /a，折合污泥直接运行成本为 194.47 元 /t（含水率 60% 污泥），其中包括电和油等能源动力费、辅料费、人工成本、维修管理费，未包括末端产品外运（处置）费、废水处理费（污水厂内）等。

（6）运行情况

进泥含石灰量较大，pH 值偏高，对发酵温度等影响较大。

5.6 技术经济分析

好氧发酵相比于焚烧等其他污泥处置技术具有投资低的优势，但也存在一些问题，如部分项目工艺设备运行稳定性差、占地面积大、辅料添加量大、成品出路不畅等，推荐在辅料价格低、出路有保障、用地富裕等情况下应用。

对近年来污泥好氧发酵工程的占地面积、工程投资及运行成本情况收集汇总如下。

5.6.1 占地面积

表 5-17 统计了国内部分污泥好氧发酵工程占地面积的情况，可以看出单位质量占地面积波动较大，从 62m²/t 到 426m²/t。若仅考虑 2016 年以来的项目，其单位质量占地为 62 ～ 263m²/t，平均在 150 ～ 160m²/t，与《城镇污水处理厂污泥处理处置技术指南（试行）》中 150 ～ 200m²/t 的建议基本一致。

表 5-17　国内部分污泥好氧发酵工程占地面积汇总

序号	名称（年份）	处理规模 /（t/d）	占地面积 /m²	单位质量占地 /（m²/t）
1	秦皇岛绿港某污泥好氧发酵工程（2009）	200	33000	165
2	海口生物资源某好氧发酵工程（2017）	240	54923	229
3	周口污泥堆肥项目（2016）	200	52670	263
4	遵化市有机固废堆肥项目（2018）	60	6667	111
5	武汉汉西污水处理厂污泥工程（2016）	325	20000	62
6	贵州仁怀市污泥堆肥项目（2019）	45	8000	178
7	青岛娄山河污泥堆肥项目（2017）	300	30000	100
8	安徽森敷污泥生产生物堆肥项目（2018）	180	11124	62
9	郑州八岗污泥堆肥项目（2009）	600	256000	426
10	长春市污水处理厂污泥堆肥项目（2010）	400	113405	283
11	洛阳市瀍东污水处理厂污泥堆肥项目（2007）	228	126152	553
12	沈阳市污水处理厂污泥堆肥项目（2012）	1000	130000	130
13	天津张贯庄污泥堆肥项目（2012）	300	19500	65

序号	名称（年份）	处理规模/（t/d）	占地面积/m²	单位质量占地/（m²/t）
14	包头市污泥堆肥项目（2017）	300	34000	113
15	南阳市污泥堆肥项目（2017）	200	46669	233
16	郑州双桥污水厂污泥处理项目（2017）	600	62700	105
17	朔州市某污泥集中处置工程（2018）	40	8200	205

5.6.2 工程投资

表 5-18 对国内部分污泥好氧发酵工程的投资进行了统计，可以看出污泥好氧发酵项目单位质量投资在 22 万～ 89 万元 /t，波动幅度比较大。因部分项目建设年代久远，早期项目对除臭等方面的设施考虑较少。若仅统计 2016 年以来的项目，其单位质量投资波动范围可缩小到 33 万～ 89 万元 /t。单位质量投资的波动范围不仅与项目的设备优良程度和自动化水平有关，还与处理量密切相关。进一步将自 2016 年以来的项目按处理量划分为 100t/d 以下和 100t/d 以上进行分析，规模在 100t/d 以下的项目，单位质量投资在 75 万～ 89 万元 /t，规模在 100t/d 以上的项目，单位质量投资在 33 万～ 62 万元 /t。

表 5-18　国内部分污泥好氧发酵工程投资汇总

序号	名称（年份）	处理规模/（t/d）	总投资/万元	单位质量投资/（万元/t）
1	秦皇岛绿港某污泥好氧发酵工程（2009）	200	5200	26
2	海口生物资源好氧发酵工程（2017）	240	14886	62
3	周口污泥堆肥项目（2016）	200	8650	43
4	滕州市城市有机固废生物转化中心（2018）	350	13900	40
5	遵化市有机固废堆肥项目（2018）	60	4500	75
6	武汉汉西污水处理厂污泥工程（2016）	325	10600	33
7	贵州仁怀市污泥堆肥项目（2019）	45	4000	89
8	青岛娄山河污泥堆肥项目（2017）	300	16800	56
9	安徽森敷污泥生产生物堆肥项目（2018）	180	8100	45
10	郑州八岗污泥堆肥项目（2009）	600	25750	43
11	长春市污水处理厂污泥堆肥项目（2010）	400	17843	45

序号	名称（年份）	处理规模 /（t/d）	总投资 /万元	单位质量投资 /（万元/t）
12	唐山市城市污泥堆肥项目（2011）	400	8500	22
13	洛阳市瀍东污水处理厂污泥堆肥项目（2007）	228	6434	28
14	沈阳市污水处理厂污泥堆肥项目（2012）	1000	30000	30
15	天津张贯庄污泥堆肥项目（2012）	300	10000	33
16	哈尔滨市龙吉洁污泥处置工程（2017）	200	11400	57
17	河南新乡污泥堆肥项目（2012）	300	11900	40
18	包头市污泥堆肥项目（2017）	300	18600	62
19	南阳市污泥堆肥项目（2017）	200	9700	49

5.6.3 运行成本

污泥好氧发酵工程的运行成本包括人工、电耗、辅料、药剂、设备折旧、维修等因素，其中人工和辅料的影响较大，不同的厂内除臭标准对成本影响也较大。此外，有些项目的实际处理规模小于设计规模，从而导致其实际处理费用较高、稳定的出路受限（出路受季节性波动限制）、原建设标准低等。因此，稳定的出路保障和价格低廉的辅料供应对好氧发酵项目的运营十分重要。

第 6 章

污泥厌氧消化

根据上海市政工程设计研究总院在 2014 年所编的相关资料，当时仅有 60 余座城镇污水处理厂建有或在建污泥厌氧消化系统，其中只有不到 20 座能够正常运行，其余均未运行或停运。这些项目主要集中于北京、上海、天津、重庆和青岛等地，大规模污泥厌氧消化项目在国内应用并不普遍。

6.1　污泥厌氧消化原理及分类

6.1.1　污泥厌氧消化原理

污泥厌氧消化是指在厌氧条件下，通过厌氧菌和兼性厌氧菌的作用，污泥中可生物降解的有机物被降解成 CH_4、CO_2 等物质的过程，可通过厌氧消化实现污泥的减量化、稳定化、无害化和资源化。

厌氧消化是多种微生物协同参与的多阶段复杂生化过程，对于该过程，目前存在多种理论，包括两阶段理论、三阶段理论、四阶段理论等，目前认可度比较高的是三阶段理论与四阶段理论。

在三阶段理论中，厌氧消化过程分为水解与发酵阶段、产乙酸与脱氢阶段和产甲烷阶段。各阶段之间互相联系且互相影响，各个阶段都有特定的微生物群体参与，如图 6-1 所示。

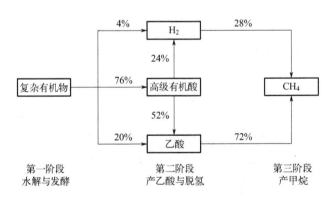

图 6-1　三阶段厌氧消化原理示意图

第一阶段，在水解和发酵菌群的作用下，碳水化合物、蛋白质和脂肪等高分子有机物经水解和发酵转化为单糖、氨基酸、脂肪酸、甘油、CO_2 和 H_2 等。水解过程中复杂的非溶解性聚合物被转化为简单的溶解性单体或二聚体，高分子有机物首先在胞外酶的水解作用下转化为小分子物质。发酵过程中水解产生的小分子物质在发酵细菌细胞内转化为以更为简单的挥发性脂肪酸为主的末端产物，并被分泌到细胞外。这一阶段的末端产物主要有挥发性脂肪酸、醇、乳酸、氨、CO_2、H_2、H_2S 等。

第二阶段，在产氢产乙酸菌作用下，将第一阶段的产物转化为 H_2、CO_2 和 CH_3COOH（乙酸）。

第三阶段，在两组生理特性不同的产甲烷菌作用下，将 H_2 和 CO_2 转化为 CH_4，或通过 CH_3COOH 脱羧产生 CH_4。在产甲烷阶段，绝大部分能量被用于维持细菌生存，只有小部分能量用于合成新细菌，故细胞的增殖有限。在厌氧消化过程中，由 CH_3COOH 转化的 CH_4 量约占总量的 2/3，由 H_2 和 CO_2 转化的 CH_4 量约占总量的 1/3。

$$2CH_3COOH \longrightarrow 2CH_4 + 2CO_2$$

本过程主要由甲烷丝菌主导。

$$4H_2 + CO_2 \longrightarrow CH_4 + 2H_2O$$

本过程主要由甲烷八叠球菌主导。

主要厌氧消化产甲烷菌种如图 6-2 所示。

(a) 甲烷丝菌　　　　　　　　(b) 甲烷八叠球菌

图 6-2　主要厌氧消化产甲烷菌种

四阶段理论认为，参与厌氧消化反应的微生物，除水解发酵菌、产氢产乙酸菌、产甲烷菌外，还有一个同型产乙酸菌种群，这类菌可将部分中间代谢物 H_2 和 CO_2 转化为 CH_3COOH。由四阶段厌氧消化原理（图 6-3）可知，复杂有机物在水解发酵菌的作用下被转化为高级有机酸、醇类，高级有机酸、醇类又在产氢产乙酸菌的作用下转化为 CH_3COOH、H_2/CO_2、CH_3OH（甲醇）、$HCOOH$（甲酸）等。同型产乙酸菌将少部分 H_2 和 CO_2 转化为 CH_3COOH。最后，产甲烷菌把 CH_3COOH、H_2/CO_2、CH_3OH、$HCOOH$ 等分解为最终产物——CH_4 和 CO_2。

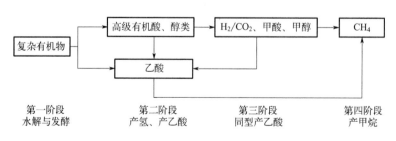

图 6-3　四阶段厌氧消化原理示意图

6.1.2 污泥厌氧消化分类

根据不同的分类方式，污泥厌氧消化可划分为不同的类别。通常可按温度、固体含量、运行分级、运行分相、是否预处理进行分类。

（1）按温度分类

按污泥消化温度，可分为中温厌氧消化和高温厌氧消化，对比见表6-1。

表6-1　中温和高温厌氧消化对比表

对比项	中温厌氧消化	高温厌氧消化
温度范围 /℃	30～38	50～57
实际控制温度 /℃	35±2	55±2
挥发性有机物负荷 /[kg/(m³·d)]	0.6～1.5	2.0～2.8
产气量 /[m³/(m³·d)]	1.0～1.3	3.0～4.0
消化时间 /d	20～30	10～15
优点	①应用广泛 ②能耗低 ③运行相对稳定	①消化时间短，厌氧罐容积小，占地面积小 ②产气率稍高 ③对寄生虫卵的杀灭率在数小时内就可达到90%
缺点	消化时间长	①需要的热量高，运行费用高 ②由于在高温条件下自由 NH_3 的浓度比中温高，沼气中的 NH_3 浓度高

（2）按固体含量（含固率）分类

按污泥含固率，可分为干式厌氧消化和湿式厌氧消化，对比见表6-2。

表6-2　干式和湿式厌氧消化对比表

对比项	干式厌氧消化	湿式厌氧消化
含固率 /%	20～40	8～12
优点	①有机负荷高，抗冲击能力较强 ②预处理简单，反应器小 ③热耗低，废水处理费用相对较少	①技术相对成熟，运行稳定 ②一次性投资少 ③产气率高 ④能耗低，自控程度高 ⑤操作简单，检修方便
缺点	①仅适用于高浓度的物料 ②一次性投资较多 ③输送和搅拌难度大，功率高，设备易损坏	①预处理复杂 ②水的耗量大，废水量多

（3）按运行分级分类

按运行分级，可分为一级厌氧消化与两级厌氧消化。

① 一级厌氧消化：在一个厌氧消化装置内完成整个厌氧消化过程。

② 两级厌氧消化：污泥在一级消化后，进入二级消化。第一级消化池加热、搅拌和收集沼气，第二级消化池不加热、不搅拌，利用第一级的余热继续消化，其主要功能是浓缩污泥和排出上清液。

在中温消化过程中，消化时间和产气率存在明显的分级现象。

如图 6-4 所示，在反应前 8 天，厌氧消化的产气率占总产气率的 75% 左右，之后产气率增长缓慢，直到 30d 左右达到 100%。由此考虑设置两级消化池。一级消化池设有加温（消化温度 33～35℃）和搅拌装置，对沼气进行收集，之后污泥进入二级消化池。二级消化池不设置加温和搅拌装置，主要起到污泥储存、浓缩和调节的作用，消化温度在 20～26℃，对少量沼气进行收集。通常一级消化池停留时间设置在 20～21d，二级消化池设置在 6～8d。

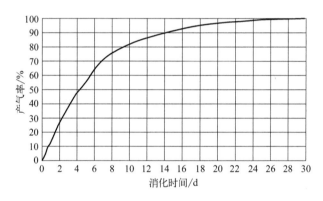

图 6-4　消化时间与产气率关系

（4）按运行分相分类

按运行分相，可分为单相厌氧消化和两相厌氧消化。

① 单相厌氧消化：即为单级厌氧消化，全过程在一个厌氧消化装置内完成。

② 两相厌氧消化：厌氧消化是一个复杂的生物学过程，复杂有机物的厌氧消化一般经历水解发酵菌、产氢产乙酸菌、同型产乙酸菌和产甲烷菌等四类细菌群的接替转化。从生物学的角度来看，由于水解菌和产酸菌是共生菌，因而把水解发酵菌、产氢产乙酸菌和同型产乙酸菌归为一相，即产酸相，而把产甲烷菌归为另一相，即产甲烷相。通过对非产甲烷菌和产甲烷菌的研究发现，非产甲烷菌种类繁多，生长较快，对环境条件变化不太敏感，而产甲烷菌则恰好相反，其专一性较强，对环境条件要求苛刻，繁殖缓慢。依据两相工艺理论，把产酸和产甲烷两相分离在两个串联反应器内，产酸相主要提高物料的可生化性（即乙酸化），产甲烷相主要完成 BOD 和 COD 的去除，使不同种类的微生物充分发挥自身活性，提高处理效率和容积负荷，降低反应容器容积。

（5）按是否预处理分类

按污泥是否进行预处理，可分为传统厌氧消化和热水解＋厌氧消化等。

6.1.3　污泥厌氧消化影响因素

污泥厌氧消化影响因素有很多，温度、pH值、污泥成分、搅拌混合程度、毒性物质，甚至污泥种类等都会影响污泥的厌氧消化效果，以下对其中五项影响因素做具体介绍。

（1）温度

温度是污泥厌氧消化过程中非常重要的参数，其对底物和产物物理化学特性、微生物生长活性和代谢速率以及生物多样性均有影响。

厌氧消化对温度的敏感性较高，研究表明在污泥厌氧消化过程中，温度发生 ±3℃ 的变化时，就会抑制污泥的厌氧消化速率，温度发生 ±5℃ 的变化时，就会突然停止产气，并形成挥发性脂肪酸（VFA），从而破坏厌氧系统。因此厌氧消化温度的变化波动一般需控制在 ±1℃，最多为 ±2℃。

中温厌氧消化时，消化温度在 30 ～ 38℃ 之间，实际控制温度在（35±2）℃。在中温厌氧消化条件下，挥发性有机物负荷为 0.6 ～ 1.5kg VS/(m³·d)（VS 表示挥发性固体），产气量为 1.0 ～ 1.3m³/(m³·d)，消化时间通常在 20 ～ 30d。

高温厌氧消化时，消化温度在 50 ～ 57℃ 之间，一般实际控制温度在（55±2）℃。高温厌氧消化条件下，挥发性有机物负荷为 2.0 ～ 2.8kg VS/(m³·d)，产气量为 3.0 ～ 4.0 m³/(m³·d)，消化时间通常在 10 ～ 15d。

图 6-5 为污泥厌氧消化温度与污泥产气量的关系。

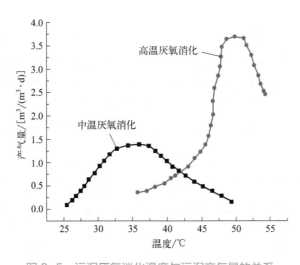

图 6-5　污泥厌氧消化温度与污泥产气量的关系

由图 6-5 可知：

1）污泥厌氧消化具有两个产气量峰值

中温厌氧消化和高温厌氧消化的产气量峰值点分别在35℃与51℃左右，两个峰值点大致也是中温厌氧消化和高温厌氧消化的设计温度控制点，温度波动通常设置在两个温度控制点上下波动2℃的范围内。

2）污泥厌氧消化两波峰具有交叉点

中温厌氧消化和高温厌氧消化存在交叉点，在42℃左右，在该温度时，中温厌氧消化和高温厌氧消化的产气效果均较差。

（2）pH 值

pH 值可能会改变厌氧消化系统中各种阴、阳离子的形态，从而影响微生物对污泥底物的利用情况。pH 值会影响氨基酸等电点，从而影响菌体带电性。受等电点影响，不同微生物有各自适宜生长的最佳 pH 值范围，当厌氧消化系统的 pH 值超出该范围时，微生物的活性就会显著下降。

产甲烷菌对 pH 值的变化非常敏感，其适宜的 pH 值范围较窄，通常在 6.6～7.5；而水解发酵菌和产酸菌适宜的 pH 值范围较宽，在 5.0～8.5；两者共存时，pH 值在 7.0～7.6 最适宜。

厌氧消化过程中，水解酸化产生的有机酸会引起 pH 值下降，当酸积累过多时，产甲烷菌则会受到抑制，从而导致整个厌氧消化系统酸化。另外，产甲烷菌在利用有机酸时会产生 CO_2，同时氨代谢和硫酸盐还原也会产生碳酸盐或碳酸氢盐，这些代谢产物会使溶液的碱度或 pH 值升高，从而起到缓冲溶液的作用，阻止厌氧消化系统的酸化现象。

为了确保厌氧消化的稳定性，一般要求将厌氧消化的碱度控制在 2000mg/L 左右，以起到较好的缓冲作用，维持 pH 值的稳定。

（3）碳氮比

微生物的生命活动需要适量的 C、N、P、S 和微量元素等营养物质。常规的城镇污水处理厂污泥中这些元素都大量存在，但若上述元素的浓度或比例不合适，就会影响厌氧消化的稳定性。一般来说，碳氮比（C/N）为（10～16）：1 较为合适。若 C/N 太高，则消化液 pH 值易降低，从而造成酸化；若 C/N 太低，则氨易积累，产生氨抑制。根据研究者的研究，污水厂污泥可生物降解底物含量及 C/N 如表 6-3 所示。

表 6-3　各种污泥可生物降解底物含量及 C/N

项目	污泥种类		
	初沉污泥	活性污泥	混合污泥
碳水化合物 /%	32.0	16.5	26.3
脂肪和脂肪酸 /%	35.0	17.5	28.5
蛋白质 /%	39.0	66.0	45.2
C/N	（9.4～10.4）：1	（4.6～5.0）：1	（6.8～7.5）：1

（4）搅拌混合程度

厌氧消化的搅拌与混合可使投入的新鲜污泥与原有的已降解污泥均匀接触，加速其热传导，有助于释放生化反应产生的 CH_4 和 H_2S 等抑制厌氧菌活性的气体，同时还可防止污泥分层及破除消化池液面浮渣层。充分、均匀的搅拌与混合是污泥厌氧消化池稳定运行的关键因素之一。

按照工作原理不同，一般可将搅拌分为机械搅拌、气体搅拌、泵循环搅拌。机械搅拌的搅拌效果要优于其他搅拌，一般每 4h 进行一次搅拌。在含固率较高（1.5% 以上）的情况下，搅拌器设置尤为重要，搅拌可以保证污泥与微生物充分接触，达到较高的传质效率，同时避免 VFA 积累。当搅拌转速为 700r/min 时，系统有机质降解率较高。

（5）毒性物质

在污泥厌氧消化过程中，毒性物质的影响是相对的，污泥中的某些重金属元素（如 Cu、Cr、Ni 等）和有机化合物（如酚类等）的含量超过一定量时，会对污泥厌氧消化的稳定性产生破坏。重金属中，毒性最大的是 Pb，其次是 Cd、Ni、Cu、Zn，碱金属的毒性按 Na、K 依次增加。表 6-4 为污泥厌氧消化过程中无机物质对厌氧菌的抑制浓度。

表 6-4　污泥厌氧消化过程中无机物质对厌氧菌的抑制浓度　　　　　　单位：mg/L

基质	中等抑制浓度	强烈抑制浓度
Na^+	3500～5500	8000
K^+	2500～4500	12000
Ca^{2+}	2500～4500	8000
Mg^{2+}	1000～1500	3000
NH_3-N	1000～3000	3000
硫化物	200	200
Cu	—	0.5（可溶），50～70（总量）
Cr^{6+}	—	3.0（可溶），200～250（总量）
Cr^{3+}	—	180～420（总量）
Ni	—	2.0（可溶），30.0（总量）
Zn	—	1.0（可溶）

6.2　工艺流程及参数

6.2.1　工艺流程

污泥厌氧消化项目工艺流程根据进泥性质和污泥预处理方法等的不同，分为传统污泥厌氧消化工艺、脱水后污泥厌氧消化工艺、高温热水解后污泥厌氧消化工艺等,以下分别对每种工艺流程进行介绍。

（1）传统污泥厌氧消化工艺流程

一般在污水厂内建设,无须特殊预处理,见图6-6。

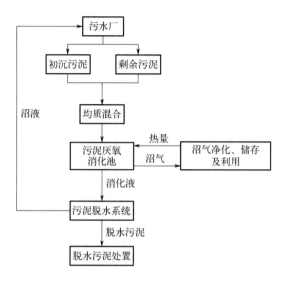

图6-6　传统污泥厌氧消化工艺流程图

① 污泥浓缩及均质混合:初沉污泥和剩余污泥经过浓缩后,通过搅拌、粉碎、除杂后混合均匀。

② 污泥厌氧消化:经过调配、均质混合后的污泥泵送到污泥厌氧消化池,在池体内进行厌氧消化产沼气。

③ 沼气净化、储存及利用:所产沼气经过沼气净化、储存后被利用,沼气利用方式主要有沼气发电和用于沼气锅炉,其产生的烟气余热可回用至污泥厌氧消化池,对污泥进行预热及保温。

④ 污泥脱水:厌氧消化后的消化液,经过污泥脱水后外运处置,污泥脱水后沼液返回污水厂。

传统污泥厌氧消化项目主要包含污泥浓缩及均质系统、厌氧消化系统、沼气净化储存及利用系统、污泥脱水系统等。

（2）脱水后污泥厌氧消化工艺流程

不在污水厂内建设,外运污泥,或建设在污水厂内,处理外来污水厂污泥及本厂污泥,见图6-7。

① 各污水厂含水率80%的脱水污泥通过车载运输到厌氧消化车间,与本厂的剩余污泥以及稀释水混合调质;

② 厌氧消化，沼气净化、储存及利用，污泥脱水，污水处理等均与传统污泥厌氧消化工艺流程一致。

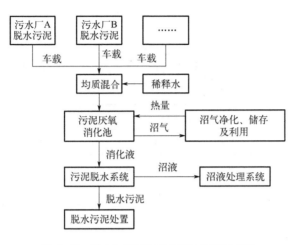

图 6-7　脱水后污泥厌氧消化工艺流程图

（3）高温热水解后污泥厌氧消化工艺流程

污水厂内、污水厂外均有项目案例。图 6-8 为高温热水解后污泥厌氧消化工艺流程图，与传统污泥厌氧消化工艺相比，在调质环节、预处理热水解环节及沼液处理环节上有所不同。

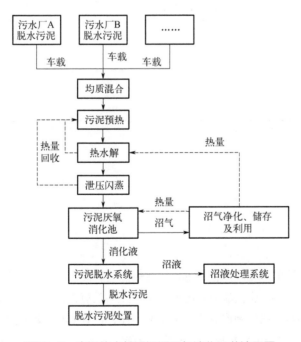

图 6-8　高温热水解后污泥厌氧消化工艺流程图

6.2.2 工艺参数

污泥厌氧消化项目主要设计参数（以传统污泥中温厌氧消化为例）汇总见表6-5。

表 6-5　污泥厌氧消化项目主要设计参数

序号	设计内容	指标
1	厌氧进泥含水率 /%	94～98
2	厌氧进泥含固率 /%	2～6
3	厌氧消化池进泥粒径限制 /mm	＜0.2
4	厌氧消化池纤维长度限制 /mm	＜40
5	厌氧消化时间 /d	20～30
6	厌氧消化池 VS 负荷 /[kg VS/（m³·d）]	0.6～2.3
7	厌氧消化有机物降解率 /%	35～45
8	污泥厌氧沼气产气率（标准状况）/[m³/kg VS]	0.75～1.10
9	污泥厌氧管道直径 /mm	≥150
10	沼气出气管管径 /mm	≥100
11	沼气管道设计流速 /（m/s）	≤4
12	沼气柜容积计算停留时间 /h	6～10
13	沼液排放管直径 /mm	≥150
14	污泥厌氧消化运行 pH 值	6.8～7.8
15	温度 /℃	35±2
16	运行 VFA 浓度 /（mg/L）	＜500
17	运行碱度（以 $CaCO_3$ 计）/（mg/L）	2000～5000

6.3　工艺与设备

6.3.1　厌氧消化预处理

因污泥中有机质的生物降解性较低，污泥完全厌氧消化需要相当长的停留时间，即使停留时间达到 20～30d，也仅能降解污泥中 40% 左右的有机物。由于污泥是厌氧菌的基质来源，而污泥主要是由微生物构成的，厌氧菌进行厌氧消化所需要的部分基质存在于污泥微生物细胞内，污泥中微生物细胞的分解以及胞内生物大分子水解，成为污泥厌氧消化的限制因素。因此，促进污泥微生物细胞的分解，增强其可生物降解性，成为了提高污泥厌氧消化速率的一个重要途径，为此出现了各种与污泥破壁相关的厌氧预处理技术。

（1）高温热水解预处理

一般高温热水解预处理的进泥含固率较高，常在15%～20%，利用高温（150～170℃）、高压（0.5～0.6MPa）蒸汽，对高含固率污泥进行热水解和闪蒸处理。经过高温热水解处理后的污泥，其性状会发生如下变化。

① 水解有机物：在高温高压环境下，污泥中的胞外聚合物和大分子有机物发生水解，转化为小分子有机物，这样可以强化物料的可生化性能，加快厌氧消化进程，提高厌氧消化的有机物降解率和产气量。

② 破解细胞壁：高温高压热水解预处理能够破解污泥中微生物的细胞壁，有助于提高污泥的可生物降解性和厌氧消化效率。

③ 改善物料性质：高温高压热水解预处理可以改善物料的流动性，使其更易于输送及处理，同时因为其流动性得到改善，也可以提高污泥厌氧消化池的容积利用率，减小实际消化池容积。

④ 改善卫生性能和脱水性能：高温高压热水解预处理有助于改善污泥的卫生性能，杀灭有害微生物。此外，还可以提高消化液的脱水性能，降低脱水沼渣的含水率，方便后续的沼渣资源化利用。

热水解主体工艺设备布置简图见图6-9。

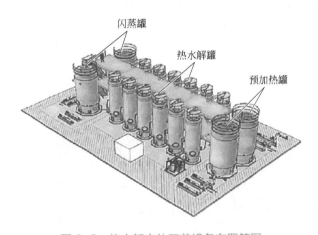

图 6-9　热水解主体工艺设备布置简图

高温高压热水解预处理工艺流程主要包含均质与污泥预热、热水解和泄压闪蒸三个步骤，具体操作步骤如下。

① 通过污泥泵将待处理污泥泵送至预加热罐中；

② 由闪蒸罐中输出的泄压闪蒸蒸汽对预加热罐中的污泥进行预加热，将污泥温度从15℃升至80℃；

③ 预热后的污泥物料在热水解罐中进行热水解反应，反应在 150 ～ 170℃高温和 0.5 ～ 0.6MPa 压力下进行，达到该温度和压力后，一般维持反应时间 30min 左右，热水解反应所需的蒸汽由蒸汽锅炉提供，蒸汽直通热水解罐，与物料直接接触；

④ 当热水解反应结束后，物料泄压至闪蒸罐内进行闪蒸，热水解罐及闪蒸罐的蒸汽乏汽释放至预加热罐中，用于污泥预热；

⑤ 热水解后的污泥释放到缓冲池中储存、降温，供厌氧消化系统利用。

（2）超声波预处理

超声波是一种波长很短的机械波，频率范围一般在 20 ～ 1000kHz，而污泥超声波预处理主要是利用低频超声波，频率一般在 20 ～ 40kHz。

超声波对污泥进行预处理，主要是利用超声波所携带的能量，当具有一定能量的超声波作用于污泥时，会发生一系列的物理化学反应，从而改变污泥性状。这种反应主要是指超声空化物理作用。

超声空化是指在超声波作用下污泥处于负压状态，由超声引起的污泥水分拉力大于内聚力时会产生较多微小气泡。在污泥固态成分和气泡较多的区域，当超声引起的空化拉力远大于污泥水分内聚力时，周边会形成近乎真空的空穴。这些空穴继续在超声波震荡作用下移动，逐渐积聚变大并突然发生内爆破灭，产生瞬时的高温高压（5000K、50MPa）热点和很强的剪切力，以此实现污泥中微生物细胞破壁和絮体结构的破解，释放出微生物细胞质和絮体中的有机质，从而使污泥中的有机质更易被厌氧微生物利用，显著加速污泥的厌氧消化进程，其过程简图如图 6-10 所示。

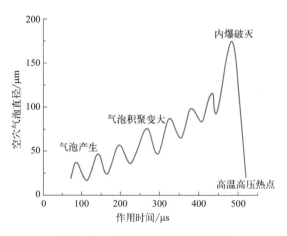

图 6-10　超声波预处理过程简图

污泥超声波预处理是一个复杂的物理化学过程，其影响因素较多，主要有污泥成分、超声波频率、超声波强度、作用时间等。

（3）碱解预处理

碱解预处理是通过添加碱性物质，如 NaOH 等，促进污泥中纤维成分溶解的污泥预处理方法。与未经预处理的污泥相比，碱解处理后，污泥水解产物中溶解性 COD（SCOD）增加，其中可被微生物分解的水解产物亦增加，使得污泥中纤维素类有机质更易被厌氧微生物利用，从而加速厌氧消化进程。同时，碱解处理还可促进污泥中脂类和蛋白类有机质的利用，提高污泥的整体产气率。

通过碱解试验研究发现，较低的 pH 值能破坏污泥絮体结构，但不能破坏微生物的细胞结构，较高的 pH 值既能破坏污泥絮体结构，又能破坏微生物的细胞结构，进而水解蛋白质及核酸，分解菌体中的糖类，污泥微生物细胞中的不溶性有机物会从细胞内释放出来，成为溶解性物质。但过多的碱液添加会对后续厌氧消化产生一定的抑制作用：

① 碱解处理过程中会释放出一些抑制分子；

② 分子内反应会导致难降解化合物的形成；

③ Na^+ 等其他离子影响了其可生物降解性。

因此，仍需进行长期研究来验证其工程应用的长期运行稳定性。此外，污泥厌氧消化预处理技术还包括臭氧氧化法、高压喷射法等，但其应用相对较少或仍处于研发阶段，不做具体介绍。

6.3.2 厌氧消化罐

污泥项目主要为湿式厌氧消化，以下仅针对湿式厌氧消化做详细介绍。厌氧消化罐为湿式厌氧消化的核心设备，主要包括混凝土消化池和金属消化罐两种类型，其中混凝土消化池又分卵形消化池和圆柱形消化池，金属消化罐则多为圆柱形。以下以卵形混凝土消化池和圆柱形金属消化罐为例做具体描述。

（1）卵形混凝土消化池

卵形混凝土消化池是由上下两个圆锥体及中部球壳组成的预应力蛋形构筑物，一般大型的厌氧消化池容积可达 $10000m^3$ 以上。上部的陡坡和底板的锥体有利于减少由浮渣和砂粒造成的问题，减少厌氧消化池的清掏频次。因卵形构造的特殊流体造型，同圆柱形消化池相比搅拌要求较低。卵形厌氧消化池搅拌器设置在池顶，池体下部锥体位于地下。一般在多个消化池中间设置操作塔，以便进行操作及布置进料管道。罐体顶部设置浮渣捕集器和上清液排放口，罐体底部设置底泥排放口，见图 6-11。

卵形消化池在工艺与结构方面具有以下优点：

① 在相同容积下，总表面积小，热量损失及保温工程量相对较小；

② 卵形结构池体受力条件较好，可节省钢筋混凝土用料；

③ 沼气收集、聚集效果较好。

卵形混凝土消化池的搅拌方式一般分为以下三种：

① 沼气搅拌：厌氧消化池产生沼气，沼气经过压缩机加压后送入池内进行搅拌。其特点是搅拌过程中没有机械磨损，故障率相对较低。

② 机械搅拌：利用旋转桨叶或涡轮装置搅拌消化池内的污泥。搅拌装置安装在排气筒内，排气筒可安装在消化池内部或外部。机械搅拌的污泥流向是由中心筒自上而下流动，与气体搅拌相反。机械搅拌的缺点在于其易被杂物缠绕，但搅拌效果最佳。

③ 消化液循环搅拌：安装在池体外部的水泵从顶部中央位置吸取污泥后通过喷嘴以切向方向由池底注入消化池。

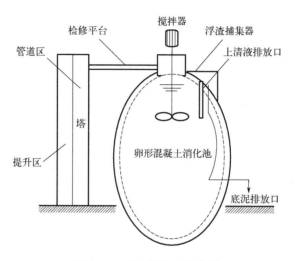

图 6-11 卵形混凝土消化池

三种搅拌方式示意图见图6-12。

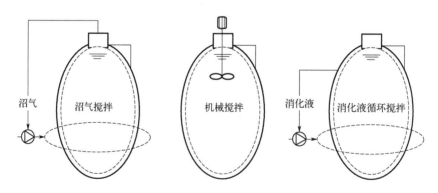

图 6-12 卵形混凝土厌氧消化池搅拌方式

（2）圆柱形金属消化罐

在大中型沼气工程中，用混凝土建造厌氧消化罐体由来已久，但其工序复杂、用料多、施工周期长，给施工带来了很多不便，因而圆柱形金属厌氧消化罐近年来发展较快。圆柱形金属消化罐根据拼接方式可分为碳钢防腐罐和利浦罐等，以这两种应用较多，多为 5000m³ 以下的罐体，部分企业生产设备为超大型罐体。

1）碳钢防腐罐

目前，用于污泥厌氧消化的罐体中，碳钢防腐罐主要采用完全混合式发酵罐（completely stirred tank reactor，CSTR）。国内 CSTR 生产厂家有普拉克环保系统（北京）有限公司、安阳艾尔旺新能源环境有限公司、青岛天人环境股份有限公司等，其搅拌方式见图 6-13。

① CSTR 罐体

厌氧消化罐主体材质一般为碳钢，内壁覆涂坚固耐用的防腐层，外部设有保温层并外覆彩钢板，具有良好的保温效果，使用寿命较长，见图 6-14。

厌氧消化罐设有机械式正压、负压保护装置，可以有效降低消化罐内压力过高或过低带来的安全风险，保护罐体安全。厌氧消化罐的出料一般采用顶部溢流出料

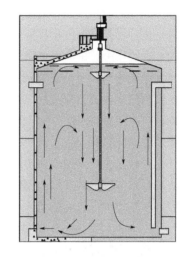

图 6-13　圆柱形碳钢防腐罐搅拌方式

方式，溢流的污泥物料流入消化液储罐中。厌氧消化罐外设置有污泥循环管路，罐内污泥经过泥水热交换器对污泥进行循环加热或降温，以减小温差变化，保证适宜的厌氧消化温度。厌氧消化罐设有特殊设计的浮渣排放口和快速开关阀门，可定期将顶部累积的轻质浮渣排放至消化液储罐中。厌氧消化罐底部设有排砂装置，可用来定期排放沉积的重质砂石。

图 6-14　CSTR 碳钢防腐污泥厌氧消化罐

厌氧罐顶部设置观察口，罐体上、中、下部各设取样口，并引流合并，便于定期采样检测和监控罐内运行情况。罐体安装温度、液位、气体流量、压力等工况参数在线远传仪器仪表，可实现厌氧罐的在线监测。在厌氧罐沼气出口管路上设置流量、沼气在线监测设备或手持分析仪，对厌氧消化所产沼气中的 CH_4、CO_2、O_2 和 H_2S 等浓度进行检测。在厌氧罐循环管路上设有 pH 计，可实时监测厌氧罐内消化污泥的 pH 值，以反映出厌氧反应的状态。

② 搅拌器

厌氧消化罐搅拌器一般采用顶部安装立轴式搅拌器的形式，大多采用进口设备。搅

拌器为变频控制,可耐污泥物料腐蚀。

该形式的搅拌器安装简单方便,能耗低,并且不需要在厌氧罐内部安装太多固定部件。搅拌器减速机位于罐外,便于维护保养,无须泄空操作。顶部固定的搅拌器由一根中心轴连接上、中、下多个大小不同的搅拌桨。搅拌桨具有经特殊设计的曲线轮廓,在搅拌桨低速旋转时,可以使厌氧罐内的污泥形成由内到外、自上而下的高效循环流动,实现污泥物料的充分搅拌混合。同时,为避免污泥在搅拌器的作用下在罐体内仅旋转流动,可在厌氧罐内壁对称位置设置挡板,形成折流,从而实现充分混合。

2)利浦罐

相较于传统混凝土建造消化罐体,利浦罐具有施工简单、施工周期较短和沼气池密封质量较好等优势。国内利浦罐主要的生产企业有安阳艾尔旺新能源环境有限公司、杭州能源环境工程有限公司等。

① 利浦罐发展历程

利浦罐制罐技术是德国人萨瓦·利浦的专利技术,它利用金属塑性加工硬化原理和薄壳结构原理,通过专用技术和设备将 2～4mm 厚镀锌钢板或不锈钢复合板,按"螺旋、双折边、咬合"工艺建造成体积为 100～5000m³ 的利浦罐。采用该技术制作罐体具有施工周期短、造价相对较低、罐体质量较好、在地面安装罐顶无须脚手架、施工方便等优点,所用钢材少、节省材料,该技术在污泥及其他有机废物厌氧消化项目中有所应用。

② 利浦罐结构

图 6-15 为利浦罐外形结构图。利浦罐顶端设置了储气室,用于收集厌氧消化产生的沼气,储气室外设有彩钢板防护。厌氧罐从中部进料,中部出料,底部设置搅拌系统,利用搅拌系统进行切向推流,使污泥整体在厌氧罐内推进,形成旋流,厌氧罐底部设置锥形底板,在厌氧消化罐内形成自上而下沿圆周方向的环流,砂石沉积物被收集在底部的锥形底板上。

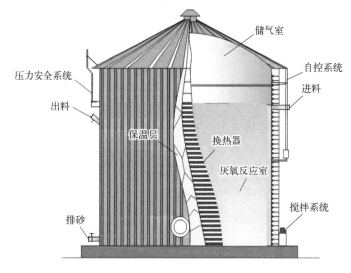

图 6-15 利浦罐外形结构图

在搅拌系统上部设置浮渣抽吸管道，搅拌器的推流作用使顶部浮渣通过导流筒抽吸到下部，形成垂直于厌氧消化罐方向的环流，浮渣亦在厌氧罐内上下循环，不易在厌氧罐顶部形成浮渣层，影响厌氧消化产气导气。推流方向如图6-16所示。

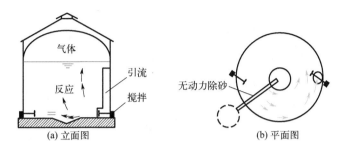

图6-16　利浦罐侧搅拌、除砂及浮渣引流

利浦罐的换热采用罐壁外部盘管加热的方式，盘管外加盖彩钢板作外防护，如图6-17所示。

图6-17　利浦罐壁外热水盘管

③ 利浦罐卷制原理和设备

施工时，将495mm宽的卷板送入成型机轧制成所需的几何形状，再通过弯折、咬口，围绕仓外侧形成一条宽度为30～40mm的连续环绕螺旋肋，螺旋肋具有加强筒仓强度的作用。对于材质不同的两种材料，利浦罐建造设备也能实现双层弯折施工，如图6-18所示。

图 6-18　利浦技术卷制过程图

利浦设备适用材料很广泛，制作厌氧罐时，多采用 2 ～ 4mm 厚度的镀锌钢板，内衬 0.3 ～ 0.5mm 的不锈钢薄膜，以增强其防腐能力。

利浦罐加工制作均为现场卷制，制罐技术设备有如下几种：

a. 开卷机：将要加工的材料放在开卷机上，用开卷机将卷板展开。

b. 成型机：将材料弯曲并初步加工成型。同时把材料弯成卷仓直径所要求的弧度。

c. 弯折机：将初步加工成型配合好的材料弯折、咬口、轧制在一起，制成螺旋咬口的筒体。

d. 承载支架：按消化罐所要求直径，周围布置支架承载螺旋上升的罐筒。

e. 高频螺柱焊机：将加强筋通过螺柱与仓壁连接，避免用普通电弧焊焊接时对罐体材料的破坏。

④ 利浦罐建造过程

a. 设备根据所卷罐体的直径进行定位；

b. 卷仓定位后卷罐至 2m 左右；

c. 利用罐边切割机将上边切平，然后安装罐顶；

d. 卷罐举升，将罐体边卷制边举升至所需要的高度；

e. 落罐生根，拉出罐体内的卷罐设备，落罐，罐体与罐底预埋件连接；

f. 根据用户所选型式安装辅助设施，建造完成。

利浦罐罐体及底板受力都较大，虽然利浦罐罐体本身具有相当大的环拉强度，能够满足池体本身的强度要求，但是厌氧罐下部设有人孔、进料管、排渣管、循环管等工艺接口，会使罐底结构处于不利状态。随着罐内水压的升高，罐体本身的环向拉力增大，变形的可能性也逐步增大，特别是在罐底部更为明显。因此，应在厌氧罐底部设置一道环形圈梁，以限制罐体的变形，同时也可相对降低罐内的水头压力，利浦罐卷制施工现场示意见图 6-19。

图 6-19　利浦罐卷制施工现场示意图

⑤ 罐体与底板之间的密封设计

利浦罐罐体同钢筋混凝土底板完全不同，不能一次性完好地整体连接，通常采用预留槽定位密封的方式。此种方式是按照罐体直径尺寸在底板上预留凹槽，并在槽中均匀布置一定数量的预埋件，待利浦罐罐体落仓后与之焊接或用螺栓连接固定，凹槽内用细石膨胀混凝土浇捣密封，再用沥青、SBS（苯乙烯 - 丁二烯 - 苯乙烯嵌段共聚物）改性油毡分层粘在罐体与混凝土搭接处的一定范围之内，最后在罐体内外的底板上均覆盖一定厚度的细石混凝土保护层，并在混凝土与罐体的接缝处用沥青勾缝。考虑到底板厚度的限制以及罐体落仓时可能产生的误差，密封槽断面宽度应设定为 200mm，深度根据利浦罐罐体的直径和高度来定，通常在 150 ～ 300mm 不等。

6.3.3　沼气净化设备

沼气净化一般包括沼气的脱水和脱硫。沼气从厌氧消化装置产生时含有大量水分，一般情况下，在 30℃时 1m³ 沼气的饱和含湿量为 35g，在 50℃时为 111g。若不对沼气进行脱水操作，则在输送沼气过程中会由于温度和压力变化析出水分，影响管道中沼气的输送。此外，沼气中还含有有害气体 H_2S，其与冷凝水结合，会造成管道和设备的腐蚀，当 H_2S 燃烧时会生成 SO_2 等酸性气体，对后续管道和设备造成腐蚀，同时 SO_2 是需要严格控制排放的大气污染物。因此，厌氧消化产生的沼气一般需要进行脱水和脱硫处理。

（1）沼气脱水

常见的沼气脱水设备包括重力式气水分离器、沼气凝水器、沼气冷干机等。在实际操作中，可以根据需要选择单独使用某一种脱水设备，也可以将多种设备结合使用以提高脱水效率。

1）重力式气水分离器

沼气由气水分离器进口管进入器体后，因器体截面积远大于进口管截面积，从而导致沼气流速突然下降。由于水与沼气的密度不同，水滴下降速度大于气流上升速度，从而实现气水分离。

2）沼气凝水器

在沼气输送最低点设置凝水器。凝水器内通常设有水平及竖直滤网，沼气以一定速度进入后，在凝水器内旋转穿过滤网，在经过滤网时，水滴沿网壁向下流动，积存在底部定期排出。沼气凝水器分为人工手动排水和自动排水两种类型。凝水器直径宜取进气管管径的 3.0 ～ 5.0 倍，高度宜取凝水器直径的 1.5 ～ 2.0 倍。

3）沼气冷干机

根据冷冻除湿原理，将沼气强制冷却至要求的露点温度以下，使其中所含的大量水蒸气冷凝成液滴，通过气液分离，由排水器排出机体外，沼气冷干机是一种深度脱水设备。

根据《大中型沼气工程技术规范》要求：沼气脱水宜采用冷干法脱水装置，也可采用重力法（气水分离器）或固体吸附法等。因重力法简单实用，设备造价低，以下主要以重力法为例介绍设备的设计要求。

a. 采用重力法，即气水分离器时，气水分离器内空塔流速宜取 0.21 ~ 0.23m/s；

b. 进入气水分离器沼气量应按平均日产气量计算；

c. 气水分离器内沼气供给压力应大于 2000Pa；

d. 气水分离器的压力损失应小于 100Pa；

e. 气水分离器进口风速宜为 15m/s，出口风速宜为 12m/s；

f. 沼气进口管应设置在筒体的切线方向；

g. 气水分离器内宜装入填料，填料可选用不锈钢丝网、紫铜丝网、聚乙烯丝网、聚四氟乙烯（PTFE）丝网或陶瓷拉西环等。

（2）沼气脱硫

沼气中含有少量硫化氢气体，其浓度变化范围较大，为 0.5 ~ 14g/m³。沼气中二氧化碳浓度一般在 35% ~ 40%，因为二氧化碳为酸性气体，对脱硫存在一定不利影响。

根据脱硫原理不同，可将沼气脱硫分为干法脱硫、湿法脱硫和生物脱硫。目前污泥厌氧消化项目沼气脱硫多采用干法脱硫和湿法脱硫，但考虑日常运营管理的便利性，干法脱硫的应用更为广泛。

1）干法脱硫

干法脱硫多采用 Fe_2O_3（氧化铁）为脱硫剂。常温下沼气通过脱硫剂床层时，沼气中的 H_2S 与活性氧化铁接触反应，生成了 FeS_2 和 FeS。含有这些硫化物的脱硫剂与空气中的氧气接触，在有水存在的情况下，铁的硫化物又转化为 Fe_2O_3 和单质 S。这种脱硫过程可以循环、再生并重复利用，直至脱硫剂表面大部分空隙被单质 S 和其他杂质遮盖而丧失活性。当脱硫装置出口处沼气中 H_2S 含量高于 20mg/m³ 时，就需要对脱硫剂进行再生或更换。

Fe_2O_3 用作脱硫剂的理论用量可采用以下公式计算，实际用量不宜小于以下计算值。

$$V = \frac{1673\sqrt{C_S}}{f\rho}$$

式中　V——1000m³/h 沼气需要的脱硫剂容积，m³；

　　　C_S——气体中 H_2S 含量（体积分数）；

　　　f——脱硫剂中活性 Fe_2O_3 含量，可取 15% ~ 18%；

　　　ρ——脱硫剂的密度，t/m³。

此外，沼气通过粉状 Fe_2O_3 脱硫剂的线速度宜为 7 ~ 11mm/s，通过颗粒状 Fe_2O_3 脱硫剂的线速度宜为 20 ~ 25mm/s。

一般在对日处理量小、H_2S 含量低的沼气进行脱硫时，采用干法脱硫工艺。

2）湿法脱硫

湿法脱硫是利用特定的溶剂与气体逆流接触从而脱除其中的 H_2S，溶剂通过再生后重新利用，脱硫效率可达 99% 以上。湿法脱硫可以归纳为物理吸收法、化学吸收法和氧化法三种。物理和化学吸收法存在 H_2S 再处理问题，氧化法是以碱性溶液为吸收剂，同时加入载氧体为催化剂，吸收 H_2S，并将其氧化成单质硫。湿法氧化法是把脱硫剂溶解在水中，使液体进入设备与沼气混合，沼气中的 H_2S 与液体产生氧化反应，生成单质 S。常用的吸收剂主要有 NaOH、Ca（OH）$_2$、Na_2CO_3、$FeSO_4$ 等。

相较于干法脱硫，沼气湿法脱硫的工艺更为复杂，投资及运行成本更高，适用于气量大、H_2S 含量高、脱硫效率要求更高等的场合。

3）生物脱硫

生物脱硫是利用无色硫细菌，如氧化硫硫杆菌、氧化亚铁硫杆菌等，在微氧条件下，将 H_2S 氧化为单质 S 或 H_2SO_4 的过程。

生物脱硫机理为：

① H_2S 气体溶解，即由气相转化为液相；

② 溶解后的 H_2S 被微生物吸收，转移至微生物体内；

③ 进入微生物细胞内的 H_2S 作为营养物被微生物分解、转化和利用，从而达到去除 H_2S 的目的。

其反应方程式如下：

$$H_2S + OH^- \longrightarrow H_2O + HS^-$$

$$HS^- \longrightarrow ［细胞膜 + HS^-］$$

$$［细胞膜 + HS^-］\longrightarrow SO + OH^- \quad 或 \quad ［细胞膜 + HS^-］\longrightarrow SO_4^{2-} + OH^-$$

生物脱硫的优点是无须催化剂、能耗低，但生物脱硫也存在过程不易控制、脱除产物单质 S 堵塞填料等问题，目前在国内仍未形成规模化应用。

6.3.4 沼气储存设备

影响污泥厌氧消化工艺产气的因素较多，单位时间内产沼气量存在波动。此外，沼气利用方式不同也会导致可利用气量波动。为了调节负荷波动需要设置沼气储存装置，即沼气气柜。常用的沼气气柜有干式气柜和湿式气柜两种。根据压力不同，又分为高压气柜和低压气柜。污泥厌氧消化项目所采用气柜多为低压气柜，以下将对低压气柜进行介绍。

（1）低压干式气柜

低压干式气柜中的威金斯型干式气柜、稀油密封气柜，由金属外壳和内部可移动活塞组成。通过活塞及附属机构的上升或下降实现气体储存量的增加或减少。北京某项目等采用了此类气柜，其结构形式见图 6-20。

污泥厌氧消化项目应用较多的低压干式气柜还有低压干式双膜气柜，气柜外形为

3/4球体，由钢轨固定于混凝土基座或厌氧罐罐顶上。主体为特殊加工的聚酯材质，罐体由外膜、内膜、底膜及附属设备组成，见图6-21。

图6-20 威金斯型干式气柜

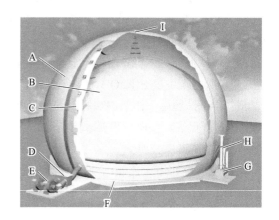

图6-21 低压干式双膜气柜

A—外膜；B—内膜；C—空气流动层；D—止回阀；E—鼓风机；
F—底部固定环；G—安全阀；H—视窗；I—超声波物位计

底膜、内膜、外膜共同形成两个空间。内膜空间作为储气空间储存各种气体，外膜与内膜夹层的空间作为调压空间。当储存的气体增加时，内膜曲张，控制排出外膜的调压空气量；当内膜储存的气体较少时，控制设备向调压层注入空气，平衡柜内的压强，稳定外膜刚度。

图6-22 低压湿式气柜

（2）低压湿式气柜

湿式气柜主要由立式圆筒形水槽、一个或数个圆筒状塔节、钟罩及导向装置组成。钟罩是一个有拱顶的、底面敞开的圆筒结构，在水槽和钟罩之间是圆筒状的活动塔节。气体通过管道穿过水槽底板与水槽中的水一同进入或排出钟罩，实现气体的输入或排出，见图6-22。

低压湿式气柜的特点是水位的升降可以通过塔节的升降来实现，根据升降方式的不同，可分为直升式和螺旋式两种。相较于湿式气柜，目前污泥厌氧消化项目中干式气柜应用得更多。

6.3.5 沼气利用设备

（1）沼气发电设备

沼气发电机组（图6-23）根据沼气与空气的混合形式可分为机械外混式机组和电控

外混式机组，根据冷却循环方式可分为闭式机组、开式机组、半开式机组。

图 6-23　沼气发电机组

使用机械外混式机组时，沼气通过专用的混合器在进气管前与空气按一定比例混合后进入各气缸燃烧室内。可根据机组运行工况对沼气进气量进行手动微调。其优点是燃气和空气混合效果好，机组结构相对简单，维护调整方便。然而，在进气管内始终存在混合气，在气密性较差的情况下，易发生"回火放炮"的现象。电控外混式机组采用了稀薄燃烧技术和闭环控制，可根据沼气成分的变化及机组运转工况的变化自动调整空燃比，很好地解决了燃气"回火放炮"的问题。沼气通过混合器与空气混合后，经增压装置、中冷装置、进气自动调节阀后进入燃烧室，另外，电控外混式机组可适应低压燃气，并通过电子控制系统进行精确的调节和控制。

闭式机组的冷却循环系统主要由风扇、水箱和风扇转动装置组成，特别适合寒冷、干燥地区，或者场地有限、水质较差的区域。开式机组的冷却循环系统不包含风扇和水箱，用户需自行设置冷却水散热装置，适合水源充足、水质较好且气候较炎热的地区。半开式机组的冷却循环系统由机组内循环系统和用户配置的外循环系统组成，综合了闭式机组和开式机组的优点，具有散热效果好、环境适应性强的特点。

沼气发电机组对沼气的组分和质量有一定要求，即沼气中 CH_4 含量应大于 60%，H_2S 含量应小于 0.05%，供气压力应不小于 6kPa，所含的颗粒物粒径应小于 $3\mu m$，空气的含尘量应不超过 $2.3 \sim 11.6mg/m^3$。

（2）沼气锅炉

污泥厌氧消化产生的沼气除发电外，还可用作沼气锅炉燃料，通过沼气锅炉产生的蒸汽或热水，可供给污泥厌氧消化工艺段加热或保温以及给需采暖厂区供暖等。沼气锅炉根据所供给的热介质分为蒸汽沼气锅炉和热水沼气锅炉。沼气发电亦可以给厌氧区提供热源，但与热电联产相比，直接采用沼气锅炉，锅炉的热效率更高，一般在90% 以上。

沼气锅炉系统如图 6-24 所示，包含了沼气锅炉本体、沼气燃烧器、软化水系统、给水泵、除氧器等。

图 6-24　沼气锅炉系统

6.4　工艺优缺点及适用范围

以上对污泥厌氧消化系统的原理、分类、影响因素及主要工艺设备等做了描述，下面对污泥厌氧消化工艺的优缺点进行分析。

6.4.1　优点

（1）投资及运行成本适中

厌氧消化工艺并非全流程处理处置工艺，一般工艺段不包含最终污泥的处置，若不考虑厌氧后污泥的处置，厌氧工艺段因无须供氧、发酵温度低等，运行成本较低；若采用热水解处理工艺，并考虑厌氧后污泥的处置及沼液的处理，则运行成本稍有增加。投资相比于焚烧类要低，但相比于深度脱水、好氧发酵要高。

（2）二次污染相对较小且可回收生物能

污泥厌氧消化相比于干化及其他热处理工艺，二次污染相对较小，无烟气等污染物产生。厌氧消化工艺在分解污泥中大量有机物的同时，还会产生沼气，可直接用于锅炉燃烧或发电，碳减排效益高。

（3）工艺流程相对简单

其工艺流程与干化、焚烧、炭化等工艺相比，相对简单，但相较于深度脱水、好氧发酵等，工艺流程更复杂。厌氧消化研究得较早，有较为深入的理论研究基础和实践经验，该工艺在实际应用中具有一定的可靠性和成熟性。

6.4.2　缺点

（1）有机质降解率及减量化程度较低

目前，常规厌氧消化有机质降解率仅在40%左右。若污泥中有机质含量为40%，厌氧消化对干物质（TS）的降解率约为16%，污泥整体减量亦在16%左右（折算成含水率80%污泥），减量化程度较低。

（2）出路问题

厌氧消化后污泥经过脱水处理后，依然面临最终处置问题。假设原污泥处理量为100t/d（含水率按80%折算），经过厌氧消化后仍有约84t/d的污泥待处置。相比原生污泥，厌氧消化后污泥中的部分有机质已经降解，有机质含量下降，污泥热值相应降低，可能会限制部分热处理出路。

（3）运行要求高

根据上海市政工程设计研究总院的相关资料，目前国内建成的厌氧消化项目有很多处于停运状态，项目正常运行比例远低于国外。我国污泥中有机质含量较低，一般在30%～50%，低于国外的60%～70%，污泥中含砂、含杂较多，工业废水源头重金属对厌氧微生物活性的影响、厌氧微生物对环境的敏感性等问题都造成了厌氧消化项目运行的难度和要求较高，对运行水平有较高要求。

6.4.3 适用范围

根据统计数据，国内正常运行的污泥厌氧消化项目有29个，其中规模小于$5×10^4$t/d的水厂占3.4%，规模在（5～10）$×10^4$t/d的水厂占20.7%，规模在（10～40）$×10^4$t/d的水厂占44.8%，规模大于$40×10^4$t/d的水厂占31%。在国内，厌氧消化项目多应用于中大规模的水厂（规模不小于$10×10^4$t/d）。

6.5 工程案例介绍

6.5.1 重庆鸡冠石污水处理厂某污泥厌氧消化工程

（1）基本概况

参考孔祥娟等编写的《城镇污水处理厂污泥处理处置技术》，鸡冠石污水处理厂（图6-25）位于重庆市南岸区鸡冠石镇。其污水处理工艺采用具有脱氮除磷功能的A/A/O+化学深度除磷工艺，污水处理厂一期设计规模为旱季$60×10^4$m³/d，雨季$135×10^4$m³/d，远期规模为旱季$80×10^4$m³/d，雨季$165×10^4$m³/d。该污水处理厂的处理对象为城市污水，产生的污泥为污水处理厂的初沉污泥、剩余污泥和化学深度除磷的化学污泥，旱季和雨季污泥量如表6-6和表6-7所示。

图 6-25 鸡冠石污水处理厂某污泥厌氧消化工程现场

表 6-6 鸡冠石污水处理厂旱季污泥量

项目	一期（60×10⁴m³/d）	远期（80×10⁴m³/d）
初沉污泥量（97% 含水率）/(t DS/d)	75.0	100.0
剩余污泥量（99.3% 含水率）/(t DS/d)	40.5	54.0
化学污泥量（99.3% 含水率）/(t DS/d)	2.1	2.8
合计 /(t DS/d)	117.6	156.8

表 6-7 鸡冠石污水处理厂雨季污泥量

项目	一期（135×10⁴m³/d）	远期（165×10⁴m³/d）
初沉污泥量（97% 含水率）/(t DS/d)	82.5	110.0
剩余污泥量（99.3% 含水率）/(t DS/d)	40.5	54.0
化学污泥量（99.3% 含水率）/(t DS/d)	2.1	2.8
合计 /(t DS/d)	125.1	166.8

图 6-26 为鸡冠石污水处理厂某厌氧消化工艺流程。

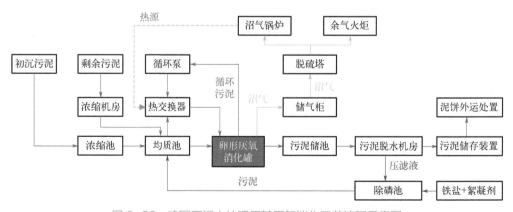

图 6-26 鸡冠石污水处理厂某厌氧消化工艺流程示意图

（2）工艺设计

1）初沉污泥浓缩

初沉污泥采用 3 座重力式污泥浓缩池浓缩，远期增加 1 座。

2）剩余污泥浓缩

二沉池剩余污泥浓缩采用螺压浓缩机，设污泥浓缩机房 1 座，平面尺寸为 36.48m×21.48m。螺压浓缩机选用 4 台，并设有絮凝剂制备及投加系统 2 套。

3）污泥均质

经两种不同浓缩方式浓缩后的污泥进入消化池前需要先进入污泥均质池进行混合均质。均质池按雨季污泥量设计，共 2 座，池的直径为 15m，有效水深为 3m，池内设有水下搅拌器 2 台。

4）污泥厌氧消化

污泥进行中温厌氧消化，设置 4 座卵形厌氧消化池，消化池采用机械搅拌，其主要技术参数见表 6-8。

表6-8　鸡冠石某污泥厌氧消化工程厌氧消化池主要技术参数

序号	项目	指标
1	污泥量 /(t DS/d)	117.6（旱季），125.1（雨季）
2	消化池内污泥含固率 /%	5
3	污泥体积 /(m³/d)	2352（旱季），2502（雨季）
4	有机物含量 /%	50
5	有机物量 /(t VS/d)	58.8（旱季）
6	厌氧消化温度 /℃	33～35
7	厌氧消化停留时间 /d	20（旱季），18（雨季）
8	污泥投配率 /%	5（旱季）、5.6（雨季）
9	消化池总容积 /m³	47222
10	VS 负荷 /[kg VS/(m³·d)]	1.25
11	VS 降解率 /%	50
12	消化后污泥量 /(t DS/d)	88.2（旱季）
13	消化后污泥含水率 /%	96
14	消化后污泥体积 /(m³/d)	2205
15	沼气产率（以 VS 计，标准状况）/(m³/kg VS)	0.884
16	沼气量（标准状况）/(m³/d)	26000

5）消化

4 座厌氧消化池之间建设 1 座消化池操作楼，平面尺寸为 33m×16m。操作楼内设 2 层工作层，地下层布置厌氧消化池进料泵、污泥循环泵，地面层为污泥加热系统。操作楼内共设 4 套进泥和污泥加热系统，与 4 座厌氧消化池一一对应，各种设备按雨季污泥量配置，操作楼与消化池用天桥和管廊相连接，内设沼气和污泥管道。消化池操作楼主要参数如下：

① 消化池进泥泵（螺杆泵）：Q=27m³/h，H=45m。

② 污泥循环泵（螺杆泵）：Q=54m³/h，H=15m。

③ 热交换器：数量为 4 组；外管直径为 250mm；内管直径为 200mm。

④ 热水循环泵：5 台，4 用 1 备，Q=66.14m³/h，H=11m。

⑤ 沼气粗过滤器：4 套。

6）储存污泥

消化后污泥均匀混合、调理、储存，尽可能地释放消化池中产生的沼气，有利于污泥的下一步脱水，湿污泥池主要技术参数如下：

① 消化后污泥量为 88.2t DS/d。

② 污泥含水率为 96%。

③ 污泥体积为 2205m³/d。

④ 数量为 1 座 8 格。

⑤ 停留时间为 21.5h。

7）沼气净化、储存

① 沼气脱硫装置：降低沼气中的 H_2S 含量，减少 H_2S 对后续设备的腐蚀，采用了干式脱硫塔。

② 储气柜：数量为 2 座；单柜容量为 3400m³；停留时间为 6h。

③ 火炬：事故发生时将沼气点燃，保证厂区安全，含自动点火及安全保护装置，最大排气量为 1200m³/h。

8）沼气鼓风

利用污泥厌氧消化产生的沼气，通过内燃发动机带动鼓风机。设置了 4 台沼气驱动鼓风机，单台鼓风机的空气量为 486m³/min。

设置 2 套沼气锅炉，用于加热厌氧消化池中的污泥。

① 沼气驱动离心鼓风机：数量为 4 台；Q=486m³/min，风压 0.07MPa。

② 沼气锅炉：数量为 2 套；热功率为 800kW。

鸡冠石某污泥厌氧消化项目是国内运行较早的项目。经过现场调研，目前鸡冠石某污水处理厂的污泥处置方式调整为对含水率 80% 污泥进行热干化。热干化工艺采用了苏伊士两段法工艺，干化后的污泥通过外运协同焚烧处置。

6.5.2　北京某污水处理厂某热水解污泥厌氧消化工程

（1）水厂介绍

污水处理厂一期工程处理能力为 50×10⁴m³/d，二期工程处理能力为 100×10⁴m³/d。

150

污水处理厂污水系统流域面积 96km²，服务 240 万人，占地 68 公顷。该厂汇集了北京市南部地区的大部分生活污水以及东郊工业区、使馆区和化工路的全部污水。

（2）一期、二期污泥工艺流程

污水处理厂采用传统活性污泥法两级处理工艺。一级处理涉及包括格栅、泵房、曝气沉砂池和矩形平流式沉淀池。二级处理采用空气曝气活性污泥法。污水处理厂一期、二期建设时，污泥处理工艺分别如图 6-27 和图 6-28 所示。

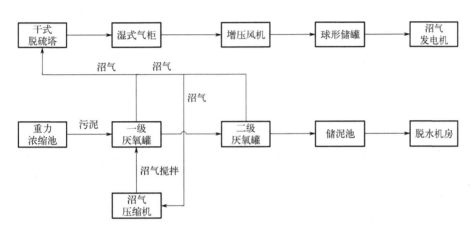

图 6-27　污水处理厂某一期工程配套污泥厌氧消化工艺流程

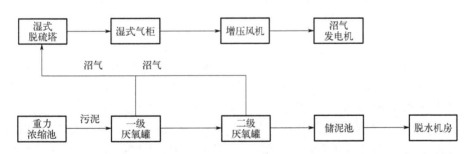

图 6-28　污水处理厂某二期工程配套污泥厌氧消化工艺流程

一期污泥先经过重力浓缩，后经过两级厌氧消化，发酵后污泥到储泥池后脱水外运，产生的沼气净化后发电自用，厌氧消化搅拌采用沼气气提搅拌方式。

二期污泥首先亦经过重力浓缩，后经过两级厌氧消化，发酵后污泥到储泥池后脱水外运，产生的沼气净化后发电自用，但厌氧消化罐搅拌形式由一期的沼气搅拌调整为顶部机械搅拌。

一期、二期污泥厌氧消化项目布置情况如图 6-29 所示。

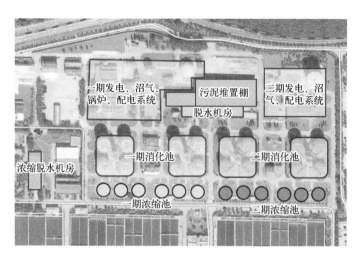

图 6-29　污水处理厂某一期、二期项目布置情况

该工艺存在以下问题。

1）进泥含固率低

原设计浓缩池出泥含水率为 94%，而实际运行浓缩池出泥含水率为 96%。固体回流给污水处理、脱水都带来了问题，最关键的是单位厌氧罐体积的产气率降低，在已经建成的池容下，产气量下降。

2）脱硫系统问题

进水水质变化会对沼气成分产生重大影响，H_2S 浓度高于设计值 10 倍，导致沼气脱硫效果不理想，引起后续处理设备的腐蚀（如球罐出现漏点、发电机系统内的气水热交换器发生腐蚀穿透等现象）以及堵塞等，影响了发电机的发电效率及余热利用效率。设备腐蚀直接导致了运行成本升高。

沼气中 H_2S 浓度是一般厌氧消化项目日常必测的指标，若 H_2S 浓度长期超过设计值，则应及时采取改造措施，二期由一期的干法脱硫调整为湿法脱硫，但效果仍然不好。

3）厌氧消化系统问题

① 浮渣问题　浮渣会导致上清液管路易堵塞。浮渣是污泥厌氧消化的重要问题之一，对采用气体搅拌来说尤为典型。该项目一期采用沼气搅拌为主，循环搅拌为辅的方式。搅拌本身会造成浮渣，加大搅拌强度，将使浮渣增多。一期采用低强度搅拌的方式运行，有机质降解率只有 15% ～ 30%，远低于设计值 50%。从 2003 年的运行数据来看，全年有机质平均降解率为 36%，低于设计值。二期采用了连续机械搅拌，并设有顶部破浮渣搅拌器，但浮渣问题还是未能彻底解决。

② 沉砂问题　因国内水厂含砂量较高，该项目二期采用静压溢流排泥方式，因沉砂导致排泥出现问题。高含砂量会对浓缩环节的输送泵造成磨损，同时大量砂砾进入没有底部连续排渣功能的消化池，会阻碍排泥，不仅影响搅拌效果，还影响了产气率以及厌氧消化系统的正常运行。

③ 污泥稳定问题　污泥厌氧消化系统有机质降解率较低，出泥的稳定化程度较低，臭味较大。

④ 消化时间问题　剩余污泥中的有机物大多为微生物的细胞物质，利用时必须首先水解细胞壁，但生物破壁过程比较漫长，细胞壁的破壁和水解成为反应时间和产气率最关键的限制因素，最终导致整个污泥厌氧消化停留时间内有机物分解和产气的效率较低。

以上主要为厌氧消化的技术性问题，体现出厌氧消化对运行要求较高，运行难度亦较大。

4）经济性问题

由于运行成本与设计的沼气产出在实际运行过程中存在偏差，项目的经济性不佳。污泥厌氧消化是一种中间处理过程，虽然有能源产出，但其自身热量需求、有机质比例、降解率、H_2S 浓度、投资都会大幅度影响项目运行的经济效果。

（3）改造后工艺流程

2014 年对现有设施进行拆除改造，主工艺采用热水解，具体流程为"污泥浓缩 + 预脱水 + 热水解 + 高级消化 + 板框高干脱水"。设计污泥处理规模为 1358t/d，热水解预处理系统污泥处理规模设计能力为 272t DS/d。

拆除了一期厌氧消化及沼气利用系统，在原场地上设置热水解系统、厌氧氨氧化系统等。

改造后工艺流程如图 6-30 所示，总布置图见图 6-31。

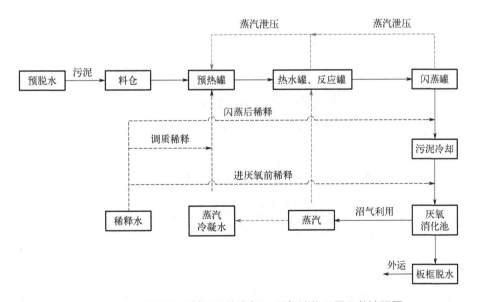

图 6-30　污水处理厂某污泥热水解 + 厌氧消化工程工艺流程图

153

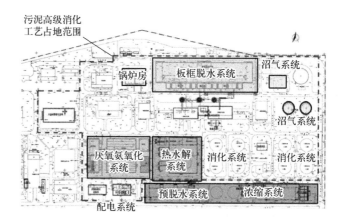

图 6-31 污水处理厂某污泥热水解 + 厌氧消化工程厂区布置图

（4）热水解 + 厌氧消化工艺主要设计参数

① 物料衡算如图 6-32 所示。

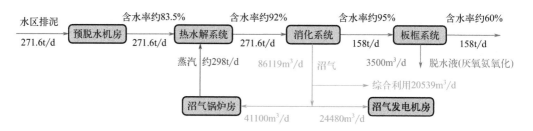

图 6-32 污泥热水解 + 厌氧消化工程物料衡算图

② 预脱水机房如图 6-33 所示。

图 6-33 污泥预脱水机房离心机

水厂排泥含水率为 96% ～ 97.8%，通过离心机脱水将含水率降至 83.5%，再通过螺旋输送机喂料给柱塞泵，由柱塞泵将湿污泥输送到热水解系统的污泥缓存料仓。预脱水机房设备清单见表 6-9。

表 6-9　污泥预脱水机房设备清单

序号	设备名称	设备参数	数量
1	进泥泵	转子泵，$Q \geqslant 80m^3/h$，$P=3bar$，变频控制，系统配套，功率15kW	12 套
2	离心脱水机	单台 $Q \geqslant 70m^3/h$，固体负荷 $\geqslant 2200kg\ DS/h$，进泥含水率96%～97.8%，主轴功率120kW	12 台
3	螺旋输送机	输送距离 12～20m，水平固定，单套输送能力 $\geqslant 50m^3/h$	12 台
4	柱塞泵	$Q \geqslant 60m^3/h$，$P=70bar$，系统配套带出泥口阀门，含进料破拱螺旋、液压站等，功率250kW	3 台
5	冲洗泵	配套脱水机，多级离心泵，包含水泵机组，$Q=20m^3/h$，$H=40m$，带配套控制阀门等，功率5.5kW	3 台
6	絮凝剂制备系统	制备能力 $\geqslant 50kg/h$（干粉），系统配套（干粉），溶液制备浓度0.2%（直接制备，不带二次稀释）	3 套

注：$1bar=10^5Pa$。

③ 热水解系统如下：

污泥缓存料仓：每座容积为300m³，共4座污泥缓存料仓（图6-34）。通过污泥缓存料仓下输送泵将含水率83.5%的湿污泥输送到热水解主系统中。

热水解主系统（图6-35）由浆化罐、热水解反应罐和卸压闪蒸罐组成。污泥经柱塞泵从缓存料仓连续不断地送入浆化罐中，在热水解浆化罐内利用热水解闪蒸罐闪蒸后的蒸汽对污泥进行稀释预热，将温度加热到80℃左右。

图 6-34　污泥热水解前污泥缓存料仓

图 6-35　污泥热水解主系统

稀释预热后的污泥经过螺杆泵分批次送入各个热水解反应罐中，再分批次加入蒸汽进行高压蒸煮，热水解反应温度约为165℃，压力为0.6MPa，反应时间为30min。

热水解反应完成后，在热水解反应罐自身压力的推动下将污泥压入闪蒸罐卸压闪

155

蒸，污泥瞬间泄压，温度约为102℃。闪蒸后释放的蒸汽返回浆化罐内，对污泥进行预热浆化。

泄压闪蒸后的污泥通过螺杆泵连续不断地输送到下一步冷却工段（图6-36）中，在热交换间对污泥进行降温，温度降至80℃，稀释后污泥含固率为8%～10%。

图6-36　污泥热水解系统污泥冷却工段

热水解系统主要设计参数见表6-10。

表6-10　污泥热水解系统主要设计参数表

序号	项目	指标
1	热水解处理能力 /(t DS/d)	271.6
2	热水解系统条线数 / 条	4
3	热水解反应时间 /min	30
4	热水解温度 /℃	165
5	蒸汽消耗量保证值 /(t/t DS)	≤ 1.1
6	蒸汽消耗量折算值（湿泥含水率80%）/(t/t 湿泥)	≤ 0.5
7	热水解系统进泥含水率 /%	83.5
8	热水解系统出泥含水率 /%	88 ～ 90
9	浆化罐容积 /m³	42
10	浆化罐个数 / 个	4
11	热水解反应罐容积 /m³	12.5
12	热水解反应罐个数 / 个	20
13	闪蒸罐容积 /m³	42
14	闪蒸罐个数 / 个	4

④ 厌氧消化池如下。

热水解后的污泥进行中温厌氧消化反应，产沼气后发电。厌氧消化系统由普拉克提供，见图 6-37。

图 6-37 污泥厌氧消化系统

污泥厌氧消化系统的设计技术参数统计见表 6-11。

表 6-11 污泥厌氧消化系统设计技术参数

序号	项目	指标
1	消化池总进泥量 /(t/d)	3400
2	消化池进泥含水率 /%	92
3	停留时间（SRT）/d	18.35
4	消化池容 /m³	7800
5	消化池数量 / 座	8
6	投配率 /%	5.4
7	有机负荷 /[kg/(m³·d)]	5
8	pH 值	7.5 ～ 8.0
9	消化温度 /℃	40
10	VFA/ALK	0.1 ～ 0.5
11	氨浓度 /（mg/L）	2500 ～ 3000
12	沼气质量（以甲烷计）/%	65 ～ 68
13	产气量 /（m³/d）	42108 ～ 86119
14	最高产气率 /（m³/kg DS）	0.3
15	厌氧出泥含水率 / %	93.4 ～ 94.4

注：ALK 表示碱度。

厌氧消化进泥方式为底部进泥，排泥以底部泵排泥为主，上部溢流排泥为辅，降温采用池外连续降温方式，搅拌采用了立轴式桨叶搅拌器。4 个消化罐为一组，中间设置控制塔，消化池控制塔的主要功能是布置消化池的进 / 排泥系统、冷却水系统、冲洗水系统、消泡系统，另外还设有通向消化池池顶的通道。

厌氧消化系统利用原二期厌氧罐，由于工艺调整，厌氧罐内部污泥运行温度提升至 38 ～ 40℃，导致原消化池池壁结构荷载效应增强，因此在改造过程中，应对原消化池池壁进行局部加固，并增加预应力混凝土腰梁，同时重新进行防腐处理。

⑤ 板框压滤系统如下。

厌氧消化后的污泥通过厌氧罐底部出泥泵和顶部溢流管收集在污泥储池中，经过调理后泵送到板框压滤系统中。板框压滤系统处理能力为 200t DS/d，进泥含水率为 93.4% ～ 94.4%，在不添加石灰的情况下出泥含水率可达 60%。泥饼通过皮带输送机输送入泥饼破碎机，破碎后外运处置。

污泥脱水系统主要参数见表 6-12。

表 6-12　厌氧消化液污泥脱水系统主要参数表

序号	名称	设备套数
1	板框压滤机	18
2	低压进料泵	18
3	高压进料泵	18
4	压榨泵	18
5	洗布泵	4
6	空气压缩系统	4
7	加药系统	4
8	皮带输送机	2
9	滤饼破碎系统	4

⑥ 沼气净化系统如图 6-38 所示。

图 6-38　污泥厌氧沼气净化、储存、燃烧装置

该工程污泥厌氧消化产生的沼气经过沼气过滤器除杂脱水、干式脱硫塔脱硫后，送入钢制气柜内储存，净化后的沼气用于发电。

沼气净化系统组成及参数见表6-13。

表6-13 沼气净化系统组成及参数

设备名称	技术参数	数量	备注
沼气过滤器	Q=1800m³/h，包含冷凝水罐、检修平台	2套	
沼气柜	5000m³ 钢制气柜，最高工作压力为3kPa	3座	利旧1座
干式脱硫塔	Q=1000m³/h，进气 H_2S 浓度小于 $1000×10^{-6}$，出气小于 $50×10^{-6}$，最高工作压力为10kPa，常温工作	3组	租赁
燃烧器	Q=1000m³/h，最高工作压力大于1.0kPa，封闭自吸式，含配套出口阻火器，进气阀门及法兰	3座	利旧1座

⑦ 沼液处理如下。

污泥厌氧消化液经过板框压滤后形成泥饼及沼液。由于污泥热水解过程对污泥中的细胞具有破壁作用，导致消化污泥中氨氮含量增加，厌氧消化系统整体偏碱性，沼液处理难度加大。该工程采用厌氧氨氧化工艺（图6-39），设计进出水水质见表6-14。

图6-39 污泥沼液厌氧氨氧化工段

表6-14 设计进出水水质

设计指标	SCOD/(mg/L)	氨氮/(mg/L)	总氮/(mg/L)	总磷/(mg/L)	碱度/(mg/L)	SS/(mg/L)
进水	≤3000	1500	≤1600	≤100	4500	≤1500
出水	≤2100	75	320	80	—	≤300

厌氧氨氧化系统主要由调节池、斜板沉淀池、生物池、沉淀池组成，鼓风机房为附属设备间。工艺流程为进水→调节池→斜板沉淀池→生物池→沉淀池→出水，

见图 6-40。

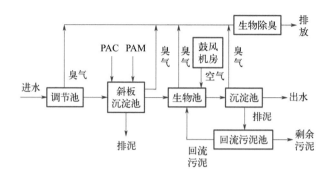

图 6-40 污泥沼液处理工艺

厌氧氨氧化系统的主要设计参数见表 6-15。

表 6-15 厌氧氨氧化系统主要设计参数表

项目	设计参数	设计值	备注
调节池	停留时间 /h	10.9	—
斜板沉淀池	混合停留时间 /min	6.8	—
	絮凝停留时间 /min	20.5	—
	沉淀表面负荷 /[m³/(m²·h)]	0.75	—
	PAC 加药量 /(mg/L)	200	—
	PAM 加药量 /(mg/L)	5	—
	排泥量 /(m³/d)	200～550	—
	排泥含水率 /%	99	—
生物池	总停留时间 /d	4.1	—
	调温区停留时间 /h	1	—
	过渡区停留时间 /h	9	—
	曝气量 /(m³/min)	168	—
	内回流比	$(1～3)Q$	Q 为斜板出水量
	外回流比	$(0.8～2.0)Q$	Q 为斜板出水量
	污泥浓度 /(mg/L)	4000～6000	—
	冷却水（冷水）量	$(0.2～0.5)Q$	Q 为斜板出水量，三者为调温稀释水，最大值为 Q
	一级冷却水回水（热水）量	$(0.2～0.5)Q$	
	初沉池水量	$(0.2～0.5)Q$	
沉淀池	表面负荷 /[m³/(m²·h)]	0.6	—

（5）目前运行状态评价

该工程处理规模较大，经升级改造，尤其是采用目前热水解工艺后，运行情况较好，沼气产量明显提升，由改造前的 0.2m³/kg DS 升至 0.3m³/kg DS 左右。

6.5.3 保定市某污泥厌氧消化工程

（1）水厂情况

该工程于 2016 年开工建设，2017 年主体工程完工，2018 年开始进行调试工作。该项目主要负责处置银定庄、溪源和鲁岗三座污水处理厂产生的污泥。

银定庄污水处理厂是保定市最大的污水处理厂，其一期规模为 $8×10^4m^3/d$，二期规模为 $16×10^4m^3/d$，合计 $24×10^4m^3/d$，现状出水水质执行《城镇污水处理厂污染物排放标准》（GB 18918—2002）中的二级标准，已提标，提标后将原有 A/O 工艺改造为 $A^2/O+A/O$ 工艺。保证出水水质达到《城镇污水处理厂污染物排放标准》（GB 18918—2002）中的一级 A 标准。溪源污水处理厂处理规模为 $16×10^4m^3/d$，2007 年投入运行，采用 A/O 工艺。鲁岗污水处理厂采用 A^2/O 工艺，目前处理规模为 $8×10^4m^3/d$，未来拟新增二期。

（2）污泥处置中心设计规模

该工程市政污泥处置规模为 300t/d（含水率 80%），位于溪源污水处理厂（图 6-41）。

图 6-41 保定市污泥处置中心鸟瞰图

（3）处理工艺

该工程主体工艺采用了单相中温湿式厌氧消化，其工艺流程见图 6-42。

① 污泥进料与调配 鲁岗污水处理厂的污泥脱水至 80% 含水率后，利用汽车输送至污泥处理中心。溪源污水处理厂和银定庄污水处理厂与该工程项目距离很近，仅有 200～300m，溪源污水处理厂的污泥脱水至 80% 含水率后泵送至污泥处理中心，银定庄污水处理厂污泥浓缩到 96% 后泵送至污泥处理中心。三者在厂区内的污泥调配混合均匀，在调配池内混合均匀使含水率达到 90% 左右。

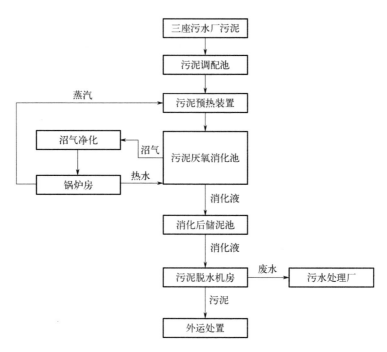

图6-42 保定市污泥处置中心某工程工艺流程图

② 污泥预热 通过沼气锅炉所产蒸汽对污泥预热池内的污泥进行加热，使厌氧进泥温度达到中温厌氧消化的要求。

③ 厌氧消化及沼气利用 调理后含水率90%的污泥，经过预热后进入厌氧消化罐（图6-43）内，在发酵25d后，产生沼气，沼气经过净化后送入燃气锅炉内燃烧，为厌氧系统供热，沼气处理工艺流程见图6-44。

④ 消化液脱水 厌氧消化处理后，消化液经过板框压滤机脱水，形成含水率60%的污泥，板框压滤液再送回至溪源污水处理厂协同处理。

图6-43 保定市污泥处置中心某工程厌氧消化罐

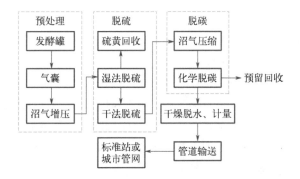

图6-44 保定市污泥处置中心某沼气处理工艺流程

（4）主要设计参数

① 物料衡算 保定市污泥处置中心物料衡算图如图6-45所示。

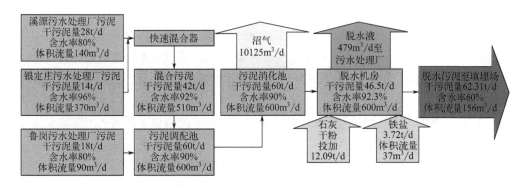

图6-45 保定市污泥处置中心物料衡算图

② 污泥预处理车间 污泥预处理车间主要进行污泥温度和含水率的调节，并将调节好的污泥送入后续污泥消化工段。

车间平面尺寸为30m×20m，其中包含：

污泥调蓄池：1座，有效调蓄容积为200m³；

污泥混合池：2座，单池有效容积为4m³；

调节池：3座，单座有效容积为140m³。

主要设备有：

搅拌器：10套；

污泥切碎机：4套；

污泥转子泵：4套，Q=30m³/h，P=300kPa；

污泥潜污泵：4套，Q=14m³/h，P=150kPa；

生物除臭装置：1套，处理能力为20000m³/h。

③ 厌氧系统 有机物厌氧消化的降解率一般为40%～50%，工程有机物降解率设

计值取 40%。

主要配套设备：穿壁式搅拌器 14 套（冷备 2 套）；内循环泵 8 台（冷备 2 台）；排渣泵 2 台，Q=50m³/h，P=150kPa。

④ 污泥脱水间　污泥干固体量为 46500kg/d，进泥量为 600m³/d，脱水前含水率为 92.3%，脱水后含水率为 60%，设计 $FeCl_3$ 投加量为 80kg/t DS，生石灰投加量为 260kg/t DS。

主要设备：立式搅拌器 6 套（冷备 1 套）；低压污泥进料泵 6 套（冷备 1 套），Q=150m³/h，P=0.6MPa；高压污泥进料泵 6 套（冷备 1 套），Q=50m³/h，P=1.0MPa；板框污泥脱水机 5 台，Q=62.3t/d；石灰料仓，有效容积为 24m³。

⑤ 沼气净化车间　沼气在此完成脱硫、脱碳、净化、干燥、增压等，尺寸 [B（宽）× L（长）×H（高）] 为 9m×35m×6m。

主要设备：湿法脱硫塔 1 套，D（直径）为 1200～1500mm，总长为 8000～12000mm；干法脱硫塔 2 套，D 为 1200mm，总长为 600mm；吸收法脱碳系统 2 套，标准状况下 Q=10000m³/d，吸收率≥ 99%；工艺压缩机 2 套，P=0.8MPa，Q=500m³/h。

⑥ 沼气火炬　多余的沼气利用沼气火炬燃烧释放，以保证厂区安全。设置 1 座柱形内燃式沼气火炬，标准状况下最大燃气量为 850m³/h。沼气火炬在进口处配置自动点火及安全保护装置，当储气柜顶部的压力信号指示需要点火时，沼气火炬会按照预设的程序进行点火。

⑦ 沼气锅炉　沼气锅炉为污泥消化提供蒸汽和热水，在调试期间利用市政天然气作为备用热源。采用单层框架结构，单台尺寸（$L×B$）为 26.6m×12m。

主要设备：卧式蒸汽锅炉（油气两用）2 台，单台锅炉额定蒸发量为 2.0t/h，蒸汽压力为 1.0MPa，锅炉效率为 94%。配套快速除污器、全自动软水器、循环水泵、定压膨胀补水机组、软水补水箱、集水器、分水器和汽 - 水换热机组。

⑧ 生物除臭　生物除臭装置采用一体化设计，放置在消化预处理间。

该工程除臭工序主要针对污泥预处理车间和污泥脱水机房，标准状况下臭气量为 20000m³/h 左右。

主要设备：风机 2 套（1 用 1 备），Q=20000m³/h，P=2.2kPa；加湿系统 1 套，Q=20000m³/h；除臭主体设备 1 套，Q=20000m³/h。

（5）主要经济指标

① 投资　该污泥处理工程概算投资为 46.5×10⁴ 元 /t（按污泥含水率 80% 计）。

② 运行成本　设计运行成本折合单位成本为 253.44 元 /t（按污泥含水率 80% 计）。

6.6　技术经济分析

根据对厌氧消化工艺及设备的综合分析得出：厌氧消化工艺（高温热水解工艺除

外）相较于其他处理工艺，投资及运行成本适中，但厌氧消化工艺对污泥的减量化程度有限，存在后续污泥处置问题，且占地面积较大，对运行要求较高。

以下是对污泥厌氧消化工艺的占地面积、工程投资及运行成本的相关汇总，可供参考。

6.6.1 占地面积

污泥厌氧消化项目需配置污泥接收系统、厌氧系统、沼气系统、脱水系统、污水处理系统，甚至需配置污泥晾晒系统等，占地面积较大。表 6-16 对国内部分污泥厌氧消化工程的占地情况进行了统计，因项目处理规模、处理工艺以及项目所包含的系统和项目边界不同，占地面积差异较大，从 $41.2 \sim 133.3 m^2/t$ 不等。餐厨、粪便联合厌氧项目的单位占地面积在 $40 \sim 50 m^2/t$，相对较小，部分项目因含阳光棚等晾晒干化系统而占地面积较大。与污水处理厂合建项目，占地面积多在 $70 \sim 90 m^2/t$。

表 6-16　国内部分污泥厌氧消化工程的占地面积统计表

序号	名称	处理规模 /(t/d)	大致总占地面积 /m²	单位占地面积 /(m²/t)
1	天津津南污泥处理项目	800	60000	75.0
2	保定市污泥处置中心某厌氧消化工程	300	21360	71.2
3	重庆鸡冠石某污泥厌氧消化工程	800（远期）	56850	71.1
4	上海白龙港污泥厌氧消化项目	1020	89400	87.6
5	中节能西安污泥热水解厌氧项目	1000	94000	94.0
6	大连夏家河污泥联合厌氧消化项目	600（污泥 400）	24701	41.2
7	北京通州污泥联合厌氧消化项目	600（污泥 100）	30000	50.0
8	北戴河新区污泥厌氧消化项目	300	35273	117.6
9	宁海城北污泥厌氧消化项目	150	11000	73.3
10	平顶山污泥厌氧消化项目	220	13334	60.6
11	北京高安屯污泥厌氧消化项目	1836	118600	64.6
12	衡水污泥厌氧消化阳光棚干化项目	150	20000	133.3

6.6.2 工程投资

根据《城镇污水处理厂污泥处理处置技术指南（试行）》，国内污泥消化系统运行良好的项目较少，采用的关键设备和配套设施主要依赖进口。因此投资和运行费用统计尚不具有典型性。一般情况下，厌氧消化系统的工程投资为 20 万～ 40 万元 /t（不包括浓缩和脱水）。若采用进口设备，投资成本将会增加。

污泥厌氧消化项目本身亦有多种工艺细分类别，工程投资差异性较大，表 6-17 对部分项目进行了统计。

表 6-17 部分污泥厌氧消化工程投资统计

序号	名称	处理规模 /（t/d）	大致总投资 /万元	湿泥投资 /（万元/t）
1	天津津南污泥处理项目	800	59600	74.5
2	保定市污泥处置中心/厌氧消化工程	300	13900	46.3
3	上海白龙港污泥厌氧消化项目	1020	68000	66.7
4	中节能西安污泥热水解厌氧项目	1000	59000	59.0
5	大连夏家河污泥联合厌氧消化项目	600（污泥400）	14700	24.5
6	北京通州污泥联合厌氧消化项目	600（污泥100）	25000	41.7
7	北戴河新区污泥厌氧消化项目	300	15800	52.7
8	平顶山污泥厌氧消化项目	220	7500	34.1
9	北京高安屯污泥厌氧消化项目	1836	154886	84.4
10	衡水污泥厌氧消化阳光棚干化项目	150	8753	58.4

通过对以上几个工程的统计可知，厌氧消化项目的湿泥投资差别较大。

① 早期和传统的厌氧消化工艺或联合厌氧消化工艺，采用国产设备的项目与《城镇污水处理厂污泥处理处置技术指南（试行）》中归纳范围基本一致，项目投资在 20 万～ 50 万元 /t；

② 采用污泥热水解的项目，项目投资在 50 万～ 90 万元 /t。其中，采用国外工艺技术及设备的项目投资最高，约为 85 万元 /t。

6.6.3 运行成本

同样根据《城镇污水处理厂污泥处理处置技术指南（试行）》，厌氧消化系统直接运行成本为 60 ～ 120 元 /t（不包括浓缩和脱水）。目前国内无相关运行数据的统计，根据《中国污泥处理处置行业市场分析报告（2018 版）》，污泥厌氧消化项目直接运行成本为 135元 /t（常规厌氧消化项目）。

第 7 章

污泥热干化

污泥热干化是指利用热介质，通过专门的工艺设备，对污泥进行直接或间接加热，使污泥中水分蒸发的一种工艺。本章主要对污泥热干化的干化原理及分类、工艺流程及参数、工艺设备、工艺优缺点及适用范围、工程案例进行介绍。

7.1 污泥热干化原理及分类

7.1.1 污泥热干化原理

污泥热干化是指通过热处理途径，将污泥中水分蒸发的过程。污泥热干化的目的一般是去除污泥中难脱除的水分。其包括传热和传质两方面，传热是干燥的热介质将热量传给污泥物料，用于加热污泥并将污泥中水分汽化；传质是污泥中水分在污泥内外部的迁移过程，包括蒸发和扩散两个过程。

蒸发过程：污泥表面水分的汽化蒸发过程，因污泥表面水蒸气分压小于热介质中水蒸气分压，污泥表面水分会从污泥表面汽化蒸发至热介质中。

扩散过程：当污泥表面水分汽化蒸发至热介质中后，污泥表面含水率低于内部含水率时，在热介质热量的作用下，水分会从污泥内部迁移至污泥表面。

影响污泥干化速率的因素有污泥的性质和形状、污泥的温度、污泥的含水率、热介质参数、热介质与物料的换热接触形式、干化机的设备结构等，其中根据大量试验研究和项目验证，污泥含水率对污泥干化速率具有较大的影响。

污泥干化过程由表面水汽化蒸发和内部水扩散两个过程共同组成，水分的扩散速度随着污泥含水率降低而不断下降，而表面水分的汽化蒸发速度则随着污泥含水率降低而上升。

污泥干化过程中，干化速率分可分为三个阶段，如图 7-1 所示。

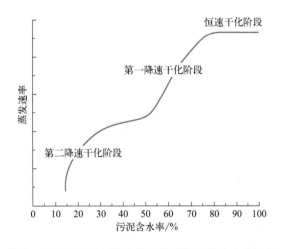

图 7-1　污泥干化过程中蒸发速率与污泥含水率关系

第一特征阶段称为"恒速干化阶段"，此阶段干化的水分为"自由水"；第二特征阶段称为"第一降速干化阶段"，此阶段干化的水分为"间隙水"；第三特征阶段称为"第二降速干化阶段"，此阶段干化的水分为"表面水"。整体来看，随着污泥含水率的降低，干化越来越困难。

首先干化出水为自由水（污泥含水率75%～100%），因自由水较容易蒸发释出，所以该阶段的蒸发速率基本为恒速蒸发；随着含水率的降低（污泥含水率55%～75%），干化出水变为间隙水，因间隙水的蒸发难度加大，所以进入第一降速干化阶段；随着含水率的继续降低（污泥含水率0%～55%），干化出水变为表面水和结合水，主要为污泥颗粒内部水分，蒸发难度继续加大，蒸发速率进一步降低，进入第二降速干化阶段。

以上是污泥含水率0%～100%整个干化过程蒸发速率的变化，但在实际应用中，热干化技术多用于含水率在40%以下的污泥干化处理。

7.1.2 污泥热干化分类

（1）按干化程度

按污泥热干化后污泥含水率不同，可分为全干化和半干化两种形式。

全干化和半干化的区别在于干化产品最终的含水率不同。全干化指干化后污泥含水率较低，一般含水率在10%以下；半干化主要指干化后污泥含水率在40%以下。需根据衔接的处理工艺或处置途径来选择全干化或半干化。

（2）按传热方式

污泥干化是依靠热量输入来完成的。热量的传递方式主要有直接加热、间接加热以及直接和间接混合加热三种形式，其中前两种形式较为常见，下面简要介绍这两种方式。

1）直接加热热干化

将高温烟气直接引入干化机内，通过高温烟气与湿污泥的接触和对流传热实现热干化。该方式的特点是热量利用效率高，然而因污泥与高温烟气直接接触，污泥中可挥发性有机物会有一定损失，从而导致干化产物的热值降低。此外，高温烟气也会携带较多干化污泥产生的粉尘。

2）间接加热热干化

通过换热器及其他热交换部件，将热介质中的热量传给湿污泥用于热干化，热介质的种类较多，包括蒸汽、高温烟气、导热油等。热介质在由换热器或热交换部件构成的封闭热交换回路中循环，不与待干化湿污泥直接接触。以热介质为蒸汽的间接干化工艺为例，蒸汽与污泥无接触，通过夹套壁等进行间接换热，实现污泥干化。

（3）按干化能源

利用不同能源提供干化过程所需的热量，能量来源可以是蒸汽、高温烟气、燃煤、沼气、天然气及燃油等。上述能源最终用于污泥干化时多以高温蒸汽、高温烟气及导热油为主。

通常间接加热热干化可利用上述三种形式,其利用的差别仅在于温度、压力和效率的不同,而直接加热热干化主要是利用高温烟气。

（4）按干化温度

按干化温度基本可分为低温、中温及高温三种。

① 低温干化:低温热泵干化机属于此类,干化温度在 60 ~ 80℃;

② 中温干化:多数热干化设备属于该干化温度范畴,以蒸汽和导热油为主,干化温度在 100 ~ 200℃;

③ 高温干化:高温热干化多以烟气为热源,烟气干化温度在 300℃以上。

7.2 工艺流程及参数

污泥干化的历史可追溯至 20 世纪初,1910 年,英国的 Bradford 公司开发了转窑式污泥干化机并开始应用于实际污泥干化。随后,美国也研发了类似的转窑式污泥干化设备。20 世纪 30 年代,闪蒸式干化机、带式干化机分别在美英两国的污水处理行业中出现。20 世纪 40 年代,日本、欧洲国家和美国采用直接加热式转鼓干化机来处理污泥。目前转鼓干化机主要有 4 家供应商,即奥地利的 Andritz、美国的 Bio Gro、瑞士的 Combi 和日本的 Okawara。除了 Okawara 的工艺之外,其余各厂家在干化前,均需用干物料与污泥混合形成含固率 60% ~ 70% 的小球状物质,这样可产生在转鼓里随意转动的小球颗粒。Okawara 公司生产的干化机则利用转鼓内的高速刮削刀来刮削泥饼,以形成可随意移动的产物。20 世纪 60 ~ 70 年代,污泥干化技术逐步得到完善,间接加热圆盘式干化机被应用于污泥干燥中,主要设备供应商有 Stord International Buss AG、Bepex、Komline-Sanderson 和 Seghers 等公司。进入 20 世纪 80 年代末期,由于污泥填埋、农用等方面的各种限制条件和不利因素的突显,以及该项技术在瑞典等国家一些污水处理厂的成功应用,污泥干化技术在西方一些工业发达的国家很快被推广开来。

目前国内采用的污泥干化设备,主要包括圆盘干化机、桨叶干化机、薄层干化机、转鼓式干化机、传统带式干化机、低温热泵干化机及离心干化机等。其中,圆盘干化机、桨叶干化机、薄层干化机属于间接换热方式,它们在工艺流程和设计参数上有相似之处;转鼓式干化机、传统带式干化机、离心干化机属于直接换热方式,它们在工艺流程和设计参数上也有相似之处;低温热泵干化属于单独的一种工艺流程,与其他干化设备的工艺流程和设计参数有一定区别。以下根据上述分类做具体工艺流程介绍。

（1）间接换热工艺流程

圆盘干化机、桨叶干化机、薄层干化机均采用间接换热方式,其主要工艺流程如

图 7-2 所示。

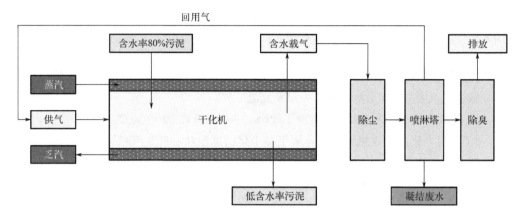

图 7-2　间接换热污泥干化机工艺流程

含水率 80% 的污泥经过污泥接收、储存系统暂存后，泵送到污泥干化机内。在干化机内，污泥经搅拌、推进装置的作用向前输送。向干化机壳体及部分中心轴通入蒸汽，在蒸汽的作用下，污泥中水分蒸发，蒸发的水分随着载气输送到除尘装置中，其原因是干化机后端随着污泥含水率下降，会有粉尘产生。在除尘装置内，载气中携带的粉尘被除去。除尘后的载气送入直接喷淋降温塔（或间接换热降温塔）中进行降温，将蒸发的水分及部分挥发性有机物捕集，达到去除水分、干化的目的。

（2）直接换热工艺流程

转鼓式干化机、传统带式干化机、离心干化机等采用了直接干化方式，其主要工艺流程如图 7-3 所示。

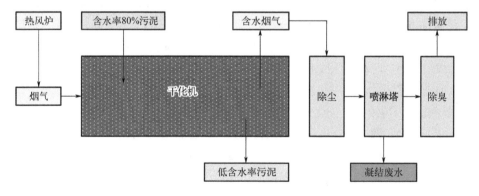

图 7-3　直接换热污泥干化机工艺流程

热风炉中产生高温烟气，高温烟气在直接接触式干化机内与污泥直接接触。转鼓式干化机内部设置抄板及搅拌打碎轴，这样可以尽量翻动和打碎污泥，从而增大污泥的接

172

触面积。传统带式干化机则是在与输送面相对静止的状态下干化，通过造粒机构的造粒铺料来增大接触面积。离心干化机则依靠离心机的高速旋转将物料迅速打散，从而增加接触面积。

7.3 工艺设备

7.3.1 圆盘干化机

圆盘干化机根据布局方式可分为卧式圆盘干化机和立式圆盘干化机。

湿污泥通过进料设备连续地输送至立式圆盘干化机（图7-4），首先落料至干化机上部的首层干化圆盘上，位于盘片中心的旋转轴带动拨料耙齿旋转，使湿污泥被翻抄，随着进料量的增加，污泥在耙齿作用下沿螺旋线在干化圆盘表面运动，随着进料增加，污泥逐渐由小圆盘中心被推送至圆盘外缘，并由小圆盘外缘落至下层大圆盘外缘。在下层大圆盘上，污泥自大圆盘边缘向内移动，并从大圆盘中间位置落料至下层小圆盘中。如此大小圆盘交替设置，污泥自上而下在筒体内进行连续干化。向中空的加热盘片中通入蒸汽等热介质，或向干化机内直接通高温干燥烟气，干化污泥由最后一层加热盘片落至筒体底部，由耙齿推至干化污泥出口排出，含有污泥蒸发水分的湿载气或湿烟气由干化机顶部排出，再通过冷凝实现干化。

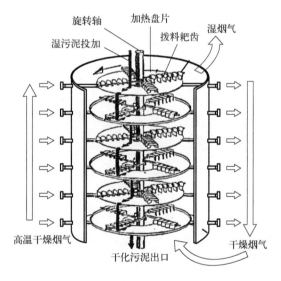

图7-4 立式圆盘干化机构造图

因卧式圆盘干化机在大型工程项目上应用更为广泛，以下以卧式圆盘干化机为例做详细介绍。

（1）设备原理及组成

1）设备原理

含水率 80% 左右的湿污泥通过泵将污泥送至卧式圆盘干化机（图 7-5 和图 7-6），圆盘干化机的转子为旋转中空轴，中空轴上设有很多组中空圆盘。干化机外壁为夹套壳体，夹套及中空圆盘内通有循环高温热介质（主要为蒸汽），可使干化机内的所有圆盘壁得到均匀有效加热。湿污泥从干化机的一端泵入，通过旋转加热圆盘与夹套壳体之间的空隙送至出泥端，输送过程中污泥与热介质进行热交换，将湿污泥中的水分蒸发出来，经侧面的出料阀排出，干化后的颗粒通过输送设备送至储仓或下级工序。

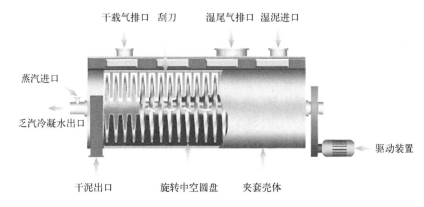

图 7-5　卧式圆盘干化机构造图

图 7-6　卧式圆盘干化机外观图

2）设备组成

卧式圆盘干化机主要由夹套壳体、旋转中空轴及盘片、驱动装置、污泥及载气进出口及其他各功能组件组成。

（2）设备型号

卧式圆盘干化机最早由国外引进，目前已实现国产化，国产设备在卧式圆盘干化机市场中也占据了大部分市场份额。国外生产企业有美国 US Filter、丹麦 Atlas-Stord、日本三菱等，国内主要生产企业有天通控股股份有限公司、江苏斯道德机械有限公司等，主要型号（以天通控股股份有限公司为例）见表 7-1。

表 7-1 卧式圆盘干化机型号

型号	功率 /kW	传热面积 /m²	全容量 /m³	外形尺寸（$L×B×H$）/mm
60D	15	78	4.5	5200×1900×2700
85D	22	107	6.0	6400×1900×2700
130D	45	150	9.0	6200×2500×3000
170D	45	190	11.5	7500×2500×3000
210D	55	240	15.0	9000×2500×3000
240D	75	270	17.5	8600×2800×3300
280D	75	329	20.0	10100×2800×3300
350E	90	350	26.0	10100×3000×3650
370D	90	411	26.0	10100×3000×3550

（3）设备选型计算

卧式圆盘干化机设备选型的主要依据为传热面积，可根据以下公式粗估：

$$S = \frac{1000M_{\text{wet}}\left[1-(1-W_{\text{wet}})/(1-W_{\text{dry}})\right]}{24nv}$$

式中　S——单台卧式圆盘干化机传热面积，m²；

M_{wet}——湿污泥量，t/d；

W_{wet}——湿污泥含水率，一般为 80% 左右；

W_{dry}——干化后干污泥含水率，根据不同设计条件，一般取干化后污泥含水率为 30%～40%；

n——干化机台数，台；

v——污泥干化机干化速率，一般取 15~20kg H₂O/（m²·h）。

计算得到传热面积后与厂家现有型号比对选型，选型时应结合湿污泥的输送量最终确定。

例如，某污泥干化项目设计含水率 80% 污泥的处理量为 300t/d，经过干化后污泥的含水率降至 40%，选用 2 台卧式圆盘干化机，在不返混的情况下，单台污泥干化机的传热面积为：$S = \dfrac{1000×300×[1-(1-80\%)/(1-40\%)]}{24×2×20}$ m²=208m²。

根据表 7-1，至少应选用 210D 型的干化机，即传热面积为 240m² 的单体设备。在满足传热面积的同时，湿污泥的输送量亦应达到 150t/d。

7.3.2 桨叶干化机

（1）设备原理及组成

1）设备原理

桨叶干化机结构原理（图7-7）与圆盘干化机类似，主要区别在于转子不同，其转子由互相咬合的2～4根桨叶轴（图7-8和图7-9）构成，污泥的整个干化过程在密闭状态下进行，载气在密闭条件下携带蒸发后的水汽及臭气排至尾气处理装置。

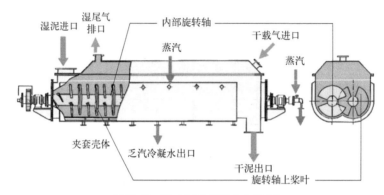

图 7-7 桨叶干化机结构原理图

图 7-8 四轴桨叶干化机

图 7-9 双轴桨叶干化机

桨叶干化机主要以蒸汽作为热介质，在桨叶干化机旋转轴端头设有蒸汽进出的旋转接头。一般桨叶干化机的蒸汽分两股，一股通入干化机夹套壳体内，另一股通入干化机内部旋转轴空腔。湿污泥通过输送设备连续送至干化机湿泥进口，湿污泥进入干化机后，通过旋转轴和桨叶的转动，污泥被不断翻抄、搅拌、推送，以此确保污泥与干化机侧壁和桨叶充分接触，从而不断更新加热界面。同时，随桨叶轴的旋转，物料以螺旋形轨迹向干泥出口方向输送。污泥在向前输送的过程中，被夹套壳体和旋转轴内的蒸汽同时加热，污泥充分吸收蒸汽所携带的热量，以传导加热方式对污泥进行干化，实现含水率的降低。最终，干化后污泥自干泥出口排出，携带水分及臭气的载气至干化机外冷凝，将水分排出。

2）设备组成

主要结构包括内部旋转桨叶轴、U 形夹套壳体、驱动装置、污泥及载气进出口其他各功能组件。内部旋转桨叶轴是桨叶干化机的主要加热面，它在加热污泥的同时，还通过不停转动，使物料混合并向前推进。为了解决污泥黏壁的问题，通常会对桨叶进行特殊设计。首先，通过设计桨叶的形状和结构可以减轻污泥的黏附；其次，通过设计桨叶转动的速度和方向可以避免污泥在黏滞区长时间停留；最后，由于桨叶在干化过程中会受到磨损，需要考虑桨叶的材料选择和耐磨性设计。

（2）设备型号

桨叶干化机目前在国内外均有生产，但因国内污泥无机物含量高，桨叶干化机对耐磨性要求较高，桨叶和干化机底部需考虑选择耐磨材质或涂覆涂层，国内较知名的污泥桨叶干化项目多采用进口设备，国外生产厂家有日本美得华、日本月岛、日本三菱、美国 Komline-Sanderson 等，表 7-2 以日本月岛设备型号为例。

表 7-2　桨叶干化机设备型号表

型号	传热面积 /m²	轴数 / 个	长 /mm	宽 /mm	高 /mm	功率 /kW	转速 /(r/min)
180 DS	2	2	2300	325	650	1.5	45
250 DS	5	2	2820	490	800	2.2	35
300 DS	10	2	3970	570	1100	3.7	30
400 DS	15	2	4310	730	1200	5.5	22
500 DS	20	2	4470	910	1400	7.5	17
600 DS	30	2	5240	1090	1600	11.0	15
700 DS	40	2	5970	1260	1800	15.0	13
800 DS	50	2	6330	1470	1900	18.5	11
900 DS	65	2	7040	1640	2300	22.0	9
1000 DS	80	2	7570	1820	2500	30.0	8

型号	传热面积 /m²	轴数 / 个	长 /mm	宽 /mm	高 /mm	功率 /kW	转速 /(r/min)
1000 DSL	100	2	8770	1820	2500	37.0	8
900 QS	125	4	7180	3110	2560	44.0	9
900 QSL	150	4	7720	3110	2560	90.0	9
1000 QSL	200	4	9170	3440	2800	148.0	8
1250 QSL	250	4	8880	4235	3200	275.0	6

（3）设备选型计算

计算公式同第 7.3.1 节中 "（3）设备选型计算"。同样，例如某污泥干化项目，设计含水率80%污泥的处理量为300t/d，经过干化后污泥的含水率降至40%左右，选用2台浆叶干化机，在不返混等情况下，单台污泥干化机的传热面积为：

$$S = \frac{1000 \times 300 \times [1-(1-80\%)/(1-40\%)]}{24 \times 2 \times 20} \ \mathrm{m^2} = 208 \mathrm{m^2}$$

根据表7-2，至少应选用1250 QSL型的干化机，即传热面积为250m²的单体设备。除满足传热面积外，湿污泥的输送量亦应达到150t/d。

7.3.3 薄层干化机

（1）设备原理及组成

1）设备原理

薄层干化技术也是比较成熟的干化工艺，国内应用项目多以进口设备为主。在干化机内部，热量以饱和蒸汽或导热油形式在夹套中循环，其设备原理如图7-10所示。

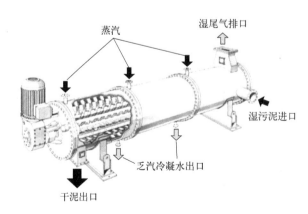

图 7-10　薄层干化机设备原理图

178

薄层干化机由带加热层的圆筒夹套壳体、转动拨料转子和驱动三部分组成。薄层干化机所利用蒸汽一般为 0.5 ～ 0.7MPa 的饱和蒸汽，各部分材质根据污泥性质和干化机使用年限确定。

80% 含水率湿污泥通过污泥给料泵连续泵送进干化机。湿污泥进入干化机后，通过干化机内旋转转子形成薄层并涂布于夹套内壁（热壁）上，形成 5 ～ 10mm 的污泥薄层。热壁温度高于水的沸点，因污泥层较薄，污泥中的水分快速蒸发，在内壁表面形成一层蒸汽保护层，在蒸汽保护层的作用下污泥不会黏附在热壁表面，而是从热壁表面不断地脱落更新，在向出料口推进过程中不断干化。

转子上叶片的设置有多种形式，分别具有布层、推进、搅拌、破碎功能，叶片由螺栓固定在转子的轨道结构上，每一个叶片均可以调节和更换。在转子转动和叶片涂布作用下，湿污泥进入干化机后会被均匀地涂布在热壁表面，形成一个动态变化的薄层，随着负责推进的叶片不断推送污泥，薄层不断更新，直至出料口污泥被干化至设计含水率。干化产生的湿尾气在薄层干化机内部与污泥逆流流动接触，由污泥进料口上方的湿尾气排放口排出，温度较高的湿尾气先经过旋风除尘去除粉尘，后经喷淋塔或冷凝塔冷凝其中的水分，实现脱水干化，最终不凝气通过废气风机排至臭气处理系统。整个系统通过废气风机维持负压状态，避免臭气及粉尘外逸。

2）设备组成

薄层干化机（图 7-11）主要由夹套外壳、转子及叶片、驱动三部分组成。薄层干化机一般随机附带检修小车，用于设备检修，通常在干化机驱动端设置与转子等长的轨道，驱动端检修小车与设备相连，拆卸端盖后，非驱动端检修小车与转子中轴相连，转子可沿轨道抽出，进行叶片的更换和内壁的检测。

图 7-11 薄层干化机设备外观

薄层干化机多数采用进口设备，夹套壳体材质一般采用欧标耐高温锅炉钢，热壁作为污泥与热介质的传热部分，可提供所需的换热面积以及形成污泥薄层的载体，热壁材质有多种可选，其中以 Naxtra-700 高强度结构钢覆层材料为主，广泛应用于市政污泥行业，其防腐、耐磨性优于其他材料，转子及叶片材料一般采用不锈钢 SUS316L。

（2）设备型号

薄层干化机的技术源自德国 Buss-SMS-Canzler 公司，同技术源头还有瑞士 Raschka

公司。薄层干化机主要型号参数见表 7-3。

表 7-3　某进口薄层干化机设备型号及主要参数表

型号	传热面积 /m²	功率 /kW	污泥处理量 /(t/d)	水分蒸发量 /(t/h)	外形尺寸（L×B×H)/mm
NDS-0350	3.5	55	3.6	0.107	4650×850×950
NDS-0500	5	55	5.4	0.161	5180×1000×1000
NDS-0800	8	75	8.4	0.250	6835×1180×1350
NDS-1400	14	75	15.6	0.464	8080×1300×1490
NDS-2000	20	90	22.8	0.679	9695×1500×1650
NDS-2500	25	110	28.8	0.857	9965×1700×1850
NDS-3000	30	132	33.6	1.000	11755×1700×1850
NDS-3500	35	132	39.6	1.179	11473×2000×2000
NDS-4000	40	132	45.6	1.357	13680×2000×2000
NDS-5000	50	160	57.6	1.714	13820×2400×2300
NDS-6000	60	200	68.4	2.036	15730×2400×2300
NDS-7000	70	220	80.4	2.393	15850×2650×2600
NDS-8000	80	250	92.4	2.750	18080×2650×2600
NDS-9000	90	315	103.2	3.071	19000×2750×2900
NDS-10000	100	355	115.2	3.429	19000×2950×3100
NDS-11000	110	355	127.2	3.786	20755×2950×3100
NDS-12000	120	400	138.0	4.107	22230×2950×3100
NDS-13000	130	450	162.0	4.464	22230×3150×3300
NDS-14000	140	560	162.0	4.821	22130×3400×3600
NDS-15000	150	630	174.0	5.179	23310×3400×3800

注：表中污泥处理量和水分蒸发量按照进泥含水率 80%、出泥含水率 30% 来计算。

（3）设备选型计算

计算方式同第 7.3.1 节中的"（3）设备选型计算"。薄层干化机的蒸发速率相对较高，一般取 35~40kg H_2O/（m²·h）。

同样，例如某污泥干化项目，设计含水率 80% 污泥的处理量为 300t/d，经过干化后污泥的含水率降至 55% 左右（一般薄层干化机干化到 50% ～ 65% 较为合适，设备可脱水到含水率更低，但若设备转速较高，则会对设备磨损变大），选用 2 台薄层干化机，单台污泥干化机的传热面积为：

$$S = \frac{1000 \times 300 \times \left[1 - (1 - 80\%) / (1 - 55\%) \right]}{24 \times 2 \times 37.5} \text{m}^2 = 93\text{m}^2$$

根据表 7-3，应选用 NDS-10000 型的干化机，即传热面积为 100m² 的单体设备。除满足传热面积外，湿污泥的输送量亦应达到 150t/d。

7.3.4 转鼓式干化机

（1）设备原理及组成

1）设备原理

转鼓式干化机运行温度一般在 400℃以上，多采用天然气或生物质燃料燃烧释放的高温烟气做热源，对污泥进行直接加热。转鼓式干化机在高温运行时，内部会产生一定量的粉尘，部分可挥发性气体也有释放，需要给设备设计安全保护设施，且转鼓式干化机只适合高温运转，会消耗优质的化石燃料，很难利用低中温废热。

转鼓式干化机的主要组成部分是与地坪略呈一定倾斜角度的旋转滚筒，见图 7-12，干化过程中产生的烟气与污泥一般采用顺流式设计。湿污泥经给料输送设备由干化机滚筒上部送入，在转鼓内通过抄泥板的翻动和筒体自带倾角，将污泥向前输送，与同侧进入的热烟气直接接触，热烟气流速为 1.2～1.3m/s，温度在 500℃左右，热烟气直接加热湿污泥，使湿污泥中的水分蒸发。滚筒中部设置旋转破碎搅拌轴，使进入转鼓的湿污泥在滚筒内被快速打散，特别是针对黏性污泥，能使其不聚拢成坨，增加污泥与热烟气的接触面积，提高热效率以及干燥速率。经过 20～60min 的处理后，烘干后的污泥从干泥出口排出，降温后的烟气经旋风除尘去除烟气中携带的粉尘，再进入后续烟气处理工序。

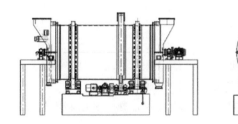

图 7-12　转鼓式干化机

2）设备组成

该设备由驱动、外滚筒、内抄板、内旋转打碎轴、进出料口、烟气进出口等部分组成。

3）设备特点

转鼓干化机具有如下特点：

① 破碎搅拌装置和圆筒回转会使总传热系数较高，且物料破碎后比表面积增大，

181

蒸发效率提高；

②烟气与污泥直接接触；

③与物料进行热交换的烟气，一般换热后排烟温度在100～160℃，直排并未充分利用热量，还会造成设备能耗较大，因此宜考虑热量回收。

（2）设备应用

目前在国内的污泥项目中，该类型设备主要应用于烟气直接接触的干化项目，常与焚烧气化类项目相结合。

7.3.5 传统带式干化机

（1）设备原理及组成

1）设备原理

传统带式干化机（图7-13）原理与其他用于热干化的干化机原理类似，利用高温热源，通过直接加热或间接加热形成热风（主要为直接加热），热风带走湿污泥中的水分，干化温度在80～150℃，后在冷凝设备中将热风中的水分冷凝外排，达到热干化目的。

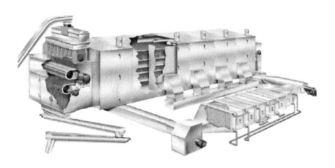

图7-13　传统带式干化机示意图（自带燃烧器类型）

带式干化机通常为直接加热形式，亦有间接加热，其所利用热源较为广泛，可分为以下几类。

直接加热烟气类：可利用污泥焚烧所产高温烟气进行加热。

直接加热燃料类：可利用污泥气化炉所产生的可燃气、燃油及天然气等常规燃料以及有机质发酵所产沼气等，该类型设备需配备燃烧器，对燃料进行燃烧后给带式干化机提供热烟气。

间接加热热介质类：可通过蒸汽、热水及导热油进行间接换热干化。

其干化工艺过程因热源及换热形式的差异而不同，以下列举几种工艺流程。

①天然气或重油热源气体闭路循环流程，如图7-14所示。

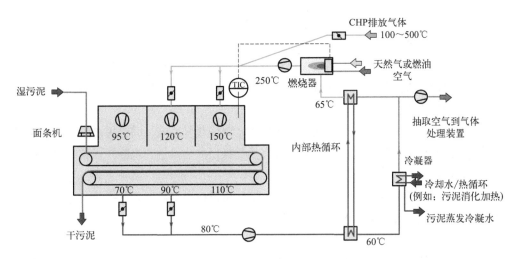

图 7-14　天然气或重油热源气体闭路循环流程图

CHP—热电联供系统；TIC—温度变送器

含水率 60% ～ 80% 污泥通过污泥接收及输送系统，将物料输送到塑形装置内，将污泥挤压塑形成条状颗粒，落料在带式输送机内。

天然气或燃油等原料通过燃烧器燃烧，然后通过燃烧器风机给系统供热，同时可汇入 CHP 热电联产所剩余的余热烟气，因污泥在带式机中的含水率不同，带式机内部的干化温度也不同。热烟气穿过多层污泥层，带走污泥中水分，从而实现污泥脱水干化。

载有污泥中水分的烟气与燃烧器进风换热，降低载气温度，提高燃烧器进风温度，减少热量损失。随后通过循环冷却水将热交换后的热风进一步冷却，将载气中水分冷凝外排。

② 蒸汽热源气体闭路循环流程，如图 7-15 所示。

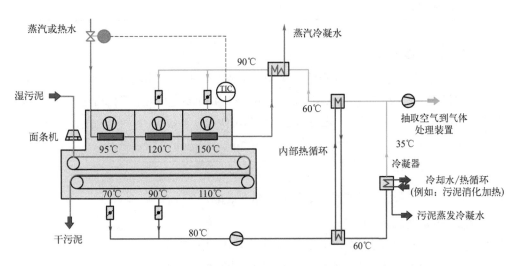

图 7-15　蒸汽热源气体闭路循环流程图

含水率 60% ~ 80% 污泥通过污泥接收及输送系统，将物料输送到塑形装置内，将污泥挤压塑形成条状颗粒，落料在带式输送机内。

周边可利用的蒸汽或热水通入干化机内换热管道，同时给干化机供低温热风，通过热风及管道内蒸汽或热水，一并对污泥进行加热，热风穿过多层输送带上的污泥，带走污泥中蒸发的水分。

载有污泥中水分的烟气与干化机进风换热，降低载气温度，同时提高干化机进风温度，减少热量损失。随后通过循环冷却水将热交换后的热风进一步冷却，将载气中的水分冷凝外排。

冷凝脱水后的低温干载气部分回风，与干化机出口向高温湿载气换热，再与蒸汽或热水换热，提高进风温度后循环回干化机。

2）设备组成

干化机由塑形装置、干燥腔、带式输送机、风机、内部换热器、冷凝器及传送带清洗装置等组成。

（2）设备型号

以南通爱可普环保设备有限公司为例，传统带式干化机设备型号见表7-4。

表 7-4　传统带式干化机设备型号

型号	LTD100	LTD200	LTD300	LTD400	LTD500
蒸发量/（kg H$_2$O/h）	120	200	320	400	520
长/mm	8000	10000	13000	10000	12000
宽/mm	3000	3000	3000	6000	6000
高/mm	2500	2500	2500	2500	2500
系统安装功率/kW	56	83	128	155	202

（3）设备选型计算

例如某污泥干化项目，前端经过深度脱水或一级干化，出泥含水率在65%左右，污泥处理量为57.1t/d（折算含水率80%污泥仍然为100t/d），经过干化后污泥的含水率降低到40%左右，污泥带式干化机的选型计算可参考以下公式。

$$v = \frac{1000 M_{wet} \left[1 - (1 - W_{wet}) / (1 - W_{dry}) \right]}{24 n \varphi}$$

式中　v——单台带式干化机单位时间蒸发量，kg/h；

M_{wet}——湿污泥量，t/d；

W_{wet}——湿污泥含水率，一般在80%左右，本例按70%；

W_{dry}—— 干化后干污泥含水率，根据不同设计条件，一般取半干化污泥含水率30% ~

40%，本例按 40%；

　　n——干化机台数，台，本例选 2 台；

　　φ——污泥干化机效率。

代入计算可得：

$$v=\frac{1000\times57.1\times[1-(1-70\%)/(1-40\%)]}{24\times2\times80\%}\text{kg}/\text{h}=743\text{kg}/\text{h}$$

所以至少应选用两台 LTD400 型的干化机。

7.3.6　低温热泵干化机

热泵干化技术源自美国，1950 年美国申请相关专利，因其具有较好的节能优势，随后在全球各工业领域开始推广应用。比如，20 世纪 90 年代，日本已经有超过 10% 的干化设备采用热泵装备。但热泵干化技术早期集中应用于木材干化、食品干化、药物及生物制品灭菌及干化、化工原料干化等领域。在我国首先也是应用于上述行业，但在 2013年左右，污泥低温热泵干化机（图 7-16）开始应用于危险废物及市政污泥干化处理，截至目前已有大量热泵污泥干化项目。

图 7-16　低温热泵干化机外观图

（1）设备原理及组成

1）设备原理

低温热泵干化设备可根据不同污泥特性采用不同的流程和结构，图 7-17 为热泵干化装置加热循环机理。

低温热泵干化机一般由两个子系统组成：热泵系统和干化系统。在热泵系统中，热泵工质（冷媒）沿 1 → 2 → 3 → 4 → 1 循环。在干化系统中，干燥介质（空气）沿5 → 6 → 7 → 5 循环。

热泵系统和干燥系统通过干燥介质循环形成一个有机整体，其中：

1 → 2 为等熵压缩过程，热泵系统中冷媒由低温低压气态到高温高压过热气态转变；

2→3 为等压冷凝放热过程，热泵系统中冷媒由高温高压过热气态到中温高压液态转变；

3→4 为等焓节流过程，热泵系统中冷媒由中温高压液态到低温低压气液混合态转变；

4→1 为等压蒸发吸热过程，热泵系统中冷媒由低温低压气液混合态到低温低压气态转变。

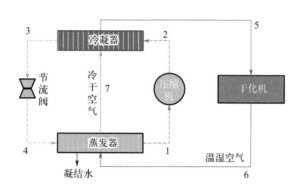

图 7-17　热泵干化装置加热循环机理图

如此反复循环，通过压缩机获得驱动冷媒进行循环的吸热放热条件，从而实现干化机内热风的循环吸热放热，最终实现除湿脱水。

目前低温热泵干化机冷媒多采用 R22（二氟一氯甲烷）和 R134a（1，1，1，2-四氟乙烷），其中以 R134a 应用最多。

图 7-18 为该低温热泵干化技术应用到具体的污泥低温热泵干化中的原理流程图。

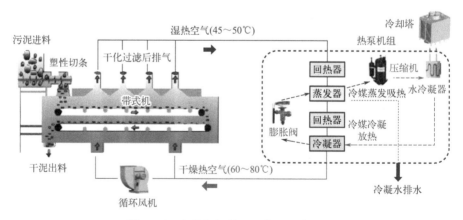

图 7-18　污泥低温热泵干化原理流程图

① 污泥低温热泵干化机干化空气循环：循环风机将干燥的热空气（60～80℃）吹送至多层带式机输送面上，干化带式机输送其面上的污泥颗粒，干燥热空气吸收湿污泥

颗粒中的水分，形成温度降低后的湿热空气（45～50℃），湿热空气在热泵机组内经过热泵回热器，在蒸发器的除湿作用下脱除湿热空气中水分，后通过回热器和冷凝器对除湿后的干冷空气进行加热，又形成干燥热空气（60～80℃）。

② 污泥低温热泵干化机热泵冷媒循环：在热泵封闭循环系统中，低温低压的冷媒液体经冷媒蒸发器时，冷媒蒸发吸收湿热空气中的水分，将湿热空气中的水分冷凝，实现除湿干化；蒸发后低温低压冷媒气体再进入压缩机，压缩机对上述气体做功形成高温高压的冷媒气体，该气体流经冷媒冷凝器时，冷媒冷凝放热，对除湿后的干冷空气加热，形成干燥热空气；冷凝后的冷媒形成中温高压冷媒液体，再经膨胀阀释放压力，形成低温低压冷媒液体。

污泥低温热泵干化机组可通过上述两个循环过程，实现污泥的连续、循环除湿干化。

2）设备组成

表 7-5 为以广州晟启能源设备有限公司为例的低温热泵干化机模块组成。

表 7-5 低温热泵干化机模块组成

序号	名称	规格	数量
除湿热泵			
1	涡旋压缩机	SZ147，10kW	4台
2	主风机	5.5kW	2台
3	轴流风机	1.1kW，60Hz	4台
4	蒸发器	B10 铝复合，防腐处理	2套
5	一级冷凝器	B10 铝复合，防腐处理	1套
6	二级冷凝器	B10 铝复合，防腐处理	2套
7	表冷器	B10 铝复合，防腐处理	1套
8	回热器	板翅式	4套
9	热力膨胀阀	25	4套
10	省能热交换器	513	4套
11	干燥过滤器	305	4套
12	板式初效过滤器	525mm×435mm×46mm	6套
13	袋式过滤器	525mm×435mm×470mm	6套
网带输送机			
切条机及进料斗			

（2）设备型号

目前主要有两种类型的低温热泵干化机组。

常规低温热泵干化机：通常所说的低温热泵干化机组。

利用余热的低温干化机：因整体仍为低温干化机，高温烟气余热或蒸汽余热不宜直接应用在余热低温干化机中，而需要换热成低温的热水对污泥进行加热。

常规低温热泵干化机设备分为三效及四效，表 7-6 和表 7-7 分别为广州晟启能源设备有限公司三效和四效低温热泵干化机型号参数。

表 7-6　三效低温热泵干化机型号参数表

型号	600SL	1200SL	2400FL	4800FL	7200FL	9600FL	14400SL
标准去水量 /（kg/d）	600	1200	2400	4800	7200	9600	14400
去水量 /（kg/h）	25	50	100	200	300	400	600
运行功率 /kW	8	14	26	51	75	106	156
模块数 / 台	1	1	1	2	3	2	3
压缩机数 / 台	1	1	4	8	12	8	12
冷却方式	水冷		风冷				水冷
冷却水流量（ΔT=15℃）/（m³/h）	0.2	0.4	—				9.0
制冷剂	R134a						
电源 /V	220/380						
干燥温度 /℃	48～56（回风）/65～80（送风）						
适用含水率 /%	40～82						
出泥含水率 /%	20～60（可调）						
设备尺寸（$L \times B \times H$）/mm	2625×1277 ×1850	3170×1580 ×2080	3810×2215 ×2420	6150×2215 ×2420	9210×2215 ×2420	7900×3110 ×3200	11150×3110 ×3200
型号	19200SL	24000SL	28800SL	33600SL	38400SL	43200FL	48000SL
标准去水量 /（kg/d）	19200	24000	28800	33600	38400	43200	48000
去水量 /（kg/h）	800	1000	1200	1400	1600	1800	2000
运行功率 /kW	208	260	312	364	416	468	520
模块数 / 台	4	5	6	7	8	9	10
压缩机数 / 台	16	20	24	28	32	36	40
冷却方式	水冷						
冷却水流量（ΔT=15℃）/（m³/h）	12	15	18	21	24	27	30
制冷剂	R134a						
电源 /V	220/380						
干燥温度 /℃	48～56（回风）/65～80（送风）						

适用含水率 /%	40 ～ 82						
出泥含水率 /%	20 ～ 60（可调）						
设备尺寸（L×B×H）/mm	14400×3110×3200	17650×3110×3200	20900×3110×3200	24150×3110×3200	27400×3110×3200	30650×3110×3200	33900×3110×3200

表 7-7　四效低温热泵干化机型号参数表

型号	19200SL	24000SL	28800SL	33600SL	38400SL	43200FL	48000SL	48600SL	54000SL
标准去水量 /（kg/d）	10800	16200	21600	27000	32400	37800	43200	48600	54000
去水量 /（kg/h）	450	675	900	1125	1350	1575	1800	2025	2250
运行功率 /kW	105	155	205	255	305	355	405	455	505
模块数 / 台	2	3	4	5	6	7	8	9	10
压缩机数 / 台	8	12	16	20	24	28	32	36	40
冷却水流量（ΔT=15℃）/（m³/h）	8.5	12.8	17.0	21.0	25.5	30.0	34.0	38.0	42.5
制冷剂	R134a								
电源 / V	220/380								
干燥温度 /℃	48 ～ 56（回风）/65 ～ 80（送风）								
适用含水率 /%	40 ～ 82								
出泥含水率 /%	20 ～ 60（可调）								
设备尺寸（L×B×H）/mm	7900×3110×3200	11500×3110×3200	14400×3110×3200	17650×3110×3200	20900×3110×3200	24150×3110×3200	27400×3110×3200	30650×3110×3200	33900×3110×3200

（3）设备选型计算

某污泥干化项目，设计含水率 80% 污泥处理量为 100t/d，经过干化后污泥的含水率降至 40% 左右，污泥低温干化机的选型计算可参考第 7.3.5 节中 "（3）设备选型计算" 计算可得：

$$v = \frac{1000 \times 100 \times [1-(1-80\%)/(1-40\%)]}{24 \times 2 \times 80\%} \text{kg} / \text{h} = 1736 \text{kg} / \text{h}$$

189

一般选型时需考虑 1.3 左右的选型系数，即应选用 2257kg/h 蒸发量的设备。

7.4 工艺优缺点及适用范围

污泥热干化系统对比见表 7-8。若为集中型污泥处理中心，周边有蒸汽等稳定热源时，可考虑单独干化，如圆盘、桨叶、薄层、传统带式干化机；周边无蒸汽等稳定热源时，可考虑干化焚烧，如圆盘、桨叶、薄层干化机。若为分散型水厂内处理站，规模较小，可考虑低温热泵干化等。

表 7-8　污泥热干化系统对比表

序号	对比项	圆盘干化机	桨叶干化机	薄层干化机	转鼓干化机	传统带式干化机	低温热泵干化机
1	进泥含水率	一般为80%	一般为80%	一般为80%	60%～80%	60%～80%	70%～80%
2	一般出泥含水率	30%左右（可调）	30%左右（可调）	60%左右（可调）	30%左右（可调）	30%左右（可调）	30%左右（可调）
3	进泥泥质要求	不高	不高	高	不高	高	高
4	换热形式	间接干化	间接干化	间接干化	直接干化	直接干化	直接干化
5	热源	蒸汽	蒸汽为主	蒸汽或导热油	烟气或热风	烟气或热风	电热风
6	干化热源参数	低品位饱和蒸汽（≤180℃，≤1MPa）	低品位饱和蒸汽（158～175℃，0.5～0.9MPa）	饱和蒸汽（0.6～1MPa，160～180℃），或导热油（0.6～1MPa，220～280℃）	300℃以上	80～150℃	60～70℃
7	设备转速	10～50r/min	6～45r/min	100r/min	300r/min	0.5m/s	0.5m/s
8	检修复杂程度	一般	一般	较复杂	一般	简单	简单
9	设备安全性	需做含氧量检测、检测压力设备	需做含氧量检测、检测压力设备	需检测压力设备	粉尘量较大，应采取针对性安全措施	一般，少量粉尘	一般，粉尘量较大
10	占地面积	一般	一般	大	一般	一般	一般
11	投资（进口或国产优质设备）	一般（国产优质）	大（进口）	大（进口）	一般（国产优质）	一般（国产优质）	一般（国产优质）

7.5 工程案例

7.5.1 天津某污泥干化工程

（1）基本概况

工程建设规模为200t/d，处理含水率80%的污泥，其中配套污水站土建按400m³/d完成，设备按200m³/d投建，项目建设用地面积为13087m²，建筑面积为4908.3m²，见图7-19。

图7-19 天津某污泥干化厂外观图（右侧为垃圾焚烧厂）

污泥干化工艺采用苏伊士两段法工艺，即"薄层蒸发器＋带式干化机"，将污泥由80%含水率降至10%～40%（可调）。利用垃圾焚烧厂电能、蒸汽、除盐水、冷却水等，将污泥干化后送到垃圾焚烧厂焚烧。项目干化后尾气冷凝水、清洗水等生产生活废水，经废水处理站处理达到《污水综合排放标准》（DB 12/356—2008）（已废止，现行DB12/356—2018）中三级排放标准后，排入垃圾焚烧厂的排水系统，最终排放到营城污水处理厂，COD排放总量≤25.1t/a，氨氮≤1.8t/a，臭气经过除臭系统处理后达到《恶臭污染物排放标准》（DB12/—059—95）（已废止，现行DB12/059—2018）中的要求。

（2）工艺流程

污泥干化处理工艺采用了两段法工艺，具体工艺流程见图7-20。

1）污泥接收和储存

含水率80%污泥车载运输到污泥干化厂，利用垃圾焚烧厂的地磅称重后，在污泥接收仓内（图7-21）卸料，通过污泥接收仓底部的滑架、输送螺旋、螺杆泵，将污泥输送到中间储仓，过程管路设置除杂器。通过中间储仓下滑架、螺旋及螺杆泵，将污泥输送到薄层干化机内，进入干化工序。

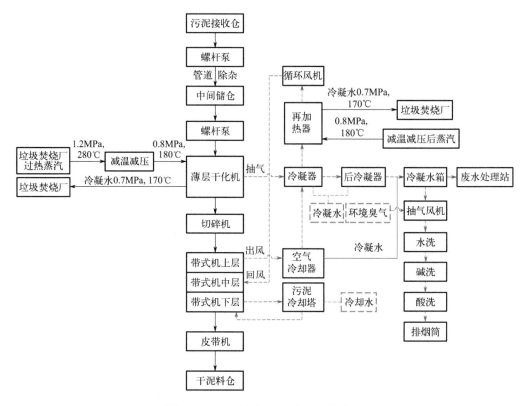

图 7-20　天津某污泥干化厂工艺流程

图 7-21　天津某污泥干化厂污泥接收仓及配套设备

2）污泥薄层干化

在污泥在薄层干化机（图 7-22）内进行一级干化，薄层干化机外通过 0.5MPa、160℃的过热蒸汽对污泥进行间接加热，将含水率降至 60% 以下。对薄层干化机内部空间进行抽气，含水抽气输送到冷凝器与带机出风换热降温，再到后冷凝器通过循环冷却水降温，使抽气中水分冷凝，收集在冷凝水箱中，冷凝水箱连接抽气风机，从冷凝水箱抽取的废气输送到除臭系统，冷凝水箱收集的冷凝废水输送到污水站处理。

图 7-22　天津某污泥干化厂薄层干化机

3）污泥带式干化

薄层干化机出料落料至切碎机，切碎机将污泥挤压切条造粒，造粒后污泥通过中间输送带送至带式干化机（图 7-23）输送带，通过热风直接加热，在带式干化机三层输送面内实现进一步脱水，污泥含水率降低到 10% ～ 40%（可调），携带污泥中水分的热风首先在空气冷却器中与冷却水换热，将热风中水分冷凝排至冷凝水箱，实现脱水。脱水后干冷风通过冷凝器与薄层出风换热加热，后经过再加热器与过热蒸汽换热加热，变成干热风，循环到带式机内，实现循环脱水。带式机最底层输送带设置冷却水对干污泥进行降温。

图 7-23　天津某污泥干化厂带式干化机

4）干污泥输送机储存

通过带式机脱水后的干污泥，降温后通过两级皮带输送机（图 7-24）输送到干污泥料仓内，自干污泥料仓车载外运。

图 7-24　天津某污泥干化厂两级皮带输送机

5）减温减压工艺流程

项目蒸汽来自附近垃圾焚烧厂汽轮机一抽蒸汽，其参数为 1.2MPa、280℃过热蒸汽，通过减温减压装置将蒸汽参数降至 0.82MPa、176℃，减温所用的除盐水来自垃圾焚烧厂除盐水制备车间。

6）污水处理站工艺流程

污水处理站总规模为 400m³/d，分两期工程建设，土建工程按 400m³/d 一并完成，设备分为两期，目前仅投建一期工程，规模为 200m³/d。

污水处理站处理废水包括：生活污水、生产性污废水、污泥蒸发冷凝液、除臭处理系统的排污水。污水处理站位于厂区的西北侧，一期工程完成 400m³/d 处理能力的土建工程和各类辅助设施，完成 200m³/d 的设备安装。工程占地面积约 950m²，采用 A/O+MBR（膜生物反应器）工艺，设有调节池、除磷沉淀池、好氧池、厌氧池、膜池及附属设备，处理后出水水质应达到天津地方标准《污水综合排放标准》（DB12/356—2008）中三级标准要求。具体工艺流程如图 7-25 所示。

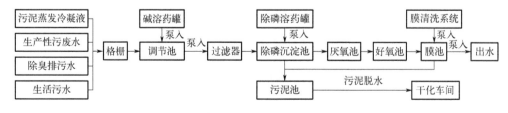

图 7-25　天津某污泥干化厂污水处理工艺流程

污水处理站进水通过格栅去除进水杂质，后自流到调节池内。在调节池内设置潜水搅拌机进行搅拌，在调节池内，视情况投加碱液调节 pH 值。通过潜污泵送到除磷沉淀池，过程管道设置过滤器，在除磷沉淀池内投加 PAC。除磷污泥自流到污泥池内，除磷后的污水再经过 A/O+MBR 生化及膜处理后出水排放，膜池内污泥亦送至污泥池收集。污泥池污泥目前泵送到生活垃圾焚烧厂渗滤液系统脱泥机内，脱水后人工运输到干化车间的污泥接收仓。系统在池体设置吸风口，对臭气进行收集后送到厂区的集中除臭系统。

7）除臭工艺流程

该工程除臭工艺采用了化工除臭工艺"水洗+碱洗+酸洗"，设计风量为 50000m³/h，两条线设计，单条线风量为 25000m³/h。臭气经过除臭系统处理后符合《环境空气质量标准》（GB 3095—1996）（已废止，现行 GB 3095—2012），并达到《恶臭污染物排放标准》（DB12/—059—95）的要求，排放总量执行氨排放 ≤ 0.29t/a，H₂S ≤ 0.68t/a。具体除臭工艺流程见图 7-26。

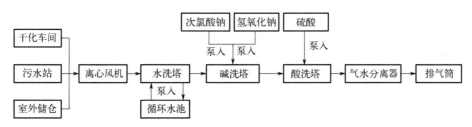

图 7-26　天津某污泥干化厂除臭工艺流程

（3）主要设计参数

天津某污泥干化厂主要设计参数见表 7-9。

表 7-9　天津某污泥干化厂主要设计参数

序号	设计参数	指标	备注
1	设计泥量 /(t/d)	200	—
2	进泥含水率 /%	80	—
3	薄层干化机出泥含水率 /%	58 ～ 60	—
4	带式干化机出泥含水率 /%	< 30	—
5	薄层干化机蒸汽温度 /℃	160	0.5MPa
6	薄层干化机内温度 /℃	130 ～ 150	—
7	薄层干化机抽气温度 /℃	100	—
8	单台薄层干化机蒸发量 /(t/h)	3.24	—
9	来自垃圾焚烧厂的蒸汽温度 /℃	280	1.2MPa
10	单座接收仓容积	最大车容的 2 倍	滑架仓

序号	设计参数	指标	备注
11	高位储仓容积储存期 /d	1	—
12	仓下泵类型	螺杆泵	泵自带螺旋桨叶
13	带式干化机干化温度 /℃	80	
14	带式干化机空气加热温度 /℃	176	—
15	干泥出泥温度 /℃	30	
16	除臭风量 /（m³/h）	50000	化学除臭
17	干化厂电气负荷	二级	—

（4）主要设备参数

天津某污泥干化厂主要设备参数见表 7-10。

表 7-10　天津某污泥干化厂主要设备参数

序号	设备名称	参数	数量
1	污泥接收仓	V=20m³，尺寸为 3500mm×3500mm×2500mm	2 台
2	接收仓卸料螺旋	ϕ450，> 25m³/h	2 台
3	接收仓下污泥泵	螺杆泵，Q=25m³/h，P=1.5MPa	2 台
4	污泥高位储仓	V=100m³，ϕ4300mm×8500mm	2 台
5	污泥给料泵	螺杆泵，Q=5m³/h，P=3MPa	2 台
6	薄层蒸发器	蒸发量 3.24t/h，进泥含水率 80%	2 台
7	切碎机	Q=0.833t DS/h	2 台
8	带式干化机	Q=0.833t DS/h	2 台
9	空气冷却器	N=1065kW，F=160m²	2 台
10	冷凝器	N=785kW，F=1154m²	2 台
11	后冷凝器	N=521kW，F=40m²	2 台
12	循环风机	Q=108360m³/h，P=2.4kPa	2 台
13	空气加热器	N=478kW，F=289m²	2 台
14	颗粒污泥冷却风机	Q=26000m³/h，P=1kPa	2 台
15	颗粒污泥冷却塔	N=30kW，F=200m²	2 台
16	颗粒污泥循环泵	Q=10.08m³/h，P=0.32MPa	2 台
17	颗粒污泥循环水冷却器	N=42kW，F=4.95m²	2 台

序号	设备名称	参数	数量
18	冷却水循环泵	Q=109.8m³/h，P=0.25MPa	2 台
19	旁路冷却器	N=1542kW，F=67.5m²	2 台
20	污泥冷凝水罐	V=1m³	2 个
21	膨胀罐	V=1m³	2 个
22	污泥冷凝水泵	Q=5.04m³/h，P=0.41MPa	2 台

注：V 表示容积；Q 表示流量；P 表示风压；N 表示功率；F 表示面积；ϕ 表示直径。

（5）主要经济指标及运行状况

1）投资

该污泥两段法干化工程初设批复总投资为13847万元，其中一类费用11120.21万元，投资 70 万元 /t。

2）运行成本

根据现场实际调研，结合最近几年运行数据，实际直接运行成本偏高，含能耗、药剂费、人工费、运输处置费、大修维护费等。

7.5.2　山西某污泥低温干化工程

（1）基本概况

山西某污水处理厂设计规模为 $8×10^4$t/d，实际水量为 $6×10^4$t/d，采用低温热泵干化工艺，出水执行《城镇污水处理厂污染物排放标准》（GB 18918—2002）中的一级 A 标准。项目待处理污泥为离心后污泥，含水率80%，水厂实际平均湿污泥量为 41t/d，但考虑目前水量未达设计水量，污泥设计规模考虑 60t/d。干化后污泥到生活垃圾焚烧厂协同焚烧，需对水厂现有污泥脱水系统进行提标，使污泥含水率降至 40% 以下。

（2）工艺流程

工艺流程分湿泥储存及输送、低温干化、干泥输送及储存三步，见图 7-27。

① 湿泥储存及输送：水厂离心后含水率80% 的污泥，通过提升螺旋提升到水平于应急出泥螺旋，螺旋开口设置插板阀，若后续设备出现故障，可应急出泥。应急螺旋后接提升螺旋和湿泥仓，再通过提升螺旋将污泥输送到低温热泵干化机内。

② 低温干化：污泥通过切条装置造粒，造粒后落料在内部三层网带输送机上，输送过程中除湿干化，干化后污泥含水率在 10% ~ 50%（可调）。

③ 干泥输送及储存：干化后污泥通过两级刮板输送机提升到干泥仓，车载外运再处置。

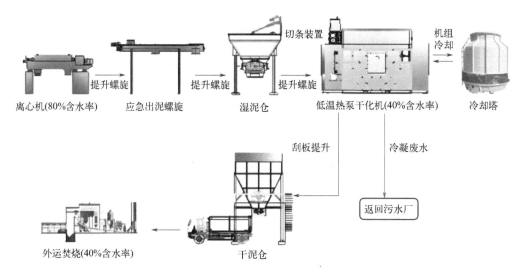

离心机(80%含水率)　　应急出泥螺旋　　湿泥仓　　低温热泵干化机(40%含水率)　　冷却塔

切条装置

机组冷却

提升螺旋　　提升螺旋　　提升螺旋

刮板提升

冷凝废水

返回污水厂

外运焚烧(40%含水率)　　干泥仓

图 7-27　山西某污水处理厂污泥低温热泵干化工程工艺流程图

（3）工程设计

工程车间占地 717.75m²，单层门式钢架结构。工艺共包含 4 个系统：输送及储存系统、热泵干化系统、冷却系统和除臭系统。

① 输送及储存系统：湿泥输送采用无轴螺旋，Q=5 ～ 10m³/h，N=5.5kW；干泥采用刮板输送机，Q=2.5 ～ 5m³/h，N=5.5kW。湿泥仓 V=20m³，可缓存全天 30% ～ 40% 的湿泥量，干泥仓 V=10m³，可缓存全天 50% 的干泥产量。

② 热泵干化系统：设置 2 台干化机，单台干化机处置能力为 30t/d，单台干化机设备参数见表 7-11。

表 7-11　山西某污水处理厂低温干化机参数

项目	参数
24h 理论去水量 /（kg/ 台）	21400
1kW·h 理论蒸发水量 /kg	3
外形尺寸（$L \times B \times H$）/mm	18100×3200×3100
干化温度 /℃	45 ～ 50（回风）/60 ～ 80（送风）
压缩机数量 / 台	5
功率 /kW	350
模块个数	模块化设计，单台干化机由 5 个干化模块组成
主循环风机	Q=29000m³/h，风压 1.5kPa
干化时间 /min	55 ～ 60

项目	参数
带式机级数	3 级
带式机运行速度 /（m/min）	0.9 ～ 1
初始料层厚度 /mm	30 ～ 50
输送网面材质	SS304 骨架支撑，附特氟龙网面，网孔尺寸为 0.9mm×0.9mm
切条装置级数	2 级
切条造粒后尺寸 /mm	20×10×10

③ 冷却系统：用于热泵机组冷却，冷却塔采用了开放式冷却塔，循环冷却水量 Q=150m³/h，进水温度 37℃，出水温度 32℃。冷却水循环泵 2 台，单台 Q=75m³/h，H=20m。

④ 除臭系统：整体系统尽量做到密封，对设备进行局部除臭。主要集气点为湿泥仓、干泥仓、干化机进出料口。设计风量为 12000m³/h，采用了离子除臭。

（4）主要设备清单

山西某污水处理厂低温热泵工程主要设备清单见表 7-12。

表 7-12　山西某污水处理厂低温热泵工程主要设备清单

序号	名称	参数	数量
		主机部分	
1	污泥除湿干化机	YQ-05	2 套
2	污泥切条机	QT1600	2 台
3	压缩机	SM147-4	10 套
4	主循环风机	高效离心式无蜗壳风机，风量 29000m³/h，风压 1.5kPa	10 套
5	内循环风机	风量 5000 ～ 7500m³/h，风压 0.27 ～ 0.38kPa	20 套
6	冷却塔	循环冷却水量 150m³/h，进水温度 37℃，出水温度 32℃	1 台
7	冷却泵	Q=75m³/h，H=20m，带变频	2 台
		配套设备及材料	
1	湿料仓	技术参数：容积 20m³，料仓高度（含支腿）4.0m 左右 储存介质：含水率 80% 左右的市政污泥	1 套
2	干料仓	技术参数：容积 10m³，采用电动插板阀卸料，干料仓高度（含支腿）4.85m，卸料高度 2.8m，干料仓侧壁增加振动器 2 台 储存介质：含水率 30% 左右的市政污泥	1 套

（5）主要经济指标及运行状况

1）投资

该低温热泵干化系统在污水厂内投建，总投资估算为2881.8万元，投资为48万元/t。

2）运行成本

根据现场实际运行数据测算直接运行成本为230元/t，成本包含电、水、人工、外运费及大修维护费，其中电费占据了65%左右。

3）运行状况

① 低温热泵干化可实现含水率的有效降低，可使现场取样检测污泥含水率在40%以下，达到设计要求；

② 低温热泵干化机设计时去水量应考虑余量；

③ 低温热泵干化为近几年兴起的设备，适用于水厂深度干化改造项目，但因新技术发展需要有逐步完善的过程，为避免实际运营过程中粉尘沉积造成的热效率和蒸发量降低，应做好清灰工作。

7.6 技术经济分析

各种污泥干化工艺均可实现污泥含水率的继续降低，达到较低的含水率水平，一般可较好地配合焚烧工艺，占地面积不大。但其投资、运行成本偏高，以下继续从占地面积、工程投资及运行成本方面，对污泥干化工艺进行技术总结。

7.6.1 占地面积

以上汇总的污泥干化工艺中可分为两类：传统的热干化工艺及耗电的低温热泵干化工艺，两类工艺的占地面积差距主要体现在项目所含系统范围上，单独干化部分差距并不大，表7-13对部分污泥干化项目的占地面积进行了汇总。

表7-13 部分污泥干化工程占地面积汇总

序号	名称（年份）	处理规模/（t/d）	大致总占地面积/m²	湿泥占地面积/（m²/t）
1	天津某污泥两段法干化项目（2014）	200	13087	65
2	苏州某污泥两段法项目（2017）	200	8400	42
3	重庆某污泥两段法项目（2015）	450	8800	20
4	佛山某桨叶干化项目（2010）	450	10000	22
5	合肥某污泥干化项目（2018）	200	12000	60
6	合肥某圆盘干化项目（2013）	300	9600	32

序号	名称（年份）	处理规模 /（t/d）	大致总占地面积 /m²	湿泥占地面积 /（m²/t）
7	上海某污泥圆盘干化项目（2016）	240	4800	20
8	上海某污泥圆盘干化项目（2017）	150	5200	35
9	临汾某低温热泵干化项目（2018）	60	2000	34
10	临汾某低温热泵干化项目（2018）	90	3200	36

由表 7-13 可知，两段法类工程的集成程度比较高，多为水厂或焚烧厂等主厂区内的单独车间，如不配备污水处理设施，且除臭考虑全厂公用，占地面积仅在 20 ～ 45m²/t 范围内，如配备上述设施，占地面积在 50 ～ 65m²/t 范围内；采用圆盘干化项目，占地面积在 20 ～ 35m²/t；桨叶干化项目与圆盘干化项目类似，占地面积在 20 ～ 35m²/t；采用低温热泵干化项目，占地面积多在 35m²/t（100t/d 以下小处理规模工程）。

7.6.2 工程投资

污泥干化工程设备投资占据主要部分，因此设备品牌、质量的优良程度会直接影响工程投资，表 7-14 对部分较为知名设备厂家的工程进行了工程投资的相关统计。

表 7-14　部分污泥干化工程工程投资汇总

序号	名称（年份）	处理规模 /（t/d）	总投资 /万元	湿泥投资 /（万元/t）
1	天津某污泥两段法干化项目（2014）	200	13847	69
2	苏州某污泥两段法项目（2017）	200	11000	55
3	佛山某桨叶干化项目（2010）	450	13400	30
4	佛山某桨叶干化项目（2017）	700	30000	43
5	德清某圆盘干化项目（2019）	500	11000	22
6	合肥某污泥干化项目（2018）	200	9750	49
7	合肥某圆盘干化项目（2013）	300	12675	42
8	上海某污泥圆盘干化项目（2016）	240	8900	37
9	上海某污泥圆盘干化项目（2017）	150	5669	38
10	临汾某污泥低温热泵干化项目（2018）	60	2882	48
11	临汾某污泥低温热泵干化项目（2018）	90	3824	42
12	西昌某低温热泵干化项目（2018）	90	3000	33

由表 7-14 可知，污泥干化类工程因工艺设备不同、工程设计范围不同，投资在 22 万～ 69 万元 /t，波动较大。但可粗略得出，圆盘、桨叶、低温热泵等国内知名品牌或主干化机为国外进口的项目，投资在 30 万～ 50 万元 /t 范围内，平均在 40 万元 /t 左右。但以苏伊士为主的两段法工艺，其投资相比其他方法要高，在 50 万～ 70 万元 /t。

7.6.3 运行成本

关于运行成本，干化类工程主要成本为热源费及电耗。

（1）蒸汽 / 导热油干化类

直接运行成本在 300 元 /t 以上。成本包含药剂费、电耗、水耗、除盐水耗、蒸汽耗、污泥外运费、大修维护费、人工及排污费等。

其他干化类工程因干化机主机热效率相差不大，能耗及电耗相差也不大，成本亦应在该取值区间内。

（2）电干化类

低温热泵干化类工程，主要成本为电耗，湿泥成本在 230 ～ 240 元 /t（含水率由 80% 降至 40% 以下）。成本包含电耗、水耗、人工费、污泥外运费及大修维护费。

第 8 章

污泥焚烧

污泥焚烧，即在充足空气供给条件下，使焚烧炉内的污泥进行剧烈的高温氧化反应。污泥中的有机物转化为水、二氧化碳等无害物质，病原菌等有害微生物也被彻底灭活。该项处置技术可同时实现污泥的无害化、减量化、资源化。

污泥焚烧可以实现最大程度的污泥减量，一般可达到90%以上，可以彻底焚毁污泥中的有害有机物质，可以回收焚烧过程中产生的热量。目前国内的污泥焚烧项目已占有一定市场份额。污泥焚烧项目按焚烧依托的主体可分为单独污泥干化焚烧项目和协同污泥焚烧项目。因协同污泥焚烧项目具有一定的投资及成本优势，目前国内的项目数量要高于单独污泥干化焚烧项目。本章将具体介绍污泥焚烧原理、单独干化焚烧和协同污泥焚烧（水泥窑掺烧、热电厂掺烧、生活垃圾焚烧厂掺焚烧）的工艺特点及相关案例。

8.1 焚烧原理及特性

8.1.1 焚烧原理

焚烧是通过燃烧来处理废物的一种热力技术。燃烧是一种剧烈的氧化反应，常伴有光和热，即辐射热，也常伴有火焰现象，会导致周围温度升高。燃烧系统中有三种主要成分：可燃物、氧化物和惰性物质。可燃物是包含 C—C、C—H 及 H—H 等高能量化学键的有机物质，这些化学键经氧化后会释放热量。氧化物是燃烧反应中不可缺少的物质，最普通的氧化物为空气，空气量的多少及燃料的混合程度直接影响燃烧效率。惰性物质虽然不直接参与燃烧过程的主要氧化反应，但它们的存在也会影响系统的温度及污染物的产生。

污泥的成分非常复杂，无法对所有化合物进行成分分析，一般只对污泥中主要元素及成分进行分析，即 C、H、O、N、S、P、Cl、水分、挥发分及灰分的含量。虽然它们实际的化学方程式较复杂，但从焚烧的观点来看，它们可用 $C_xH_yO_zN_uS_yCl_w$ 简化表示，完全的焚烧氧化反应可表示为：

$$C_xH_yO_zN_uS_yCl_w + \left(x+v+\frac{y-w}{4}-\frac{z}{2}\right)O_2 \longrightarrow xCO_2 + wHCl + \frac{u}{2}N_2 + vSO_2 + \left(\frac{y-w}{2}\right)H_2O$$

在反应过程中会形成 CO_2、HCl、N_2、SO_2 与 H_2O 等产物，不过污泥在焚烧过程中有成千上万种反应途径，最终反应产物未必是上述几种。事实上完全燃烧反应只是一种理论上的假说，在实际焚烧过程中要考虑污泥与氧气的混合传质问题、燃烧温度与热传导问题等，包括流场及扩散现象。通过加入足量的氧气、保持适当温度及反应停留时间等方式，控制燃烧反应使之接近于理论燃烧，减少二噁英、多环芳烃类化合物（PAH）和醛类等有毒有害气体的产生。

污泥燃烧过程如图 8-1 所示。污泥在燃烧过程中会依次发生多个热反应。首先污泥中的水分被蒸发，这一步骤需克服水的潜热，故反应时间长；随着温度的进一步升高，污泥中的挥发分开始热分解，转化为挥发性烃类化合物，迅速进行挥发和燃烧；在挥发分完全热解后，进入碳颗粒表面焚烧阶段，因涉及更复杂的化学反应和物理过程，故需要较长的燃烧反应时间。

图 8-1 污泥燃烧过程

按照第一燃烧室供给的空气量，燃烧方式大致可分为以下三种。

① 过氧燃烧 第一燃烧室供给充足的空气，供给量超过理论空气量，过剩空气系数大于 1。

② 缺氧燃烧 第一燃烧室供给空气量是理论空气量的 70% ～ 80%，污泥在第一燃烧室内部分燃烧，一部分裂解成较小分子的烃类化合物气体、一氧化碳及少量微细碳颗粒等，待到第二燃烧室再供给充足的空气使其充分氧化燃烧。这种分阶段供气的方式有助于稳定燃烧反应，减少污染物的生成，并且因为初始阶段空气供给减少，所携带出的颗粒物也相对较少。这种燃烧方式在现代焚烧炉设计中应用广泛。

③ 热解燃烧 第一燃烧室与热解炉相似，只向其中加入少量空气（理论空气量的 20% ～ 30%），促使污泥进行裂解反应，生成可回收的裂解油以及含有微量粉尘、大量一氧化碳和烃类化合物的烟气，在进入第二燃烧室后，通入足量空气迅速完成燃烧放热过程。这种方式适合处理热值较高的污泥。

8.1.2 焚烧特性

污泥热值是决定焚烧特性的关键因素。污泥热值具有显著的地域性、季节性差异。国内部分地区的污泥绝干基热值较高，在 10 ～ 15MJ/kg 之间。但大部分地区的污泥绝干基热值较低，甚至在 6MJ/kg 以下。

（1）焚烧过程

污泥焚烧包括两类，一类是将脱水污泥直接送进焚烧炉焚烧，另一类是将脱水污泥干化后再焚烧。焚烧前先干化有利于污泥焚烧的自持进行，因此大型污泥焚烧设施都优先采用先干化后焚烧的形式。

污泥干化焚烧主要包括预处理、焚烧和后处理三个阶段。

1）预处理

污泥预处理主要是污泥的脱水 / 干化，目的是降低污泥的含水率，提高污泥热值，减少辅助燃料的消耗，污泥干化形式详见本书前述章节。

2）焚烧

污泥焚烧是污泥中的有机质燃烧转化为 CO_2、H_2O 等物质的过程，是整个工艺的核心。污泥在炉内焚烧可分为三个阶段：干燥加热阶段、焚烧阶段和燃尽阶段。

① 干燥加热阶段　从污泥进入焚烧炉到污泥析出挥发分着火的阶段。污泥经干化设备脱水后输送到焚烧炉，在焚烧炉内，污泥温度会逐步升高，水分进一步蒸发。如果进炉含水率过高，水分蒸发带走的热量较多，会导致炉温降低，为保证炉温必须添加大量的辅助燃料，从而造成运行成本增加。

② 焚烧阶段　焚烧阶段包括强氧化反应、热解和原子基团碰撞三类同时发生的化学反应。在经过干燥加热阶段后，污泥本体温度开始迅速上升，进入焚烧阶段。大分子的含碳物质受热后先进行热解，释放出大量的气态可燃物，如 CO、CH_4、H_2 及其他分子量较小的可燃气体，挥发分析出的温度区间一般在 $200 \sim 800℃$ 之间。

③ 燃尽阶段　可燃物浓度降低，惰性气体浓度增加，反应区温度降低。

3）后处理

后处理主要包括焚烧产生的灰渣和烟气处理。

① 炉渣处置及飞灰处置　炉渣主要是由污泥中不参与反应的无机物组成的，主要是金属氧化物、无机盐类，同时还含有少量未燃尽的残余有机物。炉渣内未燃尽组分一般控制在 5% 以内。污泥焚烧炉渣通常为一般固体废物，可直接进行建材利用或填埋处理。

污泥焚烧中产生的细小颗粒物随烟气被带至后续处置系统内，烟气中这些颗粒即为飞灰，飞灰可通过除尘设备捕集。污泥焚烧烟气一般会设置两级烟气除尘系统，根据布置顺序分为一级除尘系统和二级除尘系统。二级除尘系统前一般会喷射石灰和活性炭，用于烟气脱酸以及吸附烟气中的二噁英、挥发性汞等重金属，因此一般二级除尘系统收集的飞灰为危险废物，应经固化稳定化后填埋处置。飞灰颗粒粒径一般较小，具有较大的比表面积，表面也可吸附一些重金属及其他无机盐类，所以一级除尘系统收集的飞灰也可能会吸附重金属，应由指定检测部门检测定性后合规处置。在实际运行中，国内项目的一级除尘系统收集飞灰的浸出性等关键指标的数值一般处于规定的标准范围之内，按一般固体废物来处理。

② 烟气除尘及脱酸处理　单独污泥干化焚烧目前没有相应的烟气排放标准，一般参照《生活垃圾焚烧污染控制标准》（GB 18485—2014）中的规定：掺加生活垃圾质量超过入炉（窑）物料总质量 30% 的工业窑炉以及生活污水处理设施产生的污泥、一般工业固体废物的专用焚烧炉的污染控制参照本标准执行。排放烟气中污染物的排放限值见表 8-1。

表 8-1　生活垃圾焚烧炉排放烟气中污染物限值

序号	污染物项目	限值	备注
1	颗粒物 /（mg/m³）	30	1 小时均值
		20	24 小时均值
2	氮氧化物（NO_x）/（mg/m³）	300	1 小时均值
		250	24 小时均值

序号	污染物项目	限值	备注
3	二氧化硫（SO_2）/（mg/m³）	100	1 小时均值
		80	24 小时均值
4	氯化氢（HCl）/（mg/m³）	60	1 小时均值
		50	24 小时均值
5	汞及其化合物（以 Hg 计）/（mg/m³）	0.05	测定均值
6	镉、铊及其化合物（以 Cd+Tl 计）/（mg/m³）	0.1	测定均值
7	锑、砷、铅、铬、钴、铜、锰、镍及其化合物（以 Sb+As+Pb+Cr+Co+Cu+Mn+Ni 计）/（mg/m³）	1.0	测定均值
8	二噁英/（ng TEQ/m³）	0.1	测定均值
9	一氧化碳（CO）/（mg/m³）	100	1 小时均值
		80	24 小时均值

注："TEQ"表示毒性当量；"1 小时均值"为任何 1 小时污染物浓度的算术平均值，或在 1 小时内，以等时间间隔采集 4 个样品测试值的算术平均值；"24 小时均值"为连续 24 个 1 小时均值的算术平均值。

生活污水处理设施产生的污泥、一般工业固体废物的专用焚烧炉排放烟气中二噁英类污染物浓度限值见表 8-2。

表 8-2　生活污水处理设施产生的污泥、一般工业固体废物的专用焚烧炉排放烟气中
二噁英类污染物浓度限值

焚烧处理能力/（t/d）	二噁英类污染物限值/（ng TEQ/m³）	备注
> 100	0.1	测定均值
50～100	0.5	测定均值
< 50	1.0	测定均值

污泥焚烧的烟气处理系统，一般采用在炉内设置 SNCR（选择性非催化还原）喷射系统进行脱硝，烟气采用旋风除尘器（部分采用静电除尘器）进行一级除尘，采用袋式除尘器进行二级除尘，袋式除尘器之前可采用活性炭喷射捕捉二噁英和挥发性重金属，除尘后的烟气利用湿式洗涤塔进行湿法脱酸处理。

（2）焚烧影响因素

影响污泥焚烧过程的因素包括污泥性质、燃烧温度、停留时间和过剩空气系数等。

1）污泥性质

污泥性质主要包括污泥含水率、污泥中挥发分含量以及污泥颗粒度。一般来讲，当污泥的含水率和挥发分的含量之比小于 3.5 时，污泥就能够自持燃烧。

①挥发分含量会影响干基热值；

②含水率会影响收到基热值；

③颗粒度会影响热量传递和氧气传递效果。

2）燃烧温度

污泥只有达到着火温度才能与氧气发生燃烧反应。着火温度是在有氧气存在条件下，可燃物开始燃烧所必须达到的最低温度，因此燃烧室温度必须保持在着火温度以上。只有燃烧过程的放热速率高于向周围的散热速率，燃烧过程才能继续进行，并使得燃烧温度不断提高。

一般来说，污泥的燃烧速度和有机物的完全燃烧程度会随着燃烧温度的升高而增加。然而，如果燃烧温度过高，就易造成炉壁和管道等设施的损坏，并增加燃料消耗。此外，还会促使污泥中的重金属挥发以及烟气中的氮氧化物含量增加，从而可能导致二次污染。因此，设定过高的燃烧温度并不可取。当燃烧温度较高时，污泥在炉内停留时间受温度影响较小，其燃烧速度主要受扩散控制，燃烧温度上升 40℃，燃烧时间只减少 1%。当温度较低时，燃烧速率会受到化学反应的控制，对温度的敏感性较高，燃烧温度上升 40℃，燃烧时间则会减少 50%。因此，选择适宜的燃烧温度，并与停留时间进行协调控制，对污泥的焚烧处理至关重要。

3）停留时间

污泥在焚烧炉内的停留时间直接影响到焚烧的完全程度，同时停留时间也是确定炉体容积尺寸的重要依据。

污泥及烟气中的气态可燃物均需要在焚烧炉内停留足够的时间以燃烧完全。污泥固相中有机物分解所需的停留时间与焚烧炉温度及热传递条件有关，污泥颗粒粒径越小，湍流越充分，污泥与空气的接触面积越大，燃烧速度越快，污泥所需停留时间越短。当污泥粒径为毫米级时，其停留时间在 2min 内已足够。污泥焚烧的气相温度达到 800 ～ 850℃，高温区的气相停留时间达到 2s，可分解污泥中绝大部分的有机物。

4）过剩空气系数

过剩空气系数为实际供应气量与理论空气量的比值。供给过剩空气是有机物完全燃烧的必要条件。适宜的过剩空气系数有利于污泥与氧气的接触混合，强化污泥的干燥、燃烧。但过大的过剩空气系数会导致过多的空气流经炉膛，带走热量，降低炉内燃烧温度，为确保燃烧温度需补充燃料，从而造成焚烧烟气量增加。因此过剩空气系数要选择适中，通常取值在 1.3 ～ 1.5。

同时，空气在燃烧室内的分布也很重要。燃料和空气中的氧气若混合不充分，将无法完全燃烧。对于污泥焚烧，湍流有助于破坏燃烧产物在颗粒表面形成的边界面，从而提高氧气的利用率和传质速率。

8.2 单独干化焚烧

8.2.1 工艺流程及参数

鼓泡流化床焚烧炉是市政污水厂污泥焚烧的主流炉型，本节污泥单独干化焚烧的工艺流程及参数介绍以此焚烧炉处置系统为例。

（1）工艺流程

污泥单独干化焚烧项目的工艺流程如图8-2所示。

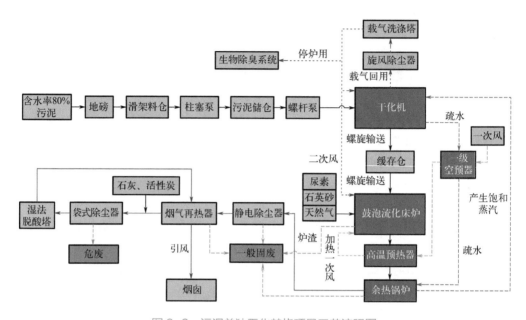

图8-2　污泥单独干化焚烧项目工艺流程图

1）污泥接收、储存

含水率80%的污泥由车辆运送到厂内，经地磅称重后卸料进入滑架料仓内。滑架料仓下设置螺旋输送机给柱塞泵喂料。柱塞泵将物料输送到污泥储仓内，污泥储仓亦为滑架料仓，料仓下设螺杆泵，将污泥送入干化机内。柱塞泵管路需设置管道除杂器，以根据压力变化定期清理管道内杂质。

2）污泥干化

干化机利用后续污泥焚烧所产生的蒸汽对湿污泥进行加热，干化机引出的含水载气先通过旋风除尘器收集气体中粉尘，后进入载气冷却塔冷凝载气中水汽并外排。载气冷却塔分直接喷淋和间接冷却两种，干化后的载气部分回用到干化机用于载气循环，部分送至焚烧炉用作二次风，停炉时载气送入除臭设备进行应急处理。干化后的半干污泥通过螺旋输送机送至污泥缓存仓内。

3）污泥焚烧及余热利用

污泥缓存仓内的半干污泥通过螺旋输送机送入鼓泡流化床。部分项目根据污泥热值情况在喂料前设置干湿泥掺混。鼓泡流化床底部设置石英砂层，在一次风的风压下，石英砂和污泥呈现悬浮状态，污泥在石英砂的充分扰动下实现充分燃烧。污泥燃烧产生的高温烟气首先经过高温预热器，用其加热一次风，回收部分热量，然后在余热锅炉中回收大部分的热量用于产生饱和蒸汽，所产生的饱和蒸汽可用于污泥干化。

4）烟气净化及排放

污泥燃烧烟气中含有飞灰、SO_x、NO_x、挥发性重金属、二噁英等。针对以上物质，烟气净化分别设置脱硝、除尘、吸附、脱硫及消白工序。

①脱硝：采用炉内 SNCR 系统，在炉内喷射氨水或尿素，将氮氧化物还原为氮气。

②除尘：经过余热利用后的烟气首先经过一级除尘（采用旋风除尘器或静电除尘器）去除较大粒径飞灰，后经过二级除尘（采用袋式除尘器）进一步除尘，同时在袋式除尘器前设置活性炭喷射装置，对烟气中挥发的重金属及二噁英进行吸附并在布袋中过滤去除。

③脱硫：通过湿法洗涤，喷碱液中和烟气中 SO_x 等酸性气体。

④消白：湿法脱酸的烟气因温度较低，且烟气中含饱和水，直接外排易产生白色烟羽，可通过烟气换热器与布袋前高温烟气换热，提高排烟温度后再通过烟囱外排。

5）灰渣储存

鼓泡流化床内的灰渣定期外排，流化床排渣口设置多级筛网，经过多级筛网后落渣在冷渣螺旋输送机内，送入振动筛，通过振动筛的粒径筛分，筛出的大粒径炉渣送到渣仓，小粒径石英砂由气泵输送到石英砂仓内回用。

飞灰收集点包括余热锅炉、静电除尘器、烟气再热器及袋式除尘器的卸灰口，其中余热锅炉、静电除尘器及烟气再热器的飞灰通过各自冷却螺旋冷却后由气泵集中输送到灰仓内，袋式除尘器的飞灰通过螺旋及气泵输送到另外的灰仓内。两种飞灰各自外运处置，是否应作为危险废物处置需经第三方检测单位检测认定。

6）废水处理

项目所产生废水包括污泥干化段载气喷淋排水、湿法脱酸段喷淋排水、生活废水、清洗废水、冷却水排水等，污泥焚烧厂选址时多与污水厂相邻或直接在污水厂内建设，若废水量比污水厂处理能力小，可直接送至就近污水厂处理。

7）臭气处理

在卸料间、干化间等臭味浓度较高的区域设置除臭吸风口，正常运行时臭气作为助燃风进炉焚烧，停炉时通过应急除臭装置处理。低浓度区域除臭一般采用生物除臭方式，应急除臭（高浓度臭气）一般采用化学除臭与其他除臭方式组合的处理工艺。

（2）主要设计参数

污泥单独干化焚烧项目可参考的标准及规范有《生活垃圾焚烧污染控制标准》（GB 18485）、《城镇污水处理厂污泥干化焚烧工程设计规程》（DG/TJ 08—2230）、《城镇污水处理厂污泥焚烧处理工程技术规范》（JB/T 11826）、《火力发电厂燃烧系统设计计算技术规程》（DL/T 5240）等。污泥单独干化焚烧项目主要设计参数见表8-3。

表 8-3 污泥单独干化焚烧项目主要设计参数

序号	设计项目	参数	备注
1	计量汽车衡数量 / 台	≥ 2	—
2	汽车衡规格	1.7Mc	Mc 为最大污泥车满载质量
3	汽车衡精度 /kg	≤ 20	最大允许误差
4	污泥输送管径 /mm	≥ 150	有压污泥管坡度 0.001 ~ 0.002
5	污泥卸料平台宽度 /m	≥ 18	根据车辆大小及车流设计
6	湿污泥仓数量 / 台	≥ 2	宜采用滑架仓
7	湿污泥仓容积	≥ 2Vc	Vc 为单车最大卸料体积
8	湿污泥储仓数量 / 台	≥ 2	宜采用滑架仓
9	湿污泥储仓容积 /d	2 ~ 7	满足 2 ~ 7d 处理污泥体积
10	干化机运行时间 /h	≥ 7500	—
11	干化机热媒耗量 /(kcal/kg H_2O)	< 750	—
12	干化机内含氧量 /%	< 8	—
13	干化机内部压力 /mbar	−10 ~ −5	—
14	焚烧系统运行时间 /h	≥ 7500	寿命 ≥ 20a
15	入炉干泥仓容积	4Vh	Vh 为 1h 焚烧量
16	燃烧段烟气温度 /℃	850	到焚烧炉出口停留 2s 以上
17	焚烧炉渣热灼减率 /%	≤ 5	—
18	焚烧炉出烟气含氧 /%	6 ~ 10	体积比
19	炉内压力 /mbar	−2 ~ −1	—
20	石英砂床料粒径 /mm	0.5 ~ 2	—
21	储砂罐 /d	10	满足 10d 补砂容积
22	炉渣储存 /d	30 ~ 90	满足 30 ~ 90d 产生炉渣容积
23	过剩空气系数	1.3 ~ 1.5	—
24	酸性气体吸收剂储罐 /d	7 ~ 10	满足 7 ~ 10d 用量
25	布袋入口烟温高于露点温度 /℃	20 ~ 30	高于烟气中腐蚀气体露点
26	袋装飞灰仓容积 /d	7 ~ 10	满足 7 ~ 10d 产生量
27	烟风管道流速 /(m/s)	12 ~ 18	指导管道设计
28	烟囱高度 /m	≥ 45	处理量 < 300t/d
		≥ 60	处理量 ≥ 300t/d

212

序号	设计项目	参数	备注
29	烟囱内烟风流速 /（m/s）	12～18	指导烟囱设计
30	用电负荷	部分二级	干化机、焚烧炉、锅炉给水、引风机需二级负荷
31	自控设备无故障率 /%	＞99.9	—
32	焚烧车间耐火等级	不低于二级	—
33	接收间采暖温度 /℃	10	冬季
34	干化车间采暖温度 /℃	5～12	冬季
35	焚烧净化间采暖温度 /℃	5～12	冬季
36	控制室、化验室等采暖温度 /℃	16～18	冬季

注：1kcal=4186.8J；1mbar=10^2Pa；烟囱高度应同时满足比200m半径以内最高建筑物高3m，部分地区要求高5m。

8.2.2　工艺设备

（1）系统组成

污泥单独焚烧项目主要包括以下几个系统：

①湿污泥接收系统：主要设备有污泥接收仓、接收仓滑架、滑架下预压螺旋、湿污泥输送泵、管道除杂器及液压站。

②湿污泥储存系统：主要设备有湿污泥储存仓、污泥储存仓滑架、滑架下预压螺旋、螺杆泵及液压站。

③污泥干化系统：主要设备有干化机、蒸汽分汽进汽装置、旋风除尘器、洗涤系统（分直接喷淋或间接换热，不同类型配置不同）及载气循环风机。

④干污泥输送系统：主要包括干化机下螺旋输送机、刮板提升机、干污泥缓存仓进料螺旋、干污泥缓存仓、干污泥缓存仓出料螺旋（有干湿泥配比项目的在出料螺旋内混合后进泥到焚烧炉）。

⑤干污泥应急外运系统：主要包括应急输送螺旋、提升装置及应急外运斗。

⑥焚烧系统：主要设备为焚烧炉，另含一次风机、一次风一级预热器、一次风高温预热器、尿素溶液储罐、尿素投加泵、启动燃烧器、辅助燃烧器及燃烧器风机等。

⑦柴油储存系统：若为燃油补燃项目，则需设置柴油储存系统，内含柴油储罐、输油泵、中间油罐及供油泵。

⑧砂循环系统：主要设备有焚烧炉冷渣器、振动筛、石英砂储仓、石英砂缓存仓、石英砂外运储仓、输砂仓泵及提升机。

⑨余热利用系统：余热锅炉、分汽缸、炉水取样器、连续排污扩容器及定期排污扩容器。

⑩ 锅炉给水系统：软化水箱、除氧器给水泵、除氧器、锅炉给水泵、蒸汽往复泵及加药装置。

⑪ 烟气净化系统：静电除尘、烟气再热器、引风机、烟囱、活性炭储仓、消石灰储仓、活性炭罗茨风机、消石灰罗茨风机、压缩空气罐、袋式除尘器、烟气洗涤塔、洗涤塔补水泵及洗涤塔循环水泵。

⑫ 输灰系统：含余热锅炉灰冷却螺旋、静电除尘器灰螺旋输送机、输灰仓泵、灰仓、袋式除尘器灰螺旋输送机、输废料仓泵及飞灰危险废物料仓。

⑬ 碱液制备系统：NaOH 卸空罐、NaOH 循环泵、NaOH 储存罐、NaOH 计量泵及洗眼器等。

⑭ 冷却水系统：冷却塔、冷却水池及冷却水泵。

⑮ 除臭系统：生物除臭系统和植物液喷淋系统。

⑯ 电气自控系统。

以下对几个主要设备系统进行介绍。

（2）焚烧炉

污泥单独干化焚烧项目所采用炉型主要包括流化床焚烧炉、多膛炉和回转窑，其他炉型主要用于污泥协同处置（如炉排炉）。

1）炉排炉

污泥的独特性状易造成炉排炉中炉排的气孔阻塞，影响焚烧效果，因此炉排炉通常不用于单独污泥干化焚烧，多用于协同焚烧，后续会在垃圾焚烧厂协同章节详细介绍。

2）多膛炉

立式多膛炉起源于20世纪矿物焙烧，1930年开始用于焚烧城镇污泥，应用于污泥单独焚烧是在工业化的初期，其结构示意图如图8-3所示。立式多膛炉是一个内衬耐火材料的钢制圆筒，中间为一个中空的铸铁轴，在铸铁轴的周围是一系列耐火的水平炉膛，一般分6～12层，各层都有同轴的旋转齿耙，一般上层和下层炉膛设置4个齿耙，中间层设置2个齿耙。经过脱水的泥饼从顶部炉膛外侧进入炉内，依靠齿耙翻动向中心运动并通过中心的孔进入下层，而进入下层的污泥向外侧运动并通过外侧的孔再进入下一层，如此反复，其过程与立式圆盘干化机类似。空气从轴心下端鼓入，沿中心轴向上输送，在经过下部燃烧区域时起到预热作用，然后从中心轴上端由上部的空气管进入最底层炉膛，作为燃烧空气向上与污泥逆向进行焚烧。

立式多膛炉可分为三段：顶部为干化段，温度在425～760℃，污泥中大部分水在这一阶段蒸发；中部为焚烧段，温度在925℃左右；下部为冷却段，主要起到冷却灰渣并预热空气的作用，温度在260～350℃。其排放的废气经过文丘里洗涤器、湿式洗涤器等进行净化处理。因多膛炉燃烧的固相传递条件较差，污泥热灼减率大于5%，辅助燃料成本偏高，从而导致该炉型在污泥焚烧领域逐渐被淘汰。

214

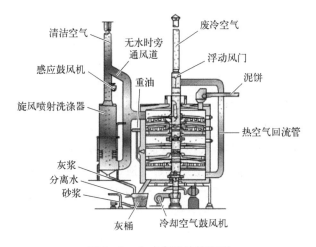

图 8-3　立式多膛炉外形图

3）回转窑

回转窑外壳由钢制板材卷制而成，内衬耐火材料。窑体内壁有的为光滑壁面，也有的设置抄板等结构部件。窑体的一端用螺旋式加料器或其他方式加料，燃烧的灰渣从另一端排出。污泥在窑内因窑体转动或窑壁抄板的作用而翻动、抛落，动态地完成干燥、点燃、燃尽的焚烧过程。典型回转窑式焚烧炉外形如图 8-4 所示。

回转窑焚烧的污泥固相停留时间较长（一般大于 1h），且很少会出现"短流"现象；气相停留时间易于控制，设备在高温下操作的稳定性较好。

按污泥、烟气在回转窑内流动方向的不同，回转窑可分为顺流式回转窑和逆流式回转窑两种。顺流式回转窑很难利用窑内烟气热量实现污泥的干燥与点燃，需配置窑头燃烧器（耗用辅助燃料）来使燃烧空气迅速升温，达到污泥干燥与点燃的目

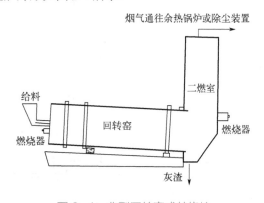

图 8-4　典型回转窑式焚烧炉

的；逆流式回转窑，尾气中会有部分挥发性的气体物质，需配置二燃室进行处理。

回转窑式焚烧炉的温度通过调节窑体端头燃烧器的燃烧量加以控制，通常在 810～1650℃范围内变动，采用的燃烧温度一般在 900～1000℃，过剩空气系数约为 1.5，大部分飞灰被空气冷却后在回转窑较低的一端回收并排出，飞灰由除尘器回收，整个系统在负压下工作，可避免烟气外泄。

对于有特定的耐热性有机物分解要求的工业源污水厂污泥（或工业与城市污水混合处理厂污泥）而言，卧式回转窑成了较为适宜的选择。

4）循环流化床

循环流化床是目前火力发电厂普遍采用的焚烧炉型，对于污泥焚烧多用于电厂掺烧

的场合。其特点是燃料和脱硫剂等在流化床内，在流化状态下经多次循环，反复进行低温燃烧和脱硫反应，床层内气固两相互相强烈扰动，混合均匀，后续会在热电厂掺烧章节详细介绍。

5）鼓泡流化床

鼓泡流化床炉型适用于低热值固体废物的焚烧，其特点是气固相的传递条件均十分优越，气相湍流充分，固相受热均匀，已成为污水厂污泥单独干化焚烧的主流炉型。

鼓泡流化床是 20 世纪 60 年代初期发展起来的一种新兴燃烧设备。鼓泡流化床主要由给料装置、布风装置、沸腾层、悬浮层、排渣口、启动燃烧器、辅助燃烧器、顶部喷水降温装置等组成，如图 8-5 所示。鼓泡流化床焚烧炉主体呈现圆柱形，炉膛由密相焚烧区和稀相焚烧区组成，一些炉膛在稀相焚烧区设有受热面，而另一些则采用绝热设计，即炉体内无受热面，受热面设置在炉体外的余热锅炉上。

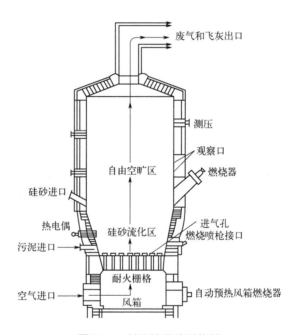

图 8-5　鼓泡流化床焚烧炉

鼓泡流化床焚烧炉的流化速度一般控制在 0.6～2.0m/s 之间，密相焚烧区高度一般控制在 0.8～1.2m 之间，以保证污泥完全燃烧所需的炉内停留时间和密相焚烧区内床料中流化介质的充分接触及稳定流化等。鼓泡流化床焚烧炉呈现水滴形，顶部直径比底部大，可以减少飞灰的逸出。

鼓泡流化床炉体内衬耐火材料，并装有一定粒度范围的石英砂作为床料。污泥入炉后会迅速与灼热的石英砂混合，充分加热、干化和完全燃烧。一次风从炉体下部风箱吹入，并以一定速度通过用于气体分配的布风板或布风管，然后进入焚烧炉内，使炉内床料处于流化状态。气体布风板或布风管由很多孔板或孔管组成。

（3）烟气除尘系统

根据除尘机理不同，除尘器可分为机械除尘器和电除尘器两大类。在机械力中有重力、惯性力、离心力、冲击力、粉尘与水滴的碰撞力等，过滤也是机械力作用的一种形式。根据在除尘过程中是否采用液体进行除尘或清灰，又可分为干式除尘器、湿式除尘器。除尘器的分类见图8-6。

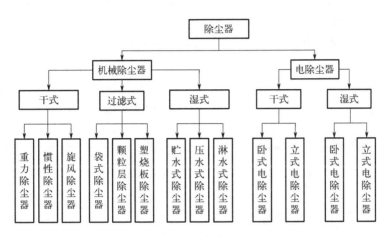

图 8-6　污泥焚烧烟气用除尘器分类

① 干式除尘器　包括重力除尘器、惯性除尘器和旋风除尘器等，这类除尘器的特点是结构简单、造价低、维护方便，但其除尘效率不高，往往用于多级除尘系统中的前级预除尘。

② 过滤式除尘器　包括袋式除尘器和颗粒层除尘器等，其特点是以过滤作用为除尘的主要机理。根据选用滤料和设计参数的不同，袋式除尘器的效率可以达到很高水平（99.9% 以上）。

③ 湿式除尘器　包括低能耗湿式除尘器和高能耗文氏管除尘器。这类除尘器的特点是用水作为除尘的介质。一般来说，湿式除尘器的除尘效率较高。当采用文氏管除尘器时，对微细粉尘去除效率仍可达 99.9% 以上，但其能耗高。湿式除尘器的主要缺点是会产生污水。

④ 电除尘器　包括干式电除尘器和湿式电除尘器。这类除尘器的特点是除尘效率高，能耗较低，主要缺点是耗钢材多，投资高。

在实际的除尘器中，往往综合了几种除尘机理的共同作用。例如在卧式旋风除尘器中，既有离心力的作用，同时兼有冲击和洗涤作用。近年来为了提高除尘器的效率，研制了多种机理的除尘器，如用静电强化的除尘器、电-袋复合式除尘器等。因此以上的分类是有条件的，是按其中起到主导作用的除尘机理来分类的。

在污泥干化焚烧项目中，多采用旋风除尘器、袋式除尘器、静电除尘器，以不同组合来实现污泥焚烧烟气中颗粒物的去除。其中旋风除尘器一般用于捕集 5 ~ 15μm 的颗粒，除尘效率可达 80％以上，但是对于粒径小于 5μm 的颗粒捕集效率不高。静电除尘器利用静电使粉尘分离，净化效率高，能够捕集 0.01μm 以上的细粒粉尘，但一次投资较高，占地面积较大。袋式除尘器通过滤袋将烟尘捕集去除，捕获粉尘微粒可达 0.1μm，净化效率可达 99％以上。下面主要对这三种除尘器进行详细介绍。

1）旋风除尘器

旋风除尘器是利用旋转气流对粉尘产生离心力，使其从气流中分离出来，分离出的最小粒径在 5 ～ 10μm。旋风除尘器结构简单、占地面积小、造价低、维护方便、可耐高温高压，可用于特高浓度粉尘（粉尘浓度大于 500g/m³）的去除。其主要缺点是对微细粉尘（粒径小于 5μm）的去除效率不高。

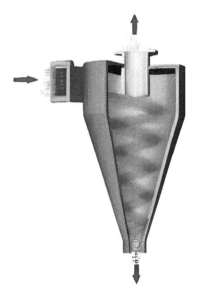

图 8-7　污泥焚烧烟气用旋风除尘器

工业旋风除尘器由筒体、锥体、进气管、排气管和排灰口等组成，如图 8-7 所示。当含尘气体由切向进气口进入旋风分离器时，气流由直线运动变为圆周运动，绝大部分旋转气流沿器壁自圆筒体呈螺旋形向下、朝锥体流动。含尘气体在旋转过程中产生离心力，将相对密度大于气体的尘粒甩向器壁。尘粒一旦与器壁接触，便会失去径向惯性力而靠向下的动量和向下的重力沿壁面落下，进入排灰管。旋转下降的外旋气体到达锥体时，因圆锥形的收缩而向除尘器中心靠拢。根据"旋转矩不变"原理，其切向速度不断提高，尘粒所受离心力也不断增强。当气流到达锥体下端某一位置时，即以同样的旋转方向从旋风除尘器中部，由下向上反转，继续呈螺旋形流动。最后净化气体经排气管排出管外，一部分未被捕集的尘粒也随气流带出。

自进气管流入的另一小部分气体则向旋风分离器顶盖流动，然后沿排气管外侧向下流动；当到达排气管下端时即反转向上，随上升的中心气流一同从排气管排出，分散在这一部分气流中的尘粒也随之被带走。旋风除尘器选用时的主要设计参数如下：

① 旋风除尘器进口风速为 18 ～ 23m/s；

② 圆筒段的高度为圆筒直径的 1 ～ 2 倍；

③ 矩形进口的宽高比为 1 ∶（2 ～ 4）；

④ 圆筒直径：一般不超过 900mm，风量小时可并联多个，特殊情况下也可选择较大直径；

⑤ 锥体高度为圆筒直径的 2.5 ～ 3.2 倍；

⑥ 排气管直径与圆筒直径的比值，高效除尘器取 0.5，一般通用旋风除尘器取 0.65；

⑦ 排灰口直径与排气管直径的比值一般为 0.5 ～ 0.7，也可加大到 1.0，甚至 1.2。

2）袋式除尘器

袋式除尘器是含尘气体通过滤袋滤去其中粉尘的分离捕集装置，是过滤式除尘器的一种。自 19 世纪中叶袋式除尘器开始用于工业生产以来，该除尘器不断发展，特别是在 20 世纪 50 年代，合成纤维滤料的出现以及脉冲清灰及滤袋自动检漏等新技术的应用，为袋式除尘器的进一步发展及应用开辟了广阔的前景。

① 袋式除尘器工作原理　袋式除尘器是利用过滤技术进行气固分离的设备，其利用棉、毛、合成纤维或人造纤维、金属或陶瓷等制成的袋状过滤元件，对含尘气体进行过滤。当含尘气体通过洁净的滤袋时，由于滤料本身的孔隙较大（一般为 20～50μm），所以除尘效率不高，大部分微细粉尘会随气流从滤袋的孔隙中穿过，粗大的尘粒靠惯性碰撞和拦截被阻留。随着滤袋上截留粉尘的增加，细小的颗粒靠扩散、静电等作用也会被捕获，并在孔隙中产生架桥现象。含尘气体不断通过滤袋的纤维间隙，纤维间粉尘架桥现象相应加强，一段时间后，滤袋表面积聚成一层粉尘，称为"一次粉尘层"。在随后的除尘过程中，"一次粉尘层"便成为滤袋的主要过滤层，而滤料则主要起到支撑骨架的作用。

滤袋捕集粉尘的过程如图 8-8 所示。随着滤袋上捕集的粉尘量不断增加，粉尘层不断增厚，过滤效率随之提高，但除尘器的阻力也会逐渐增加，此时需要对滤袋进行清灰处理。清灰过程既要尽量均匀地除去滤袋上的积灰，又要避免过度清灰，保留"一次粉尘层"，确保工况稳定。袋式除尘器正是在不断过滤和不断清灰的过程中连续工作的。

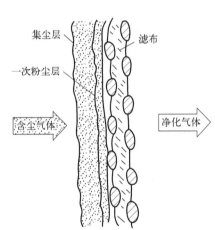

图 8-8　污泥焚烧烟气袋式除尘器滤袋捕集粉尘过程

② 袋式除尘器主要设计参数　生活垃圾焚烧所采用袋式除尘器应执行《垃圾焚烧袋式除尘工程技术规范》（HJ 2012—2012），污泥干化焚烧项目袋式除尘器一般也执行该技术规范。污泥焚烧用袋式除尘器结构示意图如图 8-9 所示。

a. 袋式除尘器数量应与焚烧炉数量相匹配，若采用两台焚烧炉，则应设置两套独立的袋式除尘器，滤袋材质根据烟气温度可选用 PTFE（聚四氟乙烯）针刺毡覆膜滤料、玻纤布覆膜滤料、P84（聚酰亚胺）/PTFE 面层针刺毡等。

b. 除尘器风量、阻力应按最大工况烟气量设计，并应考虑调温、喷射活性炭等引起的风量变化。

c. 袋式除尘器内温度一般不低于 145℃，且不应高于滤材的最高使用温度。

d. 袋式除尘器烟气流速一般不高于 0.9m/min，具体根据烟气粉尘的理化性质、入口粉尘浓度及滤料特性调整。

e. 袋式除尘器运行阻力一般小于 2000Pa。

f. 袋式除尘器进出烟道内烟气流速为 12～16m/s，进出口设置非金属补偿器，启动时应有预热系统。

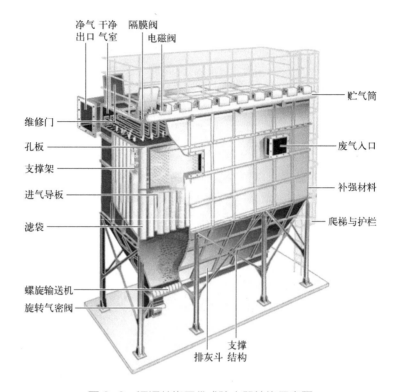

净气 干净 隔膜阀
出口 气室 电磁阀

维修门

孔板

支撑架

进气导板

滤袋

螺旋输送机

旋转气密阀

贮气筒

废气入口

补强材料

爬梯与护栏

排灰斗 支撑结构

图 8-9 污泥焚烧用袋式除尘器结构示意图

g. 袋式除尘器过滤面积采用下式进行计算：

$$S = \frac{Q}{60v}$$

式中　S——过滤面积，m^2；

　　　Q——最大工况烟气流量，m^3/min；

　　　v——过滤风速，m/s。

h. 袋式除尘器除尘漏风率不高于 2%。

i. 排灰斗斜壁与水平夹角不小于 65°。

3）静电除尘器

① 静电除尘器分类　静电除尘器按收尘形式可分为管筒式静电除尘器与平板式静电除尘器；按气体在电场内的运行方向可分为立式静电除尘器和卧式静电除尘器；按电荷清灰方式可分为干式静电除尘器和湿式静电除尘器；按粉尘荷电和收尘区域可分为单区静电除尘器和双区静电除尘器；按极板间距可分为窄间距、常规间距和宽间距静电除尘器；按处理气体的温度可分为常温型静电除尘器（≤300℃）和高温型静电除尘器（300～400℃）；按处理的气体压力可分为常压型静电除尘器（≤10000Pa）和高压型

220

静电除尘器（10000 ～ 60000Pa）。

② 静电除尘器工作原理　静电除尘器虽然种类和结构形式有很多，但都基于相同的工作原理。接地的金属管叫作收尘极（或集尘极），和置于圆管中心靠重锤张紧的放电极（或称电晕线）构成管极式静电除尘器。工作时含尘气体从除尘器进气口进入，通过一个足以使气体电离的静电场，产生大量的正负离子和电子并使粉尘荷电，荷电粉尘在电场力的作用下向收尘极运动并在收尘极上沉积，从而达到粉尘与气体分离的目的。当收尘极上的粉尘达到一定厚度时，通过清灰机构使灰尘落入灰斗中排出，如图 8-10 所示。

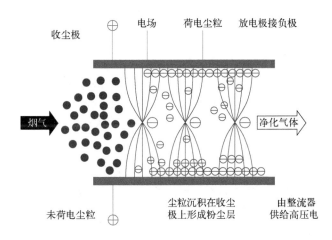

图 8-10　污泥焚烧烟气静电除尘原理图

静电除尘的工作原理包括下述几个步骤：

a. 除尘器供电电场产生；

b. 电子电荷的产生，气体电离；

c. 电子电荷传递给粉尘微粒，尘粒荷电；

d. 电场中带电粉尘微粒移向收尘极，尘粒驱进；

e. 带电粉尘微粒黏附于收尘极的表面，尘粒黏附；

f. 从收尘极清除粉尘层，振打清灰；

g. 清除的粉尘降落在灰斗中；

h. 从灰斗中清除粉尘，用输排装置运出。

③ 静电除尘器主要技术参数　以 GB 型管极式电除尘器为例：

a. 电场风速：0.7 ～ 1.0m/s；

b. 电场长度：4.4 ～ 6.8m；

c. 烟气通过电场时间：4.9 ～ 8.5s；

d. 静电除尘器阻力：< 200Pa；

e. 允许最高气体温度：300℃；

f. 设计除尘效率：90% ～ 99%。

4）污泥干化焚烧除尘器组合

污泥干化焚烧采用鼓泡流化床焚烧工艺，标准状况下烟气中颗粒物的初始浓度约为 25000mg/m³，采用单一除尘器无法满足排放要求，必须设置两级除尘设备。另外，当采用两级除尘时，第一级除尘所收集的飞灰粒径较大，所含重金属较少，一般属于一般固体废物，可降低二级除尘属于危险废物的飞灰收集量，大幅度降低飞灰处理成本。两级除尘系统中，第一级除尘系统一般选用旋风除尘器或静电除尘器，第二级除尘系统选用袋式除尘器。同时在袋式除尘器入口段喷射活性炭粉末，吸附去除烟气中的重金属及二噁英。

（4）烟气脱酸系统

污泥焚烧过程中会产生酸性气体，其中包含 SO_x、HCl、HF 等。对于烟气中的酸性气体，通常采用湿式洗涤、干式喷射以及半干法脱硫脱酸等酸性气体处理技术。其中干式喷射根据喷射位置又可分为炉内脱硫脱酸和布袋前脱硫脱酸。以下对三种脱酸工艺分别进行介绍。

1）湿式洗涤法

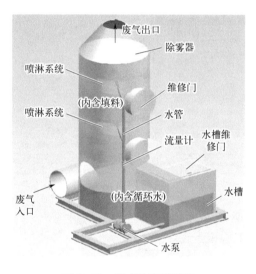

图 8-11　湿式洗涤塔结构

污泥焚烧烟气脱酸最常用的便是湿式洗涤法，常用洗涤塔结构如图 8-11 所示。

经布袋除尘后烟气从填料塔中下部进入湿式洗涤塔中，由下而上穿过填料层的同时喷淋足量的碱性循环液，使烟气与喷淋液中的碱性物质反应，经过碱洗后的烟气穿过顶部除雾器去往后续烟气净化工序。碱性药剂一般选用 NaOH 溶液。设备设有 pH 计和电导率检测仪表。当洗涤循环液的 pH 值低于设定值时，补充 NaOH 溶液，以保证酸性气体的去除效率；当洗涤循环液的电导率高于设定值时，外排一定废液，并补充中水。塔内填料可选用聚乙烯、聚丙烯或其他热塑胶材料制成的特殊填料，如拉西环、鲍尔环等。

湿式洗涤法的优点是酸性气体的去除效率高，对 HCl 和 HF 的去除率在 99% 以上，对 SO_x 的去除率在 90% 以上，缺点是用水量较大且会产生高盐废水。

2）干式喷射法

干式喷射法是利用压缩空气将碱性固体粉末喷射到炉内或袋式除尘器前的烟气管路中，使碱性固体粉末与酸性气体充分接触反应，中和烟气中的酸性气体。当碱性固体粉末喷射装置设置在袋式除尘器入口时，一般同时喷射活性炭，用于吸附烟气中的重金属及二噁英。碱性固体粉末一般采用生石灰或熟石灰。

以生石灰为例，其与酸性气体会发生以下反应：

① 生石灰粉与 SO_2 以及 HCl 进行中和反应，反应式如下。

$$CaO + SO_2 \longrightarrow CaSO_3$$

$$CaO + 2HCl \longrightarrow CaCl_2 + H_2O$$

② SO_2 可以与 $HgCl_2$ 反应，使其转化为气态 Hg，反应式如下。

$$SO_2 + 2HgCl_2 + H_2O \longrightarrow SO_3 + Hg_2Cl_2 + 2HCl$$

$$Hg_2Cl_2 \longrightarrow HgCl_2 + Hg \uparrow$$

③ 活性炭吸附现象可形成硫酸，而硫酸可与气态汞反应，反应式如下。

$$SO_2(gas) \longrightarrow SO_2(ads)$$

$$SO_2(ads) + \frac{1}{2}O_2(ads) \longrightarrow SO_3(ads)$$

$$SO_3(ads) + H_2O(ads) \longrightarrow H_2SO_4(ads)$$

$$2Hg + 2H_2SO_4(ads) \longrightarrow Hg_2SO_4(ads) + 2H_2O + SO_2$$

SO_2 被吸附在固体活性炭接触表面，与氧气反应生成 SO_3，与水在固相吸附表面形成 H_2SO_4，H_2SO_4 与 Hg 生成 Hg_2SO_4，避免了 Hg 的大量挥发，达到烟气汞吸附作用。

3）半干法脱硫脱酸法

半干法即旋转喷雾法，通过高效旋转雾化器将石灰浆从塔顶向下喷射，烟气与喷入的石灰浆充分接触发生中和脱酸反应。该工艺在生活垃圾焚烧系统中应用较多，在污泥干化焚烧中亦有应用，但多数项目采用湿法洗涤工艺。

4）组合脱酸

标准状况下污泥焚烧烟气 SO_x 的初始浓度在 $1000mg/m^3$ 左右，干法脱酸处置效率一般在 60% 左右，半干法脱酸处置效率一般在 80% 左右，单独使用均无法达到排放标准，故污泥干化焚烧项目必须采用湿法工艺。同时，由于污泥成分存在波动，烟气中的污染物浓度也会随之波动，而湿法工艺对于污染物浓度波动的适应性最强，可稳定确保烟气达标排放。但若仅采用湿法脱酸工艺，易造成洗涤塔负荷过大，所以多采用干法 + 湿法组合工艺进行脱酸处置，如此不仅可以达到预脱酸的目的，还可降低对锅炉尾部受热面的腐蚀。

（5）烟气脱硝系统

设置脱硝系统用于去除污泥焚烧过程中产生的 NO_x。在污泥焚烧过程中，NO_x 的来源主要有三个：污泥中含氮化合物燃烧生成 NO_x；助燃空气中的 N_2 在高温条件下被氧化生成 NO_x；辅助燃料中含氮化合物燃烧生成 NO_x。

目前应用广泛的 NO_x 控制技术有三种：焚烧过程控制、选择性非催化还原技术（SNCR）和选择性催化还原技术（SCR）。

1) 焚烧过程控制

① 控制焚烧温度　在 1400℃ 以上时，空气中的 N_2 和 O_2 会生成热力型 NO_x。因此应控制燃烧区域温度低于 1400℃，同时让污泥燃烧充分，避免局部过热，即可对 NO_x 的高温反应增量进行控制。

② 控制燃烧区域 O_2 含量　O_2 有利于污染物的充分燃烧，但高温区 O_2 含量过高又会产生 NO_x。一般污泥焚烧的过剩空气系数应控制在 1.3 ～ 1.5。

2) 选择性非催化还原技术（SNCR）

一般污泥焚烧过程中除燃烧控制外，通常需设置 SNCR 系统，在焚烧炉内喷射氨水、尿素等化学物质。当焚烧温度为 850 ～ 1050℃ 时，无须添加催化剂，NO_x 就会被尿素、氨水还原，生成 N_2，其工艺流程和模块如图 8-12 所示。

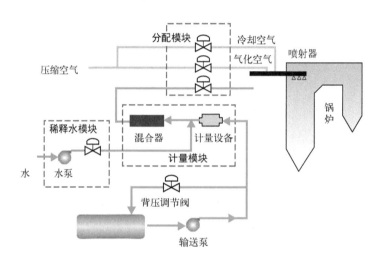

图 8-12　污泥焚烧 SNCR 炉内喷射

采用 NH_3 作还原剂，还原 NO_x 的化学反应方程式主要为：

$$4NH_3+4NO+O_2 \longrightarrow 4N_2+6H_2O$$

$$4NH_3+2NO+2O_2 \longrightarrow 3N_2+6H_2O$$

$$8NH_3+6NO_2 \longrightarrow 7N_2+12H_2O$$

而采用尿素作还原剂，还原 NO_x 的主要化学反应为：

$$CO(NH_2)_2 \longrightarrow 2NH_2+CO$$

$$NH_2+NO \longrightarrow N_2+H_2O$$

$$2CO+2NO \longrightarrow N_2+2CO_2$$

SNCR 工艺对烟气中 NO_x 的去除率一般在 40% ～ 60%，污泥焚烧烟气经 SNCR 系统脱硝处置后可将 NO_x 降低到 200mg/m³ 以内，达到了 GB 18485—2014 的排放要求。

3）选择性催化还原技术（SCR）

SCR 工艺是一种燃烧烟气后控制技术，在催化剂 TiO_2-V_2O_5 的作用下，通过喷射氨水或尿素，使烟气中的 NO_x 被催化还原成 N_2。其反应温度较低，一般在 $300 \sim 400℃$，脱硝效率可达 $70\% \sim 90\%$。但 SCR 系统运行成本较高，在同样消耗药剂的情况下，需要设置贵重金属的催化剂模块，并且该模块存在易损、易积灰、易中毒失活等问题，同时其淘汰产品属于危废 HW50 类，处置成本亦较高。

该技术一般应用在烟气排放指标要求更为严格的场合。在国内部分地区要求执行更为严格的地方标准，以山东为例，根据山东省地标《锅炉大气污染物排放标准》（DB 37/2374—2018），要求 NO_x 在核心控制区，全部锅炉烟气 NO_x 排放浓度需低于 $50mg/m^3$，在重点控制区内，全部锅炉烟气 NO_x 排放浓度需低于 $100mg/m^3$，一般控制区根据地域、锅炉类型的不同，锅炉烟气 NO_x 排放浓度需低于 $100mg/m^3$ 或 $200mg/m^3$。

以上三种 NO_x 控制方式，在具体污泥焚烧项目中，必须采用燃烧控制，SNCR 工艺目前应用广泛，也可根据地域性差异配备 SCR，或预留 SCR 位置以备后续系统提标。

8.3 水泥窑掺烧

水泥工业利用其工艺特点及优势，能对市政污泥进行协同处置，这不仅是一种双赢的模式，也有利于实现资源的再利用和企业的绿色转型升级。水泥窑协同处置市政污泥的技术优势主要体现在以下几个方面。

① 水泥窑的烧成系统气流速度大，湍流度高，有利于固废（污泥）的分散，能够确保污泥与高温烟气充分接触，避免被处置物在高温流态化燃烧过程中产生有毒气体。同时，窑炉内的碱性环境可有效抑制酸性物质的排放。

② 水泥窑内温度高，热容量和热惯性大，废料在高温区的停留时间长（$5 \sim 15s$），有害成分均能被彻底分解，可确保环境安全。燃烧后的残渣，即使含有 S、Cl 或某些重金属等有害物质，也都全部固熔在水泥熟料的晶格中而无法析出，从而避免了二次污染。

③ 水泥窑对可燃废物热值的适应范围较大，尤其是对作为替代原料和替代燃料的废物，其热值都可被充分利用。在水泥窑内燃烧所产生的热能可直接用于水泥窑系统内的热交换过程。

④ 利用水泥生产线协同处置市政污泥不产生废渣，且整个系统是在负压下操作的，几乎没有烟气和粉尘的外泄。

⑤ 水泥工业烧成系统和废气处理系统具有较好的吸附、沉降和收尘处理能力，能够满足当地的排放标准。

⑥ 与新建专用焚烧厂相比，协同处置仅需要增加预处理系统并对水泥生产系统进行适当的改造，投资小，处置成本低。

⑦ 我国是水泥生产大国，污泥水泥窑协同处置项目逐年增加，已经成为国内污泥热化学处理处置的重要手段之一。目前我国已建成 $30 \sim 40$ 条配备污泥协同处置设施的

水泥熟料生产线。

8.3.1　工艺流程及参数

（1）总体工艺流程

污泥投加到分解炉的水泥窑协同处理工艺流程如图 8-13 所示。

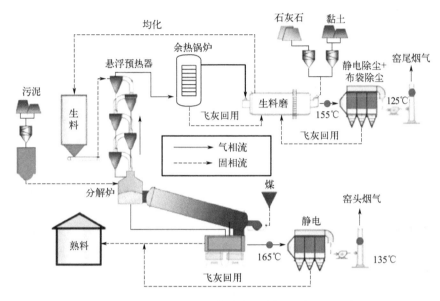

图 8-13　污泥投加到分解炉的水泥窑协同处理工艺流程

在原有的水泥窑处理工艺流程中增加污泥的存储、输送投加系统，并对水泥窑本体分解炉进行部分改造，改造后的工艺流程如下。

① 生料粉磨　硅酸盐水泥熟料主要成分为 Ca、Si、Fe、Al 的氧化物，其生料为石灰石、硅酸质原料和黏土，三者比例一般在 75 ∶ 20 ∶ 5 左右。将原料按比例配伍、破碎，在生料磨中磨细并通过水泥窑焚烧烟气加热烘干，使生料成分合适、质量均匀，窑尾烟气经过电袋除尘及其他烟气净化措施净化后排放。

② 生料悬浮预热　均化后的生料储存在生料仓内，送到悬浮预热器中，与烟气接触换热。通过多级悬浮预热器，对进炉生料进行初步加热。

③ 分解炉分解　初步加热后的生料进入分解炉，为了保证石灰石充分分解为 CaO，分解炉内气流温度应控制在 850 ～ 1100℃。

④ 污泥投加　经过深度脱水后的污泥通过储仓、输送设备投加到分解炉内，在 850 ～ 1100℃高温下对其中的有机质及部分有害物质进行焚烧。

⑤ 回转窑烧成　经分解炉处理后的水泥生料及初步焚烧后的污泥进入回转窑。回转窑内物料烧成温度为 1450 ～ 1550℃，在此温度下煅烧，可得到以硅酸钙为主的水泥

熟料。烧成过程中炉内最高温度可达 1700 ～ 1800℃，物料从窑尾到窑头的停留时间在 40min 左右，气体在高于 950℃以上环境中的停留时间＞ 8s，高于 1300℃以上的停留时间＞ 3s，且窑内气体呈现湍流状态，二噁英等有害有机物可得到充分分解。回转窑中需添加辅助燃料，燃烧后烟气自窑头经过静电除尘和其他烟气净化工艺处理后达标排放。

⑥ 水泥粉磨　熔融形成的以硅酸钙为主的水泥熟料，通过降温和水泥粉磨，加入适量的混合材料，磨细为水泥。

通过对现有水泥窑处理工艺的改造与优化，引入污泥的协同焚烧过程，不仅利用炉内高温分解了污泥中的有害有机物，并且熔融固化了污泥中的重金属等有害无机物，实现了污泥处理的无害化和资源化。

除了上述污泥投加到分解炉的水泥窑协同处理工艺外，还有多种水泥窑协同处置工艺。根据水泥窑处理工艺的不同和污泥投加位置的不同，可分为以下几种工艺：

① 污泥脱水—窑尾烟室投加；

② 污泥深度脱水—分解炉投加；

③ 污泥直接/间接干化—分解炉投加；

④ 污泥脱水—气化炉投加；

⑤ 污泥脱水—增湿塔喷雾干燥—分解炉投加；

⑥ 污泥/污泥焚烧灰渣—原料投加。

（2）污泥段工艺流程

水泥窑协同处置项目投资相对较低，仅需在现有水泥窑厂区内增设污泥的接收、储存、输送设备，部分需要增设深度脱水及干化设备。污泥段工艺路线会根据进泥含水率及入炉位置的不同而有所差别。

1）污泥含水率 80%

① 含水率 80% 污泥卸入污泥滑架接收仓，经污泥泵送入回转窑窑尾烟室，在回转窑中焚烧。

② 含水率 80% 污泥卸入污泥滑架接收仓，经污泥泵送入直接/间接干化机进行干化处理，干化后的污泥和收尘设施收集的污泥一同送入干泥仓内，输送至分解炉后进入回转窑焚烧。

2）污泥含水率 30% ～ 60%

含水率 30% ～ 60% 污泥卸入污泥滑架接收仓，通过仓下输送设备、破碎机、污泥提升机送入污泥喂料仓内，输送至分解炉后进入回转窑焚烧。

（3）技术参数

《水泥窑协同处置污泥工程设计规范》（GB 50757—2012）为指导水泥窑协同处置污泥工程设计的国家标准，旨在规范污泥在水泥窑中的安全、高效处置过程。该规范对水泥窑协同处置的重要技术参数有详细要求，现汇总如下。

1）水泥熟料生产线配套污泥处置能力

水泥熟料生产线规模为 2500t/d 时，污泥最大投加比率为 12%，即可配套不超过

300t/d 的污泥处置生产线；水泥熟料生产线规模为 3000t/d 时，污泥最大投加比率为 20%，即可配套不超过 600t/d 的污泥处置生产线；水泥熟料生产线规模为 5000t/d 时，最大投加比率为 16%，即可配套不超过 800t/d 的污泥处置生产线。为了保证处理效率和灵活性，建议最少设置 2 条污泥预处理线。

2）储存、接收及预处理

当预处理后的污泥粒径大于 100mm 时，污泥预处理系统中宜设置破碎装置；污泥储存设施的有效容积宜按 1 ~ 3d 的额定污泥处置量确定，若采用直接入窑的方式，储存期宜大于 2d。

3）协同处置

① 污泥焚烧区域空间应满足污泥焚烧产生烟气在 850℃以上高温区域停留时间不小于 2s；

② 污泥进料系统宜设置缓冲仓，缓冲仓的容积宜按 0.1 ~ 0.5d 确定；

③ 含水率不大于 30% 的污泥可从分解炉处进料，分解炉开口位置应设置污泥打散设施；

④ 含水率为 30% ~ 80% 的污泥可从窑尾烟室处进料，烟室开口处应设置强制给料设备，污泥进入烟室后，烟室内温度下降宜控制在 100℃以内。

8.3.2　工艺设备

水泥窑掺烧项目投资主体一般为水泥生产企业，在水泥厂区内投建设施，一般要求污泥进场含水率在 60% ~ 80%。水厂无须投建设施，水泥窑企业需增设污泥接收料仓、输送装置等常规设备，如图 8-14 所示。

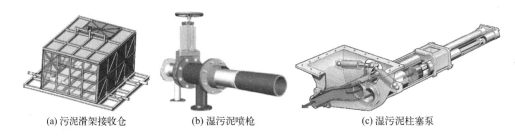

(a) 污泥滑架接收仓　　　(b) 湿污泥喷枪　　　(c) 湿污泥柱塞泵

图 8-14　水泥窑掺烧增设设备

8.4　热电厂掺烧

利用电厂锅炉焚烧设施来处理污泥，是一种高效的节能减排措施。这种做法不但能节省用于处理污泥的场地、资金和运营成本，还能帮助解决城市处理大量污水污泥的难题。通过这种方式，可以优化社会资源的使用，同时也可对环境保护做出积极贡献。

8.4.1 工艺流程

国内外电厂消纳污泥主要有两种方式：湿污泥掺煤掺烧和污泥干化后掺烧。湿污泥掺煤掺烧发电是将湿污泥直接送入电厂锅炉与煤混烧。污泥干化后混烧发电则是将湿污泥经烟气或蒸汽干化后再送入电厂锅炉与煤混烧。

（1）污泥掺煤掺烧

循环流化床锅炉和煤粉炉焚烧污泥在国内外都有很多工程应用。德国 Berrenrath 电厂和 Weisweiler 电厂将污泥送入循环流化床锅炉中混合焚烧，其燃煤与污泥比例为 3 ∶ 1，处置污泥为含水率 70% 的脱水污泥，燃烧后烟气排放指标符合德国允许排放限值。德国还有一些电厂采用煤粉炉混烧污泥，污泥比例在 10% 以下，多数在 5% 左右，脱水污泥与干化污泥均有使用，少量污泥混烧不影响电厂环保指标达标。美国威斯康星州和底特律市也有混烧发电厂。

主要系统包括污泥储存系统、污泥送料系统、冲洗系统、吹扫系统、料仓料位报警联锁系统及污泥坑水抽送系统。脱水污泥被运输至热电厂的污泥储存室，经输送泵送至炉膛与煤混合燃烧。

（2）污泥干化后掺烧

污泥中含有大量的有机物，其热值可以作为资源利用，但由于污泥含水率很高，直接利用时会对燃烧工况干扰较大而且需要掺加更多的煤。利用电厂烟气余热先进行污泥干化可较好地解决这一问题。电厂排烟温度约为 200℃，在适宜的温度下进行污泥干化处理，可以保持污泥 90% 以上的热值，并可以形成质地坚硬的颗粒作为燃料用于焚烧发电，达到循环经济使用的目的。

1）烟气余热干化污泥基本原理

按照热源和换热方式，典型的污泥干化方法可分为两类：一类是利用锅炉烟道抽取的高温烟气或锅炉排烟直接加热湿污泥；另一类是利用低压蒸汽作为热源，通过换热装置间接加热污泥。湿污泥含水率约为 80%，干化后污泥含水率为 20% ～ 40%。

① 直接加热干燥　烟气与污泥直接接触，低速通过污泥层，在此过程中吸收污泥中的水分，处理后的干污泥与热介质进行分离，排出的废气可进行热量回收再利用，再经无害化后排放。常用的直接加热干燥设备有转鼓干燥器、流化床干燥器等。

② 间接加热干燥　该技术是通过热交换器将烟气或蒸汽热能传递给湿污泥，使湿污泥中的水分得以蒸发，干燥过程中蒸发的水分在冷凝器中冷凝，部分热介质回流到原系统中再利用，以节约能源。典型的间接加热干燥器有桨叶干化机、薄层干化机、圆盘干化机等。

2）系统流程

主要系统包括污泥储存系统、污泥送料系统、干燥系统、烟气分离系统、传送系统、混合系统等。脱水污泥被运输至热电厂的污泥储存室，经输送泵送至干燥设备进行干化处理，干化后的污泥经传送机传送至混合设备与煤进行混合，混合后送入炉膛进行混合燃烧。

（3）方式对比

仅需对电厂的部分设施进行改造后即可利用电厂原有锅炉对污泥进行掺烧处理，上述介绍工艺均可以充分利用污泥中潜在热能，实现污泥减量化及资源化，各方式的对比见表 8-4。

表 8-4　电厂掺烧方式对比表

项目	湿污泥掺煤掺烧发电	污泥干化后掺烧发电	
		烟气直接加热	抽汽间接加热
干燥热源	无要求	锅炉高温烟气或排烟	汽轮机低压抽汽或其他余热废气
工艺流程	仅为湿污泥的储存及输送	污泥储存＋污泥干化＋烟气处理（返回主烟气处理）＋冷凝废水处理	湿泥储存＋污泥干化＋冷凝废水处理
电厂需增设设备	湿污泥储存仓、泵送设备	湿污泥储存仓、泵送设备、干化设备	湿污泥储存仓、泵送设备、干化设备
电厂改造	较少	较多	较多
入炉污泥含水率	80% 左右	30% 左右	30% 左右
对原焚烧影响	较大	较小	较小
初投资	较低	较高	较高

8.4.2　协同方式

污泥作为生物质能源，具有一定的热值，其掺烧不仅可以节省资金投入，还可以通过综合利用现有设施来有效解决污泥的最终处理问题。然而，污泥的掺烧可能会对电厂的运行产生一定影响。目前，污泥与热电厂协同合作的方式主要有两种：

（1）干化后送电厂焚烧

污泥干化厂将污泥干化到电厂要求的含水率（如 30%）后运输到电厂协同焚烧。电厂仅需要投建干污泥接收、输送装置，对原焚烧炉进行改造。干化厂则负责整套污泥干化厂区的投资。电厂为污泥干化厂提供蒸汽，污泥干化厂为电厂提供干化后的高热值污泥，形成物质及能量循环，类似小型循环经济产业园模式。该种模式需要投建污泥干化厂或在水厂内投建干化设施，投建的污泥干化厂宜与热电厂邻近。

（2）湿污泥送电厂焚烧

含水率 80% 污泥送至电厂进行直接掺烧，这种方式污泥含水率较高，为避免对电厂原焚烧工况产生过大影响，掺烧比例应较低，一般在 5% 左右。电厂仅需投建污泥接收及泵送设施，并对焚烧炉进行部分改造工作。此外，也可以利用电厂自有烟气或蒸汽先对污泥进行干化后再焚烧，电厂需要投建污泥接收、污泥干化等设施。

8.4.3 对热电厂的影响

（1）对锅炉热效率的影响

对于电厂锅炉，煤的种类及性质对锅炉燃烧设备的结构形式、受热面布置、运行经济性和安全性均有很大影响，煤质改变将会严重影响锅炉热效率。掺烧污泥会改变燃料的组成和燃烧特性，造成排烟温度上升，烟气量增加，烟气侧阻力增加，同时煤耗有所增加，锅炉整体热效率下降。

（2）对焚烧效果的影响

1）对污泥喷射的影响

湿污泥具有含水率高、黏度大的特性，在处理湿污泥时，应确保其在喷入炉内时能均匀地喷射，并与煤粉充分混合，这对喷嘴的位置、形式、数量及材质的选择提出了较高要求。在日常维护中，喷嘴的清洗、更换及维护也是不可忽视的环节。污泥通过喷嘴喷入炉内进行焚烧时，供料的粒度对于污泥燃烧的完全程度、炉膛的燃烧工况以及流化床锅炉的布风板都有显著影响。因此，在设计污泥喷嘴时，不仅要考虑污泥的特殊性质，以确保能稳定且均匀地将污泥喷入炉内进行燃烧，还要确保喷嘴能够承受炉内的高温而不被烧毁，同时也要有针对污泥堵塞后的疏通处理措施。

常州某热电厂的污泥掺烧项目中，在喷射系统中增设了喷嘴吹扫、疏通的系统，提高了焚烧系统的连续性、稳定性。污泥进泥管道与喷口设计采用柔性连接，保证了锅炉运行的安全性。该项目采用电液比例式高压双缸活塞泵，解决了高浓度污泥的管道远距离输送和锅炉长期稳定燃烧所需污泥流量的控制问题。

2）对烟气流速的影响

污泥混烧时烟气流速会增大，从而会对烟气系统设备及管路造成磨损，同时会缩短燃烧物在锅炉内的停留时间，并且会造成锅炉腐蚀现象。

3）对烟道腐蚀的影响

混烧污泥应保证不影响锅炉正常的热量输出，否则将会影响电厂的正常发电量。与燃煤单独燃烧相比，由于污泥的高挥发分特性，较多的未燃尽颗粒会从床层逸出，烟气中的 CO 含量增加，不完全燃烧现象较严重。因此选取适宜的污泥掺加量才能使焚烧炉正常运行。当锅炉掺烧污泥采用最低允许温度、停留时间和含氧量时，蒸汽发生器的磨损程度有所增加，这是由烟气的化学腐蚀和锅炉中的飞灰颗粒侵蚀而引起的。焚烧室、第一个空通道的水墙和过热器是锅炉部件中最容易受到腐蚀的部分。侵蚀是指由于垂直磨损造成的表面材料的磨损，主要是由烟气中的粉尘颗粒造成的，侵蚀在气体改向区域表现得特别明显。管道磨损是腐蚀和磨损共同作用造成的。腐蚀一般会出现在干净的金属表面，如果腐蚀产物覆盖在管道表面，就形成了一个保护层（氧化层），可以减缓腐蚀。如果这个保护层由于侵蚀而受到磨损，金属表面则会开始新的腐蚀。

掺烧污泥时，烟气腐蚀包括以下类型：

① 高温腐蚀　发生在点火过程中。

② 初步腐蚀　启动装置时，在"空白钢铁"产生氧化层之前，先短暂地出现氯化亚铁（$FeCl_2$），这种反应会在侵蚀去掉表面膜后不断发生。

③ 缺氧腐蚀　在缺氧环境中，如在表面膜（如氧化物、污染物或防火材料）之下和焚烧炉区，由于 $FeCl_2$ 的形成而造成的缺氧腐蚀。在焚烧温度下，$FeCl_2$ 充分挥发转移，此类腐蚀的标志是 CO 的出现。然而材料和表面膜相连的微观结构具有决定性。这种腐蚀的个别情况出现在蒸汽压力大于 30bar（1bar=10^5Pa）时，但通常要高于 40bar。腐蚀率会随金属温度的升高而增加，腐蚀产物以片层状出现。

④ 氯化物高温腐蚀　氯腐蚀是由碱性氯化物的硫酸垢侵蚀 Fe 或者侵蚀 Pb（OH）$_2$ 的过程释放出来的氯气造成的。这种腐蚀机制出现在烟气温度超过 700℃、管壁温度超过 400℃的情况下。

⑤ 熔盐腐蚀　烟气中含有碱及其类似成分，进而能形成共晶混合物。共晶混合物比单一成分的共晶体熔点低。这些熔融系统具有很高的活性，能引起严重的钢铁腐蚀。它们可以与耐火材料发生反应，并在内部形成化合物，如六方钾霞石、白榴石、透长石，这些物质可以机械摧毁耐火材料，也可以在沉积物质和耐火材料（或耐腐蚀材料）的表面上形成低黏性熔体。

⑥ 电化学腐蚀　形成于不同金属电势均衡的基础上，可以是水溶液，也可以是固体，在高温下能够显示出足够的导电性。随着温度的升高，从水露点经过硫酸露点，直至达到熔盐露点，传导率逐渐上升。

⑦ 静态腐蚀　基于其高氯含量（尤其是 $CaCl_2$），沉淀物都是吸湿的。空气中的水汽溶解了这些化合物，从而引起了物质表面的化学分解反应。

⑧ 露点腐蚀　当温度降至酸露点以下时，湿化学腐蚀在冷却表面出现。通过提高温度或选择适当的材料，可以避免这种腐蚀。

在实际生产过程中，设备不可避免地会产生一定程度的腐蚀，主要的腐蚀类型为高温热腐蚀及氯化物高温腐蚀。应采取有效措施将腐蚀降低到可以接受的程度。从引起腐蚀的因素看，可以在进入换热器表面之前通过降低蒸汽参数、延长反应时间、降低烟气流速、平稳速度剖面来减小蒸汽发生器的腐蚀。保护壳、模具、冲压装置、变流装置也可以用来保护热表面。

（3）对烟气及灰渣的影响

1）烟气成分及烟气量

污泥含水率较高，污泥与煤混烧时将会产生大量的水蒸气，从而导致烟气量增加，排烟温度上升。同时污泥中含有大量重金属，污泥与煤混烧时烟气中重金属含量将会增加，NO_x 及 SO_x 含量也会增加。由于污泥的成分、特性及混烧量不同，烟气成分及烟气量也有所不同。南京某热电厂混烧 20% 的湿污泥时，烟气量增加约 6%，烟尘浓度增加约 5%。该热电厂采取降低过剩空气系数、增大二次风率等措施，降低 NO_x 及 SO_x 的排放浓度。常州某热电厂污泥混烧量分别为 1.0t/h、2.5t/h 和 4.0t/h 时，烟气量分别增加了 $1512m^3/h$、$3871m^3/h$ 和 $6390m^3/h$，同时烟气中的重金属（如 Cd、Pb、Hg 等）含量也有所增加。

2）灰渣产生量及重金属含量

污泥中的灰分及挥发分含量较高，燃煤中的灰分含量较低，固定碳含量较高。因此，混烧污泥时飞灰的产生量将增大。污泥中重金属含量较高，飞灰及底渣中的重金属含量也会增加。

8.5　生活垃圾焚烧厂掺烧

近年来，随着城市循环经济产业园的发展，生活垃圾焚烧厂与污水处理厂污泥的协同处置成为解决污泥处理难题的有效方法。将低热值的污泥与生活垃圾共同焚烧，不仅可以解决单独处理污泥所面临的高投资和运营成本问题，而且还能实现污泥的减量化、无害化和资源化利用，具有显著的环境和经济效益。

城市循环经济产业园区采用的是以城市生活垃圾焚烧发电厂为核心，结合污水处理厂、餐厨垃圾综合处理厂、粪便及禽畜尸体无害化处理等设施的综合固废处理模式。这种模式下的园区建设，不仅可以实现固体废物集中处理和扩大规模效益，还能有效控制固体废物处理过程中的二次污染，形成一个既高效又环保的物质和能量循环系统。

8.5.1　技术优势

污泥与生活垃圾协同焚烧具有以下技术优势：

① 减量化　可有效实现两者体积、质量的减小。处理后污泥体积可减小至原有体积的 10% 及以下。

② 无害化　焚烧产生的高温，可彻底分解污泥和生活垃圾中的有害物质，实现两者的无害化处理。

③ 余热利用　污泥干化后的热值只要达到 4180kJ/kg，即可满足普通生活垃圾焚烧的最低热值要求，再经余热发电，其热值就可以得到充分利用。

④ 焚烧产物灰渣的安全处置　炉渣不属于危险废物，可用作市政建筑材料；飞灰属于危险废物，经稳定化处理后进入生活垃圾填埋场填埋，但其含量只占处理量的 3%～5%。

⑤ 耗能少　污泥干化所需热源由焚烧厂自产的蒸汽提供，不需要额外热源，属内部系统消耗。

⑥ 运营、维护成本低　采用掺烧技术，全厂设备投入只增加污泥脱水、干化及输送系统设备，与垃圾炉共用焚烧设备及烟气净化等公用设施，大大降低了投资成本。如

果污泥与垃圾设施同期建设运行，可进一步节约管理、人员、药剂等运维成本。

根据现有统计，同样地域范围内原生市政污泥产生量是生活垃圾产生量的 20% 左右，经干化后的污泥量可控制在生活垃圾处理量的 10% 以内，因此垃圾焚烧电厂完全有能力消纳本区域内的市政污泥。

8.5.2 工艺流程

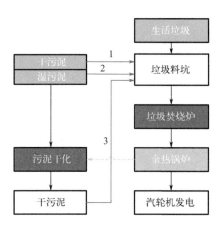

图 8-15 污泥与生活垃圾焚烧厂协同
焚烧方式

国内生活垃圾焚烧厂协同处理污泥的项目可以归纳为三种主要工艺路线：

① 厂外污泥为干污泥，可直接与生活垃圾掺烧；

② 厂外污泥为湿污泥，污泥量较小，可直接与生活垃圾掺烧；

③ 厂外污泥为湿污泥，污泥量较大，可在垃圾焚烧厂内配套建设污泥干化车间，利用焚烧厂抽汽将污泥干化后，再掺烧。

三种协同焚烧方式如图 8-15 所示。

三种方式中，前两种为厂外干化，下面主要对第三种方式进行具体工艺流程及设计参数介绍。生活垃圾焚烧发电主工艺流程如图 8-16 所示。

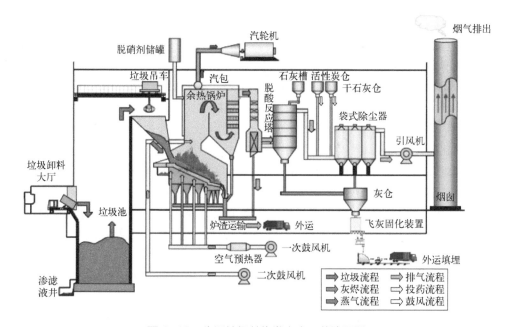

图 8-16 生活垃圾焚烧发电主工艺流程图

主处理工艺流程不变，只增加了污泥接收、输送和干化环节，具体工艺流程如下：

（1）湿污泥接收及储存

将污水厂带式机或离心机产生的含水率 80% 污泥车载运输到污泥干化车间卸料位，卸料在污泥接收仓内，污泥接收仓采用方底滑架料仓防止污泥架桥。滑架料仓将污泥刮料到预压螺旋内，预压螺旋将污泥喂料到污泥输送泵内，污泥输送泵将污泥输送到污泥储仓内，污泥储仓亦采用滑架料仓，多为圆底滑架料仓，仓底同样设置预压螺旋及污泥输送泵，污泥输送泵将污泥泵送到污泥干化机内，见图 8-17。

图 8-17　湿污泥接收及储存系统

（2）污泥干化

污泥储仓内的污泥通过泵送进入污泥干化设备，利用垃圾焚烧厂的蒸汽加热。污泥干化车间的布置如图 8-18 所示。污泥中水分通过载气带出并冷凝去除，载气部分回用，部分送至垃圾焚烧车间与垃圾焚烧一次风混合，利用完的蒸汽经过疏水系统后回到垃圾焚烧厂锅炉给水系统。污泥干化系统将污泥干化到含水率 30% ～ 40%。

图 8-18　垃圾焚烧厂污泥干化车间

（3）干化污泥输送及入炉方式

根据干化车间与主车间垃圾储坑的距离，干化污泥可通过两种方式输送，如图 8-19 所示。

(a) 直接送至垃圾储坑　　　　　　(b) 车载卸料到垃圾储坑

图 8-19　干化污泥输送的两种方式

① 干化污泥通过密闭的刮板输送机或螺旋输送机输送，将干化污泥输送至焚烧炉料斗或专用污泥储坑内；

② 当干化污泥有外运或转运需求时，宜设置干化污泥缓存仓，通过车载转运至专用污泥储坑内。

干化污泥入炉方式一般有三种：

① 干化污泥不与垃圾混合，直接入炉掺烧；

② 干化污泥先送至料斗或垃圾仓，与垃圾混合后再入炉掺烧；

③ 干化污泥先送至专用的污泥储存小池（垃圾仓内单独设置），再入炉掺烧。

卸料到垃圾储仓的污泥，为防止干化后污泥返潮引起进料设备淤堵，可在干泥出料时将干污泥打包，用抓斗抓取入炉。

（4）焚烧及余热利用

垃圾焚烧炉型绝大部分采用机械炉排炉，如图 8-20 所示。抓斗抓取生活垃圾和污泥后卸料在进料斗，进料斗内物料在推料器的推动下进入炉排焚烧面，炉排下一次风室灰斗供给焚烧炉一次风，收集炉排面上的灰渣。物料在机械炉排的推送下往右侧移动，边推送边焚烧，物料在炉排内经过干燥、燃烧、燃尽三个阶段后形成炉渣，在右侧落料，与一次风室收集的灰渣一并落料到除渣机内，由除渣机将灰渣降温，并捞出排至渣坑。渣坑内灰渣由抓斗抓取外运。

垃圾及污泥燃烧放热，热烟气在机械炉排炉顶部余热锅炉内加热受热面，烟气经过过热器、省煤器等多次利用后降温进入烟气净化工序。余热锅炉受热面加热会产生饱和蒸汽，经过过热器再热后形成过热蒸汽，送至发电车间供汽轮机利用。

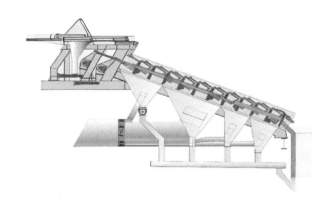

图 8-20　生活垃圾协同焚烧污泥用机械炉排炉

（5）烟气净化

① 脱硝　烟气在炉排炉内通过 SNCR 工艺进行脱硝，与污泥单独干化焚烧类似，需通过脱硝药剂对烟气中的 NO_x 进行脱除，达到排放标准。

② 脱硫脱酸　烟气经过余热利用后进入脱酸塔内进行脱酸，去除 SO_2、HCl、HF 等酸性气体，目前国内垃圾焚烧厂多采用半干法工艺，半干脱酸塔结构如图 8-21 所示。

半干法烟气脱酸过程是将石灰溶液由计量泵送入旋转雾化器，将石灰浆雾化成平均直径在 $30 \sim 40\mu m$ 的雾滴喷入反应塔内。经过余热利用的烟气从反应塔顶部的导流装置旋流进入反应塔中。在反应塔内，烟气中酸性污染物（SO_2、HCl、HF 等）首先向石灰浆液滴扩散，在液滴表面被吸收，发生以气相与液相反应为主的化学吸收反应，生成 $CaSO_4$、$CaCl_2$、CaF_2 等，达到脱酸的目的。与此同时，烟气的热量与雾滴之间通过强制性对流传热，使雾滴在下降到塔底前充分蒸发，形成固态反应物。

从酸性物质的活泼程度看（$HCl > SO_3 > SO_2 > CO_2$），强酸性物质更容易被吸收，CO_2 则很少被吸收。半干脱酸塔中旋转雾化器至关重要，该设备需要在高温下进行高速旋转，一般转速在 $12000 \sim 15000r/min$。

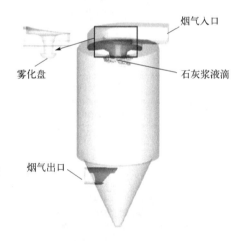

图 8-21　生活垃圾协同焚烧污泥用半干脱酸塔

③ 石灰、活性炭吸附及袋式除尘　经过前述半干法后，在脱酸塔与袋式除尘器之间的烟道喷射石灰，进行干法脱酸，并在袋式除尘器除尘之前喷入活性炭，对二噁英、重金属进行捕集，该工艺与前述污泥干化焚烧中工艺类似，不再赘述。

（6）灰渣处置

炉渣即锅炉灰渣在渣坑中收集后车载外运，一般用于炉渣建材利用或填埋。布袋飞

237

灰为危险废物，需配合后续飞灰螯合固化工艺稳定后，以砌块形式运至填埋场专区填埋，亦有采用电炉、回转窑等进行飞灰熔融固化的工艺，但因其成本高昂，国内应用较少。

8.5.3 主要设计要点及技术参数

生活垃圾焚烧厂协同处置污泥的主要工艺流程仍为生活垃圾焚烧现有工艺，目前执行《生活垃圾焚烧处理工程技术规范》（CJJ 90）、《生活垃圾焚烧污染控制标准》（GB 18485）等技术规范和标准，同时亦可参考团体标准《生活垃圾焚烧炉协同处置污泥技术规范》（T/ACEF 067）。根据已经运行的与垃圾焚烧厂掺烧污泥的项目，列举主要技术参数如表 8-5 所示。

表 8-5　生活垃圾厂焚烧协同处理污泥设计要点及主要技术参数

序号	设计项目	参数	备注
1	进泥含水率	无严格要求	含水率 80% 污泥
2	掺烧比	10% 以内	干化后污泥 / 垃圾焚烧量
3	干化蒸汽参数	0.8MPa，180℃左右	亦可自汽包产汽减温减压使用
4	干化蒸汽耗量 /（t/t）	0.9～1.2	蒸汽 / 水
5	干化出泥含水率 /%	30～40	—
6	湿污泥仓数量 / 台	≥2	宜采用滑架仓
7	湿污泥仓容积	≥2Vc	Vc 为单车最大卸料体积
8	湿污泥储仓数量 / 台	≥2	宜采用滑架仓
9	湿污泥储仓容积 /d	2～7	—
10	干化机运行时间 /h	≥7500	—
11	垃圾焚烧运行时间 /h	≥8000	—
12	垃圾仓设计容积 /d	5～7	垃圾 + 污泥空间
13	垃圾抓斗数量 / 台	≥2	一用一备
14	垃圾焚烧设计使用年限 /a	20	—
15	烟气停留时间 /s	≥2	850℃以上停留时间（从二次风进口到锅炉顶部受热面）
16	炉渣热酌减率 /%	≤5	—
17	余热锅炉蒸汽参数	≥400℃，≥4MPa	—
18	垃圾焚烧炉出口的烟气含氧量 /%	6～10	—
19	除尘器烟气温度	高出露点 20～30℃	—

238

8.5.4 对焚烧厂的影响

（1）污泥含水率对焚烧的影响

污泥含水率对热值有较大的影响，根据不同水厂污泥绝干基热值不同，按不同含水率列表统计，如表 8-6 所示。

表 8-6 不同水厂污泥热值与含水率关系（以低位热值计）

含水率 /%	A 厂热值 /（kJ/kg）	B 厂热值 /（kJ/kg）	C 厂热值 /（kJ/kg）	D 厂热值 /（kJ/kg）	E 厂热值 /（kJ/kg）	F 厂热值 /（kJ/kg）
0	8347	8790.0	10046.4	10500	11302.2	12558.0
10	7270	7643.6	8773.9	9208	9904.1	11034.3
20	6193	6500.9	7505.5	7915	8510.1	9514.8
30	5116	5353.9	6233.0	6623	7112.0	7991.1
40	4039	4206.9	4960.4	5330	5713.9	6467.4
50	2962	3064.2	3692.1	4038	4320.0	4947.9
60	1884	1917.2	2419.5	2745	2921.8	3424.1
70	807	770.2	1147.0	1453	1523.7	1990.4
80	-270	-372.6	-121.4	161	-129.8	380.9
90	-1347	-1519.5	-1393.9	-1132	-1268.4	-1142.8

图 8-22 更直观地体现出了污泥含水率和低位热值之间的关系。

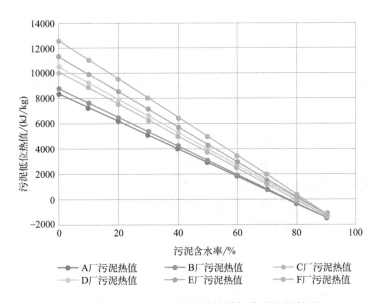

图 8-22 不同水厂污泥低位热值与含水率的关系

可以看出，污泥收到基热值与含水率存在线性关系，其线性关系如下（其中 x 为含水率，y 为污泥收到基低位热值）。

① A 厂绝干基低位热值为 8347kJ/kg，其关系式为：$y=-10771x+8347$。

② B 厂绝干基低位热值为 8790kJ/kg，其关系式为：$y=-11455x+8790$。

③ C 厂绝干基低位热值为 10046.4kJ/kg，其关系式为：$y=-12711x+10046.4$。

④ D 厂绝干基低位热值为 10500kJ/kg，其关系式为：$y=-12924x+10500$。

⑤ E 厂绝干基低位热值为 11302.2kJ/kg，其关系式为：$y=-14077x+11302.2$。

⑥ F 厂绝干基低位热值为 12558kJ/kg，其关系式为：$y=-15195x+12558$。

其他污泥可根据以上接近的线性关系，大致估算对应的收到基热值。目前国内生活垃圾焚烧厂设计时 MCR（最大连续工况）工况点的垃圾热值一般在 6700kJ/kg 左右，在以上污泥的绝干基热值范围内，需脱水到含水率 20%～40%，即可达到生活垃圾焚烧设计 MCR 热值点，这也是大多数垃圾焚烧厂协同处置污泥含水率要求达到 30%～40% 的原因。

若污泥含水率过高，则会导致入炉污泥热值低，不利于炉内燃烧；若含水率过低，污泥干化后易呈粉状，则会造成入炉扬尘大，污泥中的有机质还未完成燃尽即被高温烟气带走。所以将含水率控制在 30%～40% 的范围内时，两者可以兼顾。

（2）对焚烧炉的影响

污泥与生活垃圾掺烧，实质是增加了垃圾焚烧炉的处理量，而随着处理量的增加，焚烧炉所需要的空气量及出口烟气量都会相应增加，从而增大所有设备的选型规格，因此需要在生活垃圾焚烧厂设计时同步考虑。

上海某公司曾对三种工况进行对比，分别为 750t/d 垃圾焚烧（工况 A）、750t/d 垃圾 +75t/d 污泥掺烧（工况 B，掺烧 10% 干化污泥，含水率 30%）、825t/d 垃圾焚烧（工况 C）。对比工况 A 与工况 B，在掺烧 10% 的干化污泥后，焚烧炉各参数增量在 5%～6%。而由于污泥的掺烧降低了入炉燃料的整体热值，二次风引入总量增加，但增量比降低了，对比工况 B 和工况 C 的数据也可证实上述观点。根据对已运行项目的调研得出，掺烧比在 10% 以内，同时将入炉干化污泥的热值控制在比垃圾热值略低的水平有助于焚烧炉炉温的控制，从而有利于焚烧炉的长期运行。

（3）对余热锅炉的影响

污泥掺烧后，焚烧处理量的增加同样会造成余热锅炉的参数变化，仍以上述 3 种工况为例，余热锅炉参数变化情况见表 8-7。对比工况 A 与工况 B 可知，在掺烧 10% 的污泥后，两者差异较大，但工况 B 和工况 C 的差异较小。

在实际运行中，污泥掺烧的影响主要体现在：掺烧造成烟气中粉尘含量增加，且飞灰中的 Cl 含量上升，会导致余热锅炉积灰结焦问题严重，受热面换热能力降低，清灰效果变差，锅炉效率下降，以及余热锅炉受热面寿命缩短等弊端。当飞灰中 Cl 含量升高时，会引发飞灰熔点降低、黏性增强，造成飞灰颗粒极易黏附在锅炉管束上，或覆盖在受热面上，或搭桥结焦，造成流通通道堵塞等不良工况。

表 8-7　三种工况对余热锅炉的影响

参数名称	工况 A	工况 B	工况 C
锅炉有效热吸收量 /kW	60066	63248	66069
额定蒸汽量 /（t/h）	75.9	80.2	83.5
干化系统抽气量 /（t/h）	—	3.5	—
锅炉效率 /%	80.5	81.1	81.3

垃圾焚烧与污泥协同处理同步设计时，在余热锅炉选型时可考虑以下相应措施：
① 增大余热锅炉受热面裕量，以便控制过热器进口烟温；
② 拉大对流管束节距，在易磨损区域设置防磨瓦，以减轻积灰搭桥；
③ 局部受热面采用堆焊、喷涂等措施；
④ 设置强效有力的清灰设备等。

（4）对烟气净化的影响

焚烧炉处理量增加会导致焚烧炉空气量及出口烟气量增加，污泥的加入会使焚烧物料的元素成分发生变化，烟气指标较难控制。

根据上海市某垃圾焚烧协同处理污泥项目的运行情况，其垃圾处理规模为 4×500t/d，焚烧厂接收含水率 30% 的污泥量为 137t/d，掺烧比例为 6.85%。污染物排放浓度与入炉垃圾和污泥中的元素含量、污泥的混烧比例有较大关系。干化污泥、生活垃圾以及按照现有规模掺混后混合物的元素分析如表 8-8 所示。

表 8-8　干化污泥、生活垃圾、混合后物料元素分析比较（绝干基）　　单位：%

元素	C	H	O	N	S	Cl
含水率 30% 污泥	26.07	2.93	13.91	1.76	0.97	0.41
生活垃圾	18.08	3.69	10.59	0.65	0.11	0.32
掺烧混合后物料	18.56	3.64	10.79	0.72	0.16	0.33
元素增加比例	2.65	-1.36	1.89	10.77	45.46	3.12

通过表 8-8 中的元素对比可知，掺烧污泥后 N、S、Cl 等元素均有所增加，尤其是 S 元素，增加较明显。除表中元素外，烟尘量也增加较多，这都会给烟气净化系统带来不利影响。

垃圾焚烧厂从烟气污染物 SO_2 的角度分析，入炉燃料 S 元素的含量从 0.11% 变为 0.16%，对于锅炉烟气中 SO_2 排放的影响增加 45.46%，由于焚烧厂烟气净化采用湿法工艺，总的处理能力完全能满足要求，但是在运行过程中需增加药剂投入量，以满足最终烟气的达标排放。

从烟气污染物 NO_x 的角度分析，掺烧后 N 元素的含量从 0.65% 变为 0.72%，约增加了 11%。由于燃料性 NO_x 的排放几乎不会发生变化，其他 NO_x 排放与燃烧条件有关，而且干化污泥热值与垃圾热值相近，焚烧条件基本类似，所以总的 NO_x 排放量基本不变。

Cl 元素从 0.32% 增加到 0.33%，运行中保持焚烧炉的炉温在 850℃ 以上超过 2s，后续设置脱酸塔冷却，活性炭吸附等也可以基本抑制二噁英的生成。

在实际运行中，还会出现一些问题，如半干法旋转雾化器雾化盘的磨损加快、袋式除尘器滤袋更换频率增加等。设计和运行时应充分考虑上述问题，可采取如下措施：

① 在反应塔入口烟道设置粉尘收集装置进行预除尘，从而减缓旋转雾化器雾化盘的磨损；

② 增大滤袋面积，降低气布比来延长除尘器滤袋的更换周期。

因此，污泥掺烧相比于单纯生活垃圾焚烧，其 S、N、Cl 元素都有所增加，对污染物产生量、处理设备、运行成本都有影响，目前已运行的项目或多或少都存在问题，但基本都可以通过现有的工艺处理达到现有的排放指标要求，但既要实现良好的掺烧效果，又要具有较好的经济性，还需进行大量研究工作。

8.6 工艺优缺点及适用范围

各种污泥焚烧工艺各有其优缺点，详细对比如表 8-9 所示。

表 8-9 几种污泥焚烧工艺对比表

序号	对比项	单独干化焚烧	水泥窑掺烧	热电厂掺烧	垃圾焚烧厂掺烧
1	进泥含水率 /%	60～80	30～80	30～80	30～80
2	干化段热源	自产＋辅助燃料或外来蒸汽	水泥窑窑尾烟气	热电厂烟气或蒸汽	垃圾焚烧厂烟气或蒸汽
3	焚烧炉型	鼓泡流化床	回转窑	循环流化床	机械炉排炉
4	实施主体	污泥处置企业新建	水泥窑企业改造	热电厂改造	垃圾焚烧厂新建
5	工艺主流程	干化＋鼓泡流化床焚烧＋烟气净化	直接掺烧或干化＋掺烧	直接掺烧或干化＋掺烧	直接掺烧或干化＋掺烧
6	新投建内容	干化＋鼓泡流化床焚烧＋烟气净化	接收储存输送（＋干化）＋现有设备部分改造	接收储存输送（＋干化）＋现有设备部分改造	接收储存输送（＋干化）＋现有设备部分改造
7	新投建内容复杂程度	复杂	较简单	较简单	较简单
8	占地面积	较大	小	小	小

序号	对比项	单独干化焚烧	水泥窑掺烧	热电厂掺烧	垃圾焚烧厂掺烧
9	投资水平	高	较低	较低	较低
10	受制约程度	低	较高	较高	较低
11	技术成熟度	高	高	高	高
12	对现有设施影响	无	较低	较低	较低
13	运行成本	较高	较低	较低	较低

① 在当地存在大型、运行稳定的设施，且这些设施能够接收污泥且泥质稳定，并且双方已有明确的协议基础上，建议优先考虑与垃圾焚烧厂、水泥窑、热电厂等进行协同处置。这种方式不需要政府直接投资，只需与相关企业签订处置协议即可暂时解决当前的污泥处理问题。然而，这种模式因依赖于第三方企业而可能面临一定的风险，如企业生产的波动可能会影响污泥的处置效率和效果。

② 若当地无以上产业，且政府财政能力较强，可承担较高污泥处置成本，从长远污泥处置去路考虑，建议采用污泥单独干化焚烧或其他单独处理处置方式。

8.7 工程案例介绍

8.7.1 上海市某污泥独立干化焚烧工程

独立干化焚烧工程工艺较复杂，建设难度较高，近年来国内案例并不多。已建成的工程主要包括上海竹园污泥焚烧处理中心工程、上海市石洞口污泥焚烧处理中心工程、上海白龙港污泥焚烧处理中心工程、成都第一城市污水污泥处理厂（简称一污）污泥干化焚烧工程、温州污泥集中干化焚烧工程等。以下为上海市某污泥独立干化焚烧工程的主要设计参数。

（1）设计规模

工程一期建设规模为 750t/d（以含水率 80% 计），年处理脱水污泥达 27.4×10^4t。考虑设施检修所需时间，年运行时间按 7500h 计，由此折算设计额定处理能力为 7.3t/h（绝干污泥）。共设置 2 条生产线，则单线额定处理能力为 3.65t/h（绝干污泥）。

（2）投资及占地面积

工程占地面积 5.83 公顷（87.45 亩，1 亩 =666.67m^2），概算总投资约 9.3 亿元。

（3）设计依据

根据 2008 年 6 月至 2009 年 12 月对服务区域内 4 座污水处理厂污泥性质的检测结

果，4 座污水处理厂脱水污泥含水率平均值在 75%～80%，工程设计按不利工况含水率 80% 考虑。污泥平均高位热值 12.19MJ/kg，在 7.3t DS/h 的额定负荷下，全厂额定热负荷为 24.7MW。焚烧炉最低负荷为额定负荷的 70%，超负荷能力为 10%。过剩空气系数为 1.4，炉膛出口烟气含氧量（体积分数）为 6%～10%。炉膛出口烟气温度范围为 850～950℃，燃烧室烟气停留时间 ≥ 2s。

（4）烟气排放标准

焚烧产生高温烟气经余热利用和净化处理后，满足欧盟 2000 标准达标排放，比国内目前执行的《生活垃圾焚烧污染控制标准》（GB 18485—2014）要求更为严格，与上海市地标《生活垃圾焚烧大气污染物排放标准》（DB31/768—2013）要求一致，主要污染物日均限值见表 8-10。

表 8-10　上海市某污泥干化焚烧工程烟气排放标准污染物日均限值

序号	污染物指标	日均限值
1	总颗粒物 /（mg/m³）	10
2	CO/（mg/m³）	50
3	NO_x/（mg/m³）	200
4	SO_2/（mg/m³）	50
5	HCl/（mg/m³）	10
6	Hg/（mg/m³）	0.05
7	二噁英 /（ng TEQ/m³）	0.1

（5）工艺设计

该工程主要包括污泥接收和储运系统、污泥干化系统、污泥焚烧系统、余热利用系统、烟气处理系统、公辅系统等，主体工艺流程如图 8-23 所示。

1）污泥接收和储运系统

污水处理厂的脱水污泥通过卡车运输至污泥处理厂区，经物流出入口的地磅称重计量后，卸载至 4 座地下污泥接收仓，每座仓的有效容积为 30m³。污泥由接收仓底部的 4 台柱塞泵分别输送至 4 座污泥储仓，储仓总有效容积为 1500m³，可储存 2d 进厂污泥量。储仓下共设 8 台污泥输送泵，其中 6 台螺杆泵与 6 台干化机一一对应供泥，2 台液压柱塞泵可将部分湿污泥直接输送至焚烧炉前的混合进料螺旋。

2）污泥干化系统

该工程共配置了 6 台四轴桨叶式干化机，单台换热面积为 200m²。桨叶式干化机适用于高黏度物料的干化，它能够直接跨越污泥黏滞区，产出含固率 60% 以上的干污泥，便于采用皮带、螺旋等简单的方式进行输送。桨叶采用了特殊的齿合设计，叶片之间具有自清洁功能，可防止污泥在受热面板结而影响传热效率。国内污泥含砂量高，对设备磨损严重，因此对桨叶进行了 100% 碳化钨耐磨喷涂。

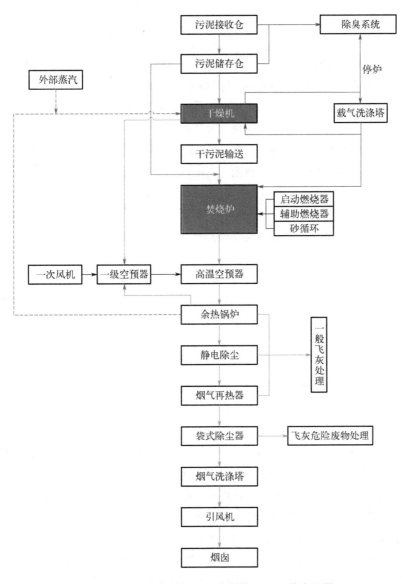

图 8-23　上海市某污泥干化焚烧工程工艺流程图

在干化机空心轴、桨叶和夹套中通入 0.5 ～ 0.8MPa 饱和蒸汽，湿污泥从干化机一端进入，在干化机内以推流形式缓慢前进并逐渐被干化和破碎，最后半干污泥从另一端排出。干化机内通过循环载气（空气）将机内水分快速带走，同时保证干化机内部处于微负压状态。排出的湿载气温度在 85 ～ 90℃，经过洗涤塔洗涤降温至 40 ～ 50℃并脱除水分后，80% 送回干化机循环使用，剩余 20% 送入焚烧炉作为焚烧二次风，同时载气中有机成分被高温分解脱除臭味。采用直接洗涤方式，洗涤水来自污水处理厂处理尾水，冷凝液排放至污水池后经提升返回污水处理厂处理。干化热源主要来自余热锅炉产生的蒸汽，不足部分可引入发电厂的蒸汽。

3）污泥焚烧系统

焚烧炉是整个工程的核心，该工程设置 2 台鼓泡流化床焚烧炉，每台焚烧炉直径7.3m（外径），高度 14.8m，立式圆柱钢壳体，内有耐火材料及保温材料衬里，外设保温夹套，每台焚烧炉的额定热负荷为 12.35MW。焚烧炉自下而上依次为锥底、流化区、自由燃烧区。焚烧炉布风采用布风管形式，设于砂床下部，布风管向下开孔，通过焚烧炉锥形底部的反射作用将砂床流化。每台焚烧炉床层上部设置两套启动燃烧器用于焚烧炉启动时升温，每套负荷为 12000MJ/h，使用轻柴油作为燃料。焚烧炉床层底部设有辅助燃烧系统，每台焚烧炉设 8 个喷油枪，用于运行中调节炉温。焚烧炉顶部设有冷却水喷枪和喷尿素系统，用于防止焚烧炉超温和减少氮氧化物的产生。

干化后含水率 40% 以下的污泥经皮带机和链板机输送和提升，再经螺旋分配至 4个干污泥缓存仓中，每个缓存仓容量为 12m³。缓存仓下设置计量槽对干污泥进行称重后，送入焚烧炉前的混合进料螺旋中，与含水率 80% 左右的湿污泥混合后进入焚烧炉焚烧，混合污泥含水率在 60% 左右。污泥进入流化床后被剧烈扰动状态的灼热床料打磨，迅速破碎并均匀分布到砂床内，并与空气充分接触，实现污泥稳定和完全燃烧。砂床静止时厚度约 1.5m，流化时厚度约 2.5m，石英砂平均粒径在 0.3 ～ 0.5mm。设有砂循环系统，根据砂床高度和床砂品质的变化进行补砂或换砂操作，一般不需排渣，热损失较少。

焚烧炉设一次和二次供风系统。设置 2 台一次流化风机，标准状况下，每台配置能力为 16744m³/h，出口风压为 35kPa，标准状况下额定工况单台焚烧炉供风量为12150m³/h。一次风包括全厂收集的臭气和焚烧炉夹套中抽吸的热空气，首先经过一级空气预热器与干化机蒸汽凝结水换热，将温度升高至 80℃ 左右，再经过焚烧炉出口烟道上的二级高温空气预热器，与焚烧产生的热烟气换热，温度升高至 300℃ 左右，从砂床下部的布风管进入。二次风来自干化机循环载气，直接通入焚烧炉自由燃烧区，确保完全燃烧，标准状况下额定工况风量为 3075m³/h。

与一般焚烧系统设计相比，该工程焚烧系统设计有如下特点：

① 鼓泡流化床焚烧炉是目前污泥焚烧中使用最多的形式，其最大的特点是底部的流化砂床有着相当大的热容量，适用于像污泥这种低热值、高含水率、性质波动大且难以引燃和燃尽的低品质燃料燃烧。能够实现污泥自持燃烧，当供泥稳定时焚烧炉不需要添加辅助燃料。

② 布风管和反射锥设计形式简单、维修更换方便，焚烧炉内部无活动部件，既保证了砂床的流动均匀性及合理的粒径分布，又避免了对布风装置的磨损和堵塞，炉渣和结块也容易从炉底排出。

③ 焚烧炉外部设置了夹套，可通过抽吸夹套中的热空气作为一次风，然后利用干化冷凝水余热对一次风进行预热，在高效利用能源的同时确保焚烧炉表面温度满足低于

50℃的规范要求。

④ 全厂的设施设备通过臭气收集系统的抽吸形成负压，防止臭味扩散。臭气作为一次供风，部分干化不凝气作为二次供风，通过高温焚烧的方式实现高效除臭。

⑤ 污泥采用后混方式入炉，相对于不采用后混的方式，可以避免污泥含水率在黏滞区附近造成输送困难的情况，同时也可以通过干湿污泥配比的调节，灵活应对污泥含水率的波动和热值的季节性变化，达到污泥自持燃烧和节能的目的。

4) 余热利用系统

焚烧烟气经过高温空气换热器换热后温度变为760℃左右，然后进入余热锅炉。设置2台余热锅炉，每台蒸汽产量为8t/h，将污泥焚烧烟气中的热量转化为压力0.8MPa、温度175℃的饱和蒸汽，供干化使用。考虑到流化床焚烧烟气中含尘量较高的特点，余热锅炉采用单锅筒膜式水冷壁形式，设置蒸汽吹灰器，在保证高效的同时具有初步降尘的作用。余热锅炉出口烟气温度降至260℃左右，热能得到有效利用。

5) 烟气处理系统

该工程配套设置2条烟气处理线，余热锅炉出口的烟气依次通过静电除尘器、袋式除尘器、洗涤塔，并经再热器后达标排放。

烟气首先进入静电除尘器，此步骤可去除95%以上的飞灰。静电除尘器收集的飞灰通过气力输送送至飞灰仓，加湿后作为一般固体废物外运处置或利用。在袋式除尘器前的烟气管道中喷入活性炭粉末，用于吸附烟气中的Hg等重金属以及二噁英等有机化合物。在活性炭中添加石灰以惰化活性炭，防止其燃烧和爆炸，混合比例为1∶10。袋式除尘器捕集的飞灰通过气力输送送至废料仓，作为危险废物，应委托专业单位外运处置。

经袋式除尘器处理后的烟气进入烟气洗涤塔下部，先进行脱酸处理。采用NaOH作为吸收剂，吸收烟气中的HCl、SO_x等酸性气体。塔内设有填料，洗涤液通过泵循环。脱酸后的烟气进入洗涤塔上段，进一步降温和除湿。

为防止烟气排放时产生白烟，设计了烟气再热工艺。经静电除尘器处理后的烟气进入烟气再热器，与洗涤后的冷烟气换热，热烟气温度由226℃降至170℃，然后进入袋式除尘器，而冷烟气则从50℃提升至105℃以上后高空排放。

该工程设有烟气在线监测系统（CEMS），可对烟气流量、温度、压力、湿度、氧气浓度、烟尘、HCl、SO_2、NO_x、CO、HF和CO_2等参数进行实时监测和控制，检测结果可同时上传至政府环保监管平台。

6) 公辅系统

干化系统主要控制污泥干化量和污泥干度两个参数。通过干化机进泥管道上设置的电磁流量计反馈信号变频控制污泥螺杆泵，实现湿污泥给料速率的控制。污泥干度可通过升降干化机出口处的堰板，以调整污泥在干化机内的停留时间来实现。干化机尾部设有温度探头，当内部温度超过160℃时，自动喷水降温以保证干化系统运行安全。载气风机可使干化机内形成-100～-500Pa的微负压，微负压的控制可通过压力探头反馈信号，自动调节载气风机出口返回干化机和至焚烧炉两条分支管路上的电动调节阀开度实现。

焚烧炉正常运行时自由燃烧区温度控制在850～900℃，当炉温低于850℃时，启动底部的辅助油枪系统，当温度超过 900℃时，启动顶部喷水设施。在焚烧炉的不同高度设有 6 个温度探头，炉温检测信号反馈至中控温度自动控制模块，通过计算给出干、湿污泥的投加速率和比例，实现炉温自动调节，使污泥在一定的温度波动范围内自持燃烧。焚烧炉的湿污泥给料量可通过变频污泥泵来控制，干污泥给料量可通过计量槽下部的变频螺旋来控制。额定工况下，每台焚烧炉的干污泥给料量设定值为 4.646t/h，湿污泥给料量设定值为 4.306t/h。焚烧炉出口烟气含氧量控制在 6% ～ 10%，通过调节一次风机进口挡板来调节一次风量，实现过剩空气率控制。焚烧炉正常运行时通过上述"3T+E"技术，即燃烧温度、停留时间、混合程度、过剩空气率的控制，来实现稳定燃烧和减少污染物排放。

炉内压力通过压力仪表反馈和引风机变频器控制电机转速进行，维持在 -0.5 ～ -1.0kPa 微负压状态。当炉顶压力超过 2kPa 后，急排烟囱自动开启。通过仪表检测洗涤液 pH 值，自动调节 NaOH 投加量，洗涤液 pH 值一般设定在 7 左右。可根据烟气在线监测仪表反馈数据，调节洗涤液 pH 值，确保烟气排放中的酸性污染物指标在正常范围内。

8.7.2 广州市某水泥窑协同处置污泥工程

（1）基本概况

该公司新建一座日处理 600t 污泥（含水率 80%）的污泥干化处置中心，利用窑尾废气余热将污泥烘干至含水率 30% 以下，后通过新建的接口设备将污泥送入 600t/d 的水泥窑生产线进行协同焚烧。

（2）工艺流程

广州市某水泥厂污泥干化系统工艺流程如图 8-24 所示。

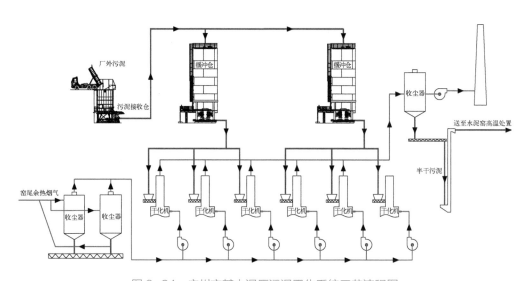

图 8-24　广州市某水泥厂污泥干化系统工艺流程图

① 污泥接收及储存　厂外污泥车载运输到厂内，接收至污泥接收车间内的污泥接收仓中，将污泥泵送到两个污泥缓冲仓内，在污泥缓冲仓内进行储存，以备后续设备故障、检修时暂时储存。

② 污泥干化　干化系统的热源为水泥窑窑尾余热烟气，经过收尘后送至干化机利用。缓冲仓内污泥通过螺旋输送到干化机内，在干化机内将污泥干化到含水率30%，项目采用了特殊的污泥烘干装置。该干化装置结合了流化床、热破碎、旋流分级技术。余热废气以适宜的喷动速度从干化机底部进入搅拌破碎干燥室，对物料产生了强烈的剪切、吹浮、旋转搅拌作用。物料受到离心、剪切、碰撞、摩擦而被微粒子化，形成较大的比表面积，强化了传质传热。在干燥室底部，较大、较湿的颗粒团在搅拌器的作用下被机械破碎，并被高速喷动的热气流裹挟、撕裂，不断形成新的干燥表面，而湿含量较低、颗粒度较低的颗粒被旋转气流夹带上升，在上升过程中进一步干燥，并被分级。干燥器内锥体结构、气流对壁的旋转冲刷和搅拌器的结构，强制物料被高速气流裹挟，因此很适宜处置黏性干燥物质。物料的干燥过程主要要在旋流区内迅速达到平衡，在离心旋流场的作用下，气固之间的热交换进行速度很快，物料干燥过程时间很短，可以大幅度地降低设备的规格。物料在干燥过程中完成颗粒化，不需要成形或进行破碎作业。

由于干燥过程中物料受到破碎、冲刷、碰撞，比表面积增大，强化了干燥，同时由于最热烟气直接接触待干物料，可以使进风温度高于物料熔点，因此该设备干燥强度较高。由于干燥系统干燥速度很快，在干化机内平均停留约10s后，污泥含水率就从80%降至30%左右，30%含水率的干污泥离开干化机时温度约为50℃。烟气从底部进入时达277℃，到达进泥口时烟气温度已经降至100℃以下。在干燥过程中，干泥基本上不和277℃的高温烟气接触，可确保运行安全性。污泥颗粒的表观密度和水分的含量关系密切，在旋流风的分级作用下，干化污泥颗粒总是和低温烟气接触并携带离开，热烟气基本不直接接触干料。

③ 污泥收集　干化后含水率30%的污泥通过收尘器收集，收集后干化污泥通过输送设备送至水泥窑高温处理段，余热烟气经过处理后排放。

8.7.3　北京市某生活垃圾协同处置污泥工程

（1）基本概况

项目总占地面积8.6公顷，日处理生活垃圾及污泥600t，配备2条300t/d焚烧线和2台6MW凝汽式汽轮发电机组，项目协同处置污泥，设置有3套100t/d污泥干化系统。年焚烧处理垃圾及污泥量21.9×10^{4}t。烟气处理系统采用"SNCR脱硝＋半干法（干法）脱酸＋活性炭吸附二噁英及重金属＋袋式除尘器＋SCR脱硝"环保处理工艺，设计排放优于欧盟2000标准。

污泥干化系统设备2用1备，采用半干化热传导式干化焚烧工艺，将含水率约80%的湿污泥干化至含水率30%左右送入垃圾焚烧炉处理。

（2）工艺流程

湿污泥进厂过地磅称重后卸入地下湿污泥储存仓，再通过污泥泵送入干化机内，利用汽轮机二段抽取蒸汽作为加热介质，间接加热污泥。污泥干化过程中产生的蒸汽经尾气引风机排出，维持干化机及辅助设备、系统管路微负压运行。被抽出的气体（蒸汽和空气混合物）经除尘和冷凝两级处理，废气冷凝液纳入污水收集管网，干化系统不凝尾气、湿污泥接收和储存系统产生的臭气由尾气引风机抽引至焚烧厂垃圾池内，由一次风机送入焚烧炉助燃。干化后的干污泥经输送系统后送入干污泥储存池暂存。干污泥储存池与生活垃圾储存池共用起重设施，掺混后进入生活垃圾焚烧炉内焚烧处置。污泥干化系统工艺流程如图 8-25 所示。

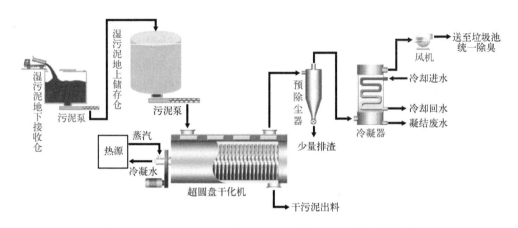

图 8-25　北京市生活垃圾处置中心污泥干化系统工艺流程图

① 湿污泥地下接收仓　设置 3 套有效容积为 150m³ 的湿污泥地下接收仓，由仓体、液压站、螺旋给料机等部分组成。湿污泥地下接收仓为圆柱形碳钢料仓。仓顶盖板设有进料口，既可自动进料又无污染。湿污泥地下接收仓内设置滑架式破拱装置，通过液压驱动在仓底往复运动可有效防止污泥架桥，保证污泥正常卸料。矩形大口径出料口位于底部，仓底布置正压螺旋给料机用于卸载污泥。

② 地下湿污泥输送系统　湿污泥地下接收仓内的污泥通过柱塞泵送入湿污泥地上储存仓内。柱塞泵的输送压力较大，可实现长距离、大高度输送。

③ 湿污泥地上储存仓　设置 2 套有效容积为 28m³ 的湿污泥地上储存仓，由仓体、液压站、螺旋给料机等部分组成。湿污泥地上储存仓为方形碳钢料仓，内设置滑架式破拱装置，通过液压驱动在仓底往复运动可有效防止污泥架桥，保证污泥正常卸料。每套湿污泥地上储存仓的仓底设置 2 台正压螺旋给料机用于卸载污泥。

④ 地上湿污泥输送系统　湿污泥地上储存仓内的污泥通过螺杆泵送入干化机内。螺杆泵输送污泥过程较平稳，几乎无脉冲和剪切作用。

⑤ 污泥干化系统　设置 3 套污泥干化系统，采用超圆盘干化机作为污泥干化设备，每条线设计污泥处理能力为 100t/d，2 用 1 备。污泥在干化机内均匀受热干燥，污泥干

化后含水率约为30%（实际含水率可调），干化机采用变频调速控制。干化机热媒采用汽轮机抽汽，蒸汽冷凝水回至汽轮发电机厂房疏水箱。

⑥ 干化污泥输送系统　采用密闭式埋刮板输送机将干化污泥输送至独立布置的干化污泥储池中。由于污泥输送过程中易出现堵塞及黏结等情况，输送设备设置观察孔和检修孔以保证系统稳定运行。干化污泥输送设置外送接口，当焚烧系统发生故障时，干化污泥可通过接口临时外运处理。

⑦ 尾气处理系统　尾气处理系统与超圆盘干化机一一对应。污泥干化过程中产生的尾气通过引风机抽出干化机，维持干化机微负压运行。被抽出的尾气经过除尘与冷凝两级处理，冷凝废水直接纳入渗滤液处理中心，不凝气体送入生活垃圾焚烧炉内焚烧处置。

⑧ 车间除臭系统　污泥干化车间及设备间除臭方式采用"酸碱洗涤＋复合离子光解"工艺，处理后气体进入排风管，由15.00m高度烟囱排放，且处理后的空气同时可送回房间回用补气，两路排风比例可在0%～100%调节。

8.8　技术经济分析

以上章节介绍了污泥焚烧的技术原理、工艺类别、主体设备及工艺优缺点。通过分析可知，污泥焚烧可实现污泥的极限减量化或资源化。从污泥最终出路考虑，污泥焚烧具有优势，在目前全国污泥出路受限的背景下，焚烧或掺烧可作为发展趋势。

以下从占地面积、工程投资及运行成本对污泥焚烧进行总结。

8.8.1　占地面积

（1）单独干化焚烧

国内部分污泥单独干化焚烧工程占地面积统计见表8-11。

表8-11　国内部分污泥单独干化焚烧工程占地面积

序号	名称	处理规模/（t/d）	总占地/m²	湿泥占地/（m²/t）
1	上海竹园污泥干化焚烧项目	750	58302	78
2	上海石洞口二期污泥干化焚烧项目	640	53203	83
3	上海白龙港某污泥干化焚烧项目	2430	159208	66
4	成都一污某污泥干化焚烧一期项目	400	35301	88
5	深圳上洋某污泥干化焚烧工程	800	27000	34
6	常州污泥焚烧中心一期工程	400	30000	75
7	辛集某污泥干化焚烧项目	747	39900	53

序号	名称	处理规模 /（t/d）	总占地 /m²	湿泥占地 /（m²/t）
8	北京市顺义区某污泥处置工程（一期）	400	23577	59
9	香港"T-PARK"污泥干化焚烧项目	2000	70000	35
10	温州正源某污泥干化焚烧项目	240	13334	56
11	石家庄污泥干化焚烧项目	600	26667	45

注：根据公开数据进行汇总。

（2）协同焚烧

因污泥掺烧工程多在水泥厂、电厂、生活垃圾焚烧厂内投建，其占地面积分析难度较大，污泥干化方式不同，占地面积也有所不同，可大致参考本书污泥热干化项目的占地面积，掺烧工程因在协同厂区内建设，总占地面积小于污泥热干化占地面积。

（3）焚烧占地面积总结

根据以上数据分析，单独干化焚烧工程湿泥占地在 35 ～ 95m²/t，多数项目湿泥占地在 80m²/t 左右。

8.8.2　工程投资

污泥焚烧类工程因焚烧类别不同导致建设范围不同，独立的单独干化焚烧类工程一般包含干化及焚烧两个主要工艺段，而其他掺烧类工程，投资主要为物料接收段、部分含干化段及后续设备改造，建设主体为协同处置方，如水泥厂、热电厂、垃圾焚烧厂等。

污泥焚烧类别的多样性引起了投资变化，以下对单独干化焚烧、协同焚烧（考虑污泥热干化或直接掺烧）进行分类汇总。

（1）单独干化焚烧

对污泥单独干化焚烧类工程投资进行汇总，见表 8-12。

表 8-12　部分污泥单独干化焚烧类工程投资汇总

序号	名称	处理规模 /（t/d）	总投资 / 万元	湿泥投资 /（万元 /t）
1	上海竹园污泥干化焚烧项目	750	93000	124
2	上海石洞口二期污泥干化焚烧项目	640	137648	215
3	上海白龙港某污泥干化焚烧项目	2430	300000	124
4	成都一污某污泥干化焚烧一期项目	400	40000	100
5	成都一污某污泥干化焚烧二期项目	200	27432	137
6	深圳上洋某污泥干化焚烧项目	800	50000	63

序号	名称	处理规模 /（t/d）	总投资 / 万元	湿泥投资 /（万元 /t）
7	常州污泥焚烧中心一期工程	400	34000	85
8	辛集某污泥干化焚烧项目	747	22660	30
9	北京市顺义区某污泥处置工程（一期）	400	24593	62
10	香港"T-PARK"污泥干化焚烧项目	2000	449802	225
11	温州正源某污泥干化焚烧项目	240	11587	48
12	石家庄污泥干化焚烧项目	600	40000	67

注：根据公开数据进行汇总。

因存在地域经济发展水平差异以及工艺设计差异，投资波动性较大，基本可分为三个区间。

① 高投资区间　如香港"T-PARK"项目、上海竹园项目、上海石洞口二期项目、上海白龙港项目、成都一污二期项目。这些项目基本采用了国外进口设备，例如香港"T-PARK"项目由威立雅配套、上海白龙港项目由安德里茨配套、上海竹园项目干化机采用日本设备、上海石洞口二期项目干化机采用德国设备、成都一污二期项目干化机采用德国设备，设备的品质优良，此类项目的湿泥投资在 100 万～ 225 万元 /t；

② 中投资区间　如深圳上洋项目、成都一污一期项目、常州一期工程、石家庄项目、北京市顺义区工程等。主机采用国外设备或国内知名厂家配套，湿泥投资在 50 万～ 100 万元 /t；

③ 低投资区间　该投资区间项目多采用国产设备，湿泥投资多在 30 万～ 50 万元 /t。

（2）协同焚烧

电厂及水泥窑协同焚烧类工程投资汇总见表 8-13。

表 8-13　电厂及水泥窑协同焚烧类工程投资汇总

序号	名称	处理规模 /（t/d）	总投资 / 万元	湿泥投资 /（万元 /t）
1	广州越堡水泥污泥掺烧项目	600	11000	18.3
2	都江堰拉法基水泥窑协同处置工程	300	6592	22.0
3	宝丰县水泥窑协同处置市政污泥项目	600	1300	2.2
4	唐山泓泰水泥窑协同处置市政污泥项目	170	761	4.5
5	唐山市燕南水泥窑协同处置市政污泥项目	200	800	4.0
6	玉山万年青水泥窑协同处置市政污泥项目	100	1625	16.3
7	宜昌花林水泥窑协同处置市政污泥项目	100	260	2.6
8	康平发电有限公司污泥掺烧项目	200	500	2.5
9	镇江市谏壁发电厂锅炉掺烧污泥项目	150	400	2.7

电厂或水泥窑协同焚烧类工程的投资根据工艺设计又分两类：一类为简单干化或直接掺烧，只需要设置污泥接收、输送系统，该部分根据以上工程示例，基本在 5 万元 /t 投资以内；另一类为包含污泥接收、输送及正常干化系统的工程，此类工程根据以上数据统计，投资在 15 万～ 25 万元 /t。

垃圾焚烧厂协同处置污泥工程，一般以产业园的形式存在，或在生活垃圾焚烧厂周边设置单独污泥干化厂区，或在生活垃圾焚烧厂一层设置污泥干化车间，其投资参见污泥热干化章节汇总。

8.8.3 运行成本

污泥焚烧的成本同样会因工艺类别不同而相差较大。

（1）单独干化焚烧

一般污泥单独干化焚烧项目直接运行成本在 200 ～ 300 元 /t，包含药剂费用、电费、水费、燃料费、人工费、炉渣飞灰处置费、水处理相关费用及大修维护费等，其中燃料费和电费占据了 60% 左右。

（2）协同焚烧

由于协同焚烧类项目有效利用了协同处置企业的余热等低价值能源，投资低、设备少、运行人员少等，所以其运行成本相对较低。此外，因其由协同处置单位建设运营，具有内部成本的节约控制效益，直接运行成本在 100 ～ 200 元 /t 之间。

第9章

污泥热解炭化

污泥炭化技术属于污泥热解技术的一种，污泥热解是指在无氧或缺氧环境下对污泥中的有机物进行加热，使之转化为气态（热解气）、液态（焦油）、固态（污泥炭）可燃物质的化学反应过程。研究发现，污泥热解过程中有超过一半的有机质转化为焦油和热解气，即生物能源，余下的有机物主要形成稳定态的热解残渣，即污泥炭。整个热解过程为吸热反应，需要消耗能源为系统供能。

热解过程也会发生在其他过程中，例如焚烧、气化。焚烧过程中的干燥、热解和燃烧过程也可能会存在一定的重叠。焚烧属于过氧燃烧，其过剩空气系数大于1，气化属于缺氧（不完全）燃烧，过剩空气系数小于1。

污泥热解技术的历史，最早可追溯到1939年法国的一项专利技术，该专利中首次阐明了污泥的热解处理工艺。到20世纪70年代，德国科学家对该工艺进行了深入研究，开发了污泥低温热解工艺。1983年，加拿大学者采用夹套卧式反应器对污泥热解进行了中试试验。1986年，澳大利亚学者建立了试验厂，为大规模技术开发提供了大量研究数据。20世纪90年代末，第一座商业化的污泥热解项目在澳大利亚建成。1992年，日本公司在东京郊区建设了一个污泥炭化试验厂。1997年，日本三菱公司在宇部建立了规模为20t/d的污泥炭化厂。2008年以后日本又在东京都东部、广岛西部、熊本南部、大阪平野、横滨南部等地投建了多个项目，多为响应当地政策而盈利的电厂掺烧项目。2005年，日本高温炭化技术开始在中国几个大城市宣传推广，但由于当时污泥处置问题在各个城市尚未得到高度重视，加之炭化设备价格昂贵，技术推广在中国受阻。2012年初，采用日本高温炭化技术的污泥生产线在武汉投产运行。

总体上看，污泥减量化、无害化、资源化处理处置技术正在稳步发展，以无害化为主导，以减量化为主要目标，以资源化为方向的处理技术逐渐受到重视。由于污泥热解炭化可以达到污泥处理和能源回收的双重效果，在中小规模污泥处理项目中常作为污泥焚烧的替代技术。该技术对实现污泥的减量化、无害化、资源化有重要意义，以下将对污泥热解炭化技术进行详细介绍。

9.1 污泥热解炭化原理及分类

9.1.1 污泥热解炭化原理

污泥热解炭化是利用污泥中有机物的热不稳定性，在无氧或缺氧的条件下，加热升温而使有机物发生热分解，从而获得以含碳固体产物为主要目标产物的污泥稳定化处理技术。污泥中含有C、H、O、N等元素的有机物在炭化过程中发生干馏、热分解，形成气态产物（如甲烷、乙烷、一氧化碳、氢气、气态焦油等低分子物质）、液态产物（如甲醇、丙酮、醋酸、乙醛等有机物以及焦油及溶剂油等）和固态产物（污泥炭）。

随着水分的蒸发和挥发分的挥发，污泥表面和内部形成了众多的小孔。进一步升温后，污泥中的有机成分继续减少，炭化过程持续进行，最终形成富含固定碳素的炭化产物。

在炭化过程中，随着温度的升高，污泥中有机质逐步地分解，分解趋势为大分子分解为小分子。随着温度升高，污泥中有机物会经历一系列物理及热化学反应变化过程，见表 9-1。

表 9-1　污泥热解炭化工艺温度与反应机理表

序号	温度	物理及热化学反应机理
1	100 ~ 120℃	干燥过程，吸收水分，无可观察到的物质分解
2	120 ~ 250℃	减氧脱硫发生，可观察到物质分解，结构水和 CO_2 分离
3	250 ~ 340℃	聚合物裂解，H_2S 开始分解
4	340℃	脂肪化合物开始分解，甲烷和其他碳氢化合物分离出来
5	380℃	发生渗碳现象
6	400℃	含 C、O、N 的化合物开始分解
7	400 ~ 420℃	沥青类物质转化为热解油和热解焦油
8	420 ~ 600℃	沥青类物质裂解为耐热物质
9	600℃以上	烯烃、芳香族形成

9.1.2　污泥热解炭化反应影响因素

热解反应过程中，固、液、气三种产物的比例和品质取决于炭化工艺和反应条件，炭化是吸热过程，炭化温度是影响热解反应的主要因素，除此之外，还受加热速率、停留时间、物料粒度等因素的影响。

（1）炭化温度

炭化温度是热解反应最重要的影响因素，污泥中有机物受热达到一定的温度，热解反应才会发生，炭化温度对于产物的产率、成分也有较大影响，因此炭化温度是解热过程最重要的控制参数。温度较低时，以水分蒸发和有机大分子裂解为中小分子为主，油类含量较多。随着温度的升高，有机物中的可挥发物质大量脱出，部分中间产物发生二次裂解，H_2 及小分子烃类化合物成分增多，焦油、醋酸、污泥炭相对减少。

（2）加热速率

加热速率直接影响升温过程，在一定的停留时间内，较低的加热速率会延长物料在低温区的停留时间。较高的加热速率可增加挥发分在高温段的停留时间，促进二次裂解，降低焦油产率，提高热解气产率，相对应的，较低加热速率有利于污泥炭的形成。

（3）停留时间

停留时间是指反应物料在炉内加热段有效停留的时间，其会影响热解产物的产率和成分。影响停留时间的因素有热解温度、热解方式、物料粒度、污泥有机质含量、反应器类型等。

热解温度越高，加热温度梯度越大，停留时间越短。热解方式有直接热解和间接热解，间接热解由于反应器同一断面存在温度梯度，所需的停留时间比直接热解长。物料粒度越小越均匀，停留时间越短。污泥有机质含量越高，达到相同炭化程度所需的停留时间越长。停留时间决定了物料的分解转化率，故而影响产物的产率、成分。

（4）物料粒度

物料粒度是影响污泥热解过程的主要参数之一。有研究发现，当粒径在1mm以下时，热解过程受反应的动力学速度控制，当粒径大于1mm时，热解过程还会受到传热传质现象控制。随着粒径的增加，物料内外部稳定梯度增大，热量传递更慢，其表面的加热速率将远远大于内部，污泥炭产量则会更高。

9.1.3 污泥热解炭化分类

（1）按炭化温度分类

污泥热解炭化工艺根据不同的炭化温度，分为污泥高温炭化、污泥中温炭化和污泥低温炭化，如图9-1所示。

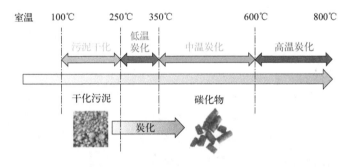

图9-1 不同温度范围污泥热解炭化分类

1）污泥高温炭化

常压、温度在600～800℃时进行。先将污泥经过深度脱水及干化，将含水率降至30%左右，然后进入高温炭化炉进行炭化，炭化产生热解气及生物炭。技术上比较成熟的公司有日本的荏原、三菱重工、巴工业等。该技术可实现污泥的减量化及资源化，但由于其运行成本高，目前大规模应用的项目不多。

2）污泥中温炭化

常压、温度在350～600℃时进行。工艺过程与高温炭化类似，但炭化产物有所差异。炭化产物主要有焦油、反应水（蒸汽冷凝水）、沼气（不凝气）和固态生物炭。

3) 污泥低温炭化

加压、温度在 250～350℃时进行。炭化前无须干化，炭化时加压至 6～8MPa，炭化后的污泥呈液态，脱水后的含水率在 50% 以下。

（2）按资源化产物分类

根据污泥热解炭化后资源化产物种类的不同，可将污泥热解炭化工艺分为污泥热解炭化基本工艺和污泥热解炭化产油（气）工艺。

1) 污泥热解炭化基本工艺

污泥热解炭化基本工艺是以污泥热解碳化物为唯一产物，是污泥热解炭化技术工程应用中的主流工艺。炭化过程中产生的热解气被燃烧利用释放热量，以减少整个过程的能量补充，达到节能降耗的目的。

基本工艺通常由污泥干化、污泥热解炭化、尾气处理等主要单元组成，如图 9-2 所示。

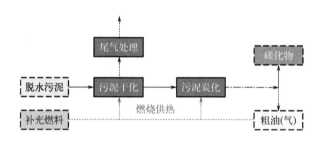

图 9-2　污泥热解炭化基本工艺流程图

2) 污泥热解炭化产油（气）工艺

污泥热解炭化产油（气）工艺是污泥热解炭化基本工艺的衍生工艺，其过程的目标产物包括污泥热解碳化物和油（气）两种可回收利用的产物。衍生工艺是通过对污泥的热解炭化处理，最大限度地回收污泥中可资源化利用的物质，而达到这个目标的首要条件是污泥中的有机物含量足够高。目前，污泥热解炭化衍生工艺应用的案例很少，但依然是未来的发展方向之一。

污泥热解炭化产油（气）工艺通常由污泥干化、污泥热解炭化、尾气处理、油（气）改质等主要单元组成，如图 9-3 所示。

（3）按炭化加热方式分类

根据污泥热解炭化加热方式的不同，可将污泥热解炭化工艺分为污泥直接炭化工艺和污泥间接炭化工艺。

1) 污泥直接炭化工艺

直接炭化是指在缺氧条件下，由加热介质或加热装置直接加热污泥的炭化工艺，直接炭化过程的热量传递更直接，故在相同的介质温度或加热装置温度下，物料的温度更高。

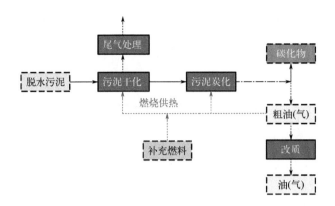

图 9-3　污泥热解炭化产油（气）工艺流程图

2）污泥间接炭化工艺

间接炭化是指在无氧或缺氧条件下，由加热介质间接加热污泥的炭化工艺，由于反应器同一断面存在温度梯度，其热解反应时间比直接炭化长，故在相同的介质温度条件下，物料可以达到的热解温度比直接炭化低。

9.2　工艺流程及工艺设备

9.2.1　工艺流程

完整的污泥处理工艺流程包含污泥脱水、污泥干化、污泥热解炭化、烟气净化，由于污泥脱水环节的机械脱水运行成本明显低于其他脱水方式，国内污泥处理项目多以机械脱水为主，机械脱水工艺在本书第 4 章中已详细介绍，以下将重点介绍"污泥干化＋污泥热解炭化＋烟气净化＋热能供应"工艺流程。

（1）污泥热解炭化 1.0 工艺

污泥热解炭化 1.0 工艺主要流程包括"污泥干化＋污泥热解炭化＋烟气净化＋热能供应"，如图 9-4 所示。

1）污泥干化系统

污泥经过深度脱水，暂存于污泥缓存料仓中，后通过污泥定量给料装置送入干化机。干化机多采用内热回转式干化机（湿污泥与热烟气直接接触进行换热），内置打散轴对大块物料进行破碎，可通过调节打散轴转速控制物料粒径，粒径较小且分布均匀的物料与热风接触面积更大，可有效提高换热效率。干化后污泥含水率降至 20% 左右，加热介质为污泥热解炭化炉出口烟气，热源温度为 550 ～ 650℃。

2）污泥热解炭化系统

干化后含水率 20% 左右的污泥，送入污泥热解炭化炉内。污泥热解炭化炉采用外热回转式炭化炉，炭化炉进口烟气温度在 750 ～ 850℃，炭化温度在 600 ～ 650℃。污泥在无氧条件下热解生成热解气和污泥炭。污泥热解炭化炉的设计需考虑设备防爆及进出口气体保护。

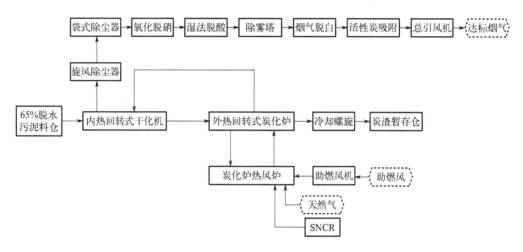

图 9-4　污泥热解炭化 1.0 工艺流程图

3）烟气净化系统

由于各地环保要求不同，烟气净化工艺流程也会有所不同，常规基础工艺流程包括"SNCR 脱硝 + 袋式除尘器 + 湿法脱酸 + 除臭喷淋塔 + 活性炭吸附"，设置除臭喷淋塔是由于干化气中含有 VOCs（挥发性有机物）和 H_2S 等臭气。可以根据环保要求，选择性配置烟气脱白、次氯酸钠氧化脱硝等工艺来强化烟气净化工艺。常规基础工艺除考虑了烟气中的颗粒物、氮氧化物与 SO_2 等酸性气体、重金属及可能存在的二噁英外，还对干化气中含有的 VOCs 和 H_2S 等臭气针对性地设计了除臭喷淋塔。如果对氮氧化物要求较高，可考虑增加次氯酸钠氧化脱硝工艺，进一步降低氮氧化物排放浓度。袋式除尘器收集的粉尘按照一般固体废物管理，可送回炭化炉与污泥炭一同外送资源化处置。

4）污泥炭储存系统

炭化炉排出污泥炭的温度在 500 ～ 550℃，需经过冷却设备（通常选择冷却螺旋）降温至 60℃以下后输送到污泥炭储仓。储仓上设置仓顶布袋并考虑采取防爆措施，储仓后接打包设备或车辆外运。

5）热风炉系统

全系统的热源由热风炉供应，热风炉通过焚烧辅助燃料（如天然气、柴油、生物质燃料等）和污泥热解炭化过程产生的热解气以热风形式为系统提供热能。

（2）污泥热解炭化 2.0 工艺

污泥热解炭化 2.0 工艺是在污泥热解炭化 1.0 工艺基础上优化演变而来的，主要解决干化气（外排烟气）中的 VOCs 问题，主要变化是干化气来源由"炭化炉外排烟气直接干化"调整为"干化气载热循环干化",干化气不直接外排至烟气净化系统,在解决干化气中 VOCs 问题的同时还可以有效利用干化过程中挥发的挥发分,从而降低辅助燃料消耗量。与污泥热解炭化 1.0 工艺相比,所有烟气均经过高温氧化处理,烟气更洁净,烟气净化流程可相应简化,由此变化带来的设备层面上最主要的变化是增加了烟 - 烟换热器,见图 9-5。

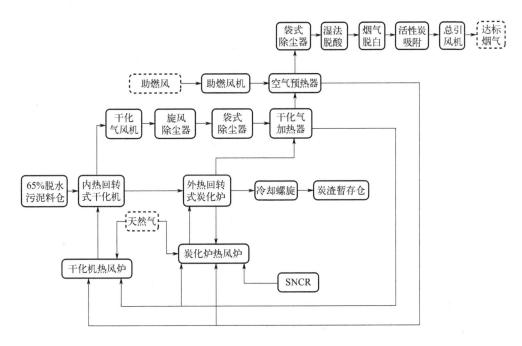

图 9-5　污泥热解炭化 2.0 工艺流程图

1)污泥干化系统

与 1.0 工艺干化机机型及干化原理基本一致,该系统的主要变化为干化热风由炭化炉排出烟气变为循环载气,干化气干化污泥后,先经袋式除尘,再经烟气 - 干化气换热器升温后,在干化热风炉中进一步升温达到 500 ～ 600℃,供给干化机。

2)污泥热解炭化系统

与 1.0 工艺炭化炉炉型及炭化原理基本一致,该系统的主要变化是由烟气为炭化炉加热后送至干化机直接供热调整为通过烟气 - 干化气换热器为干化气升温,间接为干化机供热。

3)烟气净化系统

与 1.0 工艺相比,含有 VOCs、H_2S 等成分的干化气也经过炭化热风炉高温氧化处理,烟气更洁净,烟气净化流程可相应简化,仅需要针对烟气中颗粒物、氮氧化物与 SO_2 等酸性气体、重金属及可能存在的二噁英设置工艺流程。工艺流程"SNCR 脱硝 + 袋式除尘器 + 湿法脱酸 + 活性炭吸附"就可以满足一般的环保要求,可以根据环保要求,选择性配置烟气脱白、次氯酸钠氧化脱硝等工艺来强化烟气净化工艺。

4）污泥炭储存系统

炭化炉排出污泥炭的温度在 500～550℃，需经过冷却设备（通常选择冷却螺旋）降温至 60℃ 以下后输送到污泥炭储仓。储仓上设置仓顶布袋并考虑采取防爆措施，储仓后接打包设备或车辆外运。

5）热风炉系统

与 1.0 工艺不同，2.0 工艺设置了 2 套热风炉，分别是干化机热风炉和炭化炉热风炉。干化机热风炉通过焚烧辅助燃料（如天然气、柴油、生物质燃料等）为经烟气-干化气换热器升温后的干化气进一步加热，同时干化机热风炉内的燃烧火焰可有效去除干化气中的 VOCs、H_2S 等气体。炭化炉热风炉通过焚烧辅助燃料（如天然气、柴油、生物质燃料等）、外排至炭化炉热风炉的干化气和污泥热解炭化过程中产生的热解气为系统提供热风。

9.2.2 污泥热解炭化设备

污泥热解炭化炉是污泥热解炭化反应的反应器，是污泥热解炭化工艺的核心设备之一。目前，污泥的热解已从试验阶段向应用阶段发展。2006 年日本巴工业高温热解技术在韩国某项目上投产，并逐渐在日本建立了 20 多套处理设施，最大处理规模达到 300t/d。2008 年美国 Enertech 在加州建设的污泥低温热解炭化厂投产运行。在我国，2010 年和 2015 年在武汉分别建设完成规模为 10t/d 和 60t/d 的污泥热解炭化装置，随后天津、即墨、凯里、宝鸡等地的污泥热解炭化装置也陆续建设完成。国内外炭化炉炉型种类多样，主要包括以下几种形式：外热螺旋推进炭化炉、直接加热螺旋推进炭化炉、外热回转式炭化炉、直接加热回转式炭化炉和多腔炉。

（1）外热螺旋推进炭化炉

采用间接加热和螺旋推动物料前进的管式热解炉，热解产生的热解气在热解管上开口喷出后立即燃烧，高温烟气除提供热解能耗外还能干燥污泥。

该类炭化炉适用于高温、中温和低温炭化，代表性公司为日本巴工业株式会社（TOMOE），如图 9-6 所示。

（2）直接加热螺旋推进炭化炉

该类设备采用导电螺旋直接加热污泥，使污泥产生热解反应。该类设备的代表公司是法国的 ETIA，其下属公司 BIOGREEN® 开发了 Spirajoule® 炭化工艺，该设备的核心部件是由焦耳效应电加热的无轴螺旋。原理上该技术可用于有机废弃物的炭化、热解或气化，产生碳化物、油和气，如图 9-7 所示。目前，尚未见该技术在国内污泥热解炭化工程应用方面的报道。

（3）外热回转式炭化炉

该类设备的主体为回转窑，外部设有利用高温烟气作为加热介质的夹套。该类设备通常用于低温或中温炭化，当用于高温炭化时，只能应对小规模的处理。

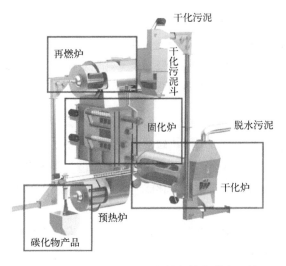

图 9-6　日本 TOMOE 外热螺旋推进炭化炉

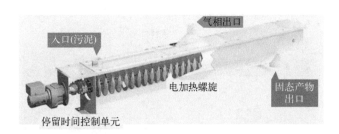

图 9-7　Spirajoule® 反应器

该类设备的代表性公司为日本月岛机械、三菱重工，主要是在日本污泥炭化燃料化工程中得到应用，如图 9-8 所示。

图 9-8　外热回转式炭化炉

（4）直接加热回转式炭化炉

直接加热回转式炭化炉是由回转焚烧炉发展而来的。通过控制供氧使部分挥发分燃烧，直接给污泥炭化过程提供所需的热量，达到污泥炭化的目标。该类设备的代表性公司是日本脏器制药株式会社，其设备如图9-9所示。

（5）多膛炉

传统的多膛炉主要用于废弃物的热解焚烧。通过改变反应条件，多膛炉可以用于污泥炭化。污泥经过预先干燥或者不经过干燥，从上部进入并逐层降落，在炉内隔层中装有燃烧器，其对污泥进行加热可实现炭化或者气化。控制通入的风量即可调整污泥炭化和气化的程度。

多膛炉又称多段炉，在前述章节中已做描述，最早应用于化学工业焙烧硫铁矿，日本一些炭化设备厂家采用该种形式的炭化设备，其结构见图9-10。其与前述章节的区别在于，应用场合不同，炉内含氧量不同。

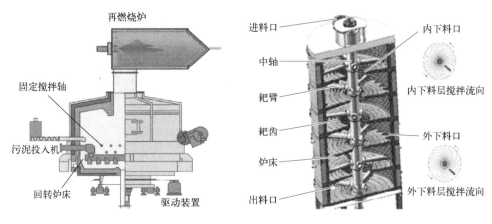

图 9-9　日本脏器制药株式会社　　　　图 9-10　多膛炉结构示意图
　　　　直接加热回转式炭化炉

9.2.3　其他工艺设备

污泥干化炭化系统的核心反应器是炭化炉，其他主要工艺设备还包括干化机、热风炉等，2.0炭化工艺核心设备还包括烟气-干化气换热器，其中干化机在第7章中进行了详细介绍，炭化工艺中多采用内热回转式干化机，以下主要介绍热风炉、烟气-干化气换热器等设备。

（1）热风炉

热风炉作为一种热工设备，在许多行业中有广泛应用，在污泥热解炭化工艺中，热风炉以热风作为热介质和热能载体，为整个系统提供热源，热风炉可与炭化炉一体化布置，也可单独设置。

266

热风炉分为直接式热风炉和间接式热风炉两种，间接式热风炉主要用于物料对热风纯度要求较高的行业（例如食品或精细化工行业），污泥干化炭化工艺对于热风纯净度的要求不高，所以常选用直接式热风炉。根据燃料类型，选择热风炉炉型，燃料可分为固体燃料（如生物质、煤、焦炭等）、液体燃料（如柴油、重油等）、气体燃料（如天然气、石油气、煤气等）。以下介绍几类常见的直接式热风炉。

1）链条炉

链条炉是一种结构比较完善的传统层燃炉，适用于煤和生物质燃料等物料的燃烧，运行相对稳定可靠。煤或生物质燃料从进料口依靠自重滑落到炉排上，随着炉排向前缓慢地移动，空气从炉排下方鼓入，与燃料层运动方向相交，燃料在炉膛内受到热辐射而加热，完成预热、干燥、着火、燃烧，直至燃尽，灰渣则随炉排移动到后部，经挡渣板落入后部灰渣斗排出。焚烧产生的高温烟气进入净化室内进行二次燃烧，在燃烧过程中所夹带的少量粉尘在净化室内经高温聚合沉降，掺入冷风后到后续炭化阶段利用。净化室由耐火材料砌筑而成。其优点在于结构简单、价格便宜、安装运行均比较方便，缺点是长期运行时，炉排片磨损，易导致严重漏料，见图9-11。

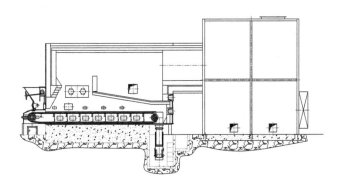

图 9-11　生物质及燃煤链条层燃炉示意图

2）燃气燃油热风炉

燃气燃油热风炉是一种利用燃气或燃油作为燃料的热风发生器，燃气或燃油由燃烧器喷入炉膛内点燃，在燃烧过程中产生高温烟气，见图9-12。

3）热风炉与炭化炉一体

炭化炉外筒设置燃烧机，燃油或燃气通过燃烧器焚烧，直接给炭化炉夹套提供热风，炭化炉产生的热解气直接通过燃烧机焚烧，无单独的热风炉，如图9-13所示。

这种方式避免了高温烟气的管道输送以及高温可燃气异位输送中存在的安全隐患，但对

图 9-12　燃气燃油热风炉

炭化炉的安全性要求较高。

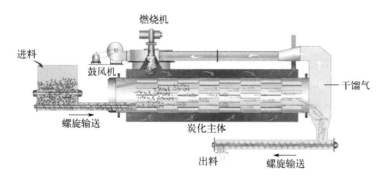

图 9-13　带燃烧器炭化炉

（2）烟气 - 干化气换热器

换热器是进行热交换的通用热工设备，广泛应用于石油、化工、电力等行业中，按照换热器结构形式可分为：管式换热器、板式换热器、特殊形式换热器。在 2.0 炭化工艺中，用于干化气、助燃空气与直接式热风炉产出含灰烟气时，更适合选择管式换热器，烟气 - 干化气换热器作为 2.0 炭化工艺中的核心设备，其换热效率、抗腐蚀性能、阻垢和清灰性能至关重要。

（3）污泥炭冷却输送设备

炭化后的污泥炭在输送过程中需进行冷却，以降低温度并防止其进一步热解或自燃，冷却输送设备可采用冷却螺旋输送机或滚筒式冷却器。

冷却螺旋输送机（图 9-14）通过输送机的螺旋叶片推动生物炭向前移动，并在输送过程中通过夹套进行冷却，夹套内的冷却介质选用水。其优点是价格相对较低、结构简单，易于安装和操作，但其换热效率较低。

图 9-14　冷却螺旋输送机

滚筒式冷却器（图 9-15）主要由配置传动装置的外筒和配置固定螺旋导向叶片的内筒组成，内筒固定螺旋导向叶片之间设有提料板。生物炭在内筒中随螺旋叶片导向前进，同时提料板带动物料向上提升，到达指定高度后向下抛撒，冷却水在内、外筒之间的夹套内逆向流动带走热量，冷却风在内筒内将提料板提起后被抛撒生物炭加热的热空气带走。滚筒式冷却器的换热效率较高，但价格也较高，结构相对复杂，需要一定的维护和保养。

图 9-15　滚筒式冷却器

9.3　工艺优缺点及适用范围

以上对污泥热解炭化的原理、反应影响因素、炭化反应分类、主要工艺流程及设备做了介绍，以下对污泥炭化工艺的优缺点进行梳理，因同属热法处理工艺且都具有高减量化的特点，所以以下将污泥热解炭化工艺与焚烧工艺进行对比，着重对热解炭化和焚烧之间的差异及其优缺点进行阐述，见表 9-2。

表 9-2　污泥热解炭化工艺的优缺点及应用情况

主要优点 （与焚烧相比）	①烟气产生量少，烟气主要是热解气和天然气的燃烧产物，一部分固定碳保留在污泥炭中，总体排放量小，低碳减排； ②常规污染物（颗粒物、SO_2 和氮氧化物）排放总量相对较低，几乎不会产生二噁英和呋喃等有害物质，污泥炭有重金属固化作用，烟气中重金属指标也相对较低； ③能源利用率高； ④炭化产物污泥炭有多种用途，具备很大的资源化潜力
主要缺点 （与焚烧相比）	①相比污泥焚烧，污泥热解炭化减量化率略低，主要差异是保留固定碳部分，污泥炭资源化利用出路有待进一步开发； ②炭化工艺对控制要求较高，热解效率差异大，国内运行案例少，缺乏运行经验，运行成本不确定性较大； ③国内成熟炭化设备较少，进口炭化设备价格高昂，尚未实现产品标准化； ④与污泥热解炭化相关的标准、规范较少，有待进一步完善

国际应用	国际上美国、澳大利亚及日本在污泥热解炭化领域中均有研究和实际应用，但美国和澳大利亚的研究处于停滞状态或进展缓慢，实际工程案例较少，日本近年来实际应用较多，代表公司有巴工业（高温）、月岛机械（高温、中温、低温）及三菱重工（高温）
日本应用	①污泥中保留部分固定碳，总烟气量小，几乎不产生二噁英； ②需满足资源化需求，污泥热解炭化并不是作为最终处置工艺，其末端处置路径以电厂联产燃料化为主，也有部分用于建材利用或土壤改良，这一现状与日本当地的政策导向有关； ③日本可填埋的土地面积较小，所以优先采用减量化效果明显的工艺
国内适用范围	①有明确资源化处置出路，对污泥热解炭化后的污泥炭有稳定处置途径的地区； ②经济条件较好，能够承担较高运行成本的地区； ③土地资源有限，环境容量较小，不适宜采用填埋或发酵土地利用的地区

综上所述，污泥热解炭化工艺尽管在减少大气污染和烟气排放方面具有可行性，但其在国际上应用并不顺利。早期提出该工艺并开展研究的国家，目前基本处于停滞或发展缓慢。在日本，由于政府政策导向所形成的与电厂特殊的合作模式，该工艺得到一定的推广应用，但案例数量仍少于焚烧。

在国内污泥热解炭化领域，工艺集成、设计主要由污泥热解炭化工程公司主导，多借鉴国外设计经验或煤化工行业经验来开展相关设计，目前仍处于发展阶段，工程公司、设计单位项目经验仍然不足。目前国内污泥热解炭化项目利用率相对较低的一个原因是其运营水平较低，与此同时，国内项目的运营状态难以完成运营队伍的经验积累。

污泥热解炭化技术是一个值得关注的发展方向，但从工艺设计、设备制造、运营水平及盈利模式几方面综合考虑，在国内尚未达到成熟阶段。尽管污泥热解炭化技术目前在国内还面临一些挑战，但从长远来看，它有望成为有效的废弃物处理和资源回收的解决方案。依靠技术创新、经验积累和相关政策的支持，污泥热解炭化技术有望在未来得到进一步发展和应用。

9.4 工程案例介绍

以青岛即墨污泥处置中心某工程为例进行介绍。

（1）工程概况

青岛即墨污泥处置中心某工程采用 BOT 模式，合作期 30 年，位于青岛市即墨区墨水河西岸，孙家庄东侧，建设用地面积 5376m²，建筑面积 2124m²，于 2018 年 3 月开工建设，2019 年 9 月竣工，2020 年 5 月正式投入商业运营。

（2）设计规模

该即墨污泥处置中心工程设计处理规模为 300t/d，配置 2 条 150t/d 炭化线。设计污泥来源主要有两处，一是即发污水处理厂浓缩污泥（约 220t/d）、二是西厂和北厂板框脱水后污泥（约 80t/d）。

（3）工艺流程

该工程采用"叠螺浓缩＋板框压滤＋内热回转干化＋外热回转式炭化＋烟气净化"工艺流程，如图 9-16 所示。处理后的污泥炭含水率低于 1% 并达到国家相应标准，可满足卫生填埋、土地利用、建材制作原料或路基回填等循环利用的要求。

即发污水处理厂污泥经浓缩达到 95% 含水率，含水率 95% 的污泥经调理后进入板框压滤机，经板框压滤后含水率降至 60%～65%，再经过内热回转式干化机干化后进入外热回转式炭化炉进行高温热解炭化，最终炭化污泥含水率小于 10% 定期外运。炭化过程中产生的热解气送入热风炉充分燃烧，为污泥热解炭化提供热能，炭化炉排出烟气送至干化机进一步利用烟气余热，尾气经烟气净化系统处理达标后排放。

污泥脱水产生的废水返回污水处理厂再处理。烟气处理工艺采用"旋风除尘＋湿法脱酸＋生物除臭＋活性炭吸附＋袋式除尘器＋15m 高空排放"的工艺路线。

① 污泥卸料及转运　即发污水处理厂含水率 98% 的污泥经污泥浓缩机处理后变为含水率 95% 的污泥，储存于地下 95% 污泥缓存池中，后提升至污泥调理池。外厂含水率 65% 的污泥采用封闭式自卸车运输进厂并卸入外来污泥储存池，再通过螺旋输送机提升至皮带输送机与本厂含水率 65% 的污泥共同进入干化高位给料仓。

地下湿污泥缓存池净空尺寸为 12m×6m×3m，有效体积为 180m³。外来污泥储存池净空尺寸为 6m×4.2m×2.2m，有效体积为 25m³。

② 污泥调理　进入污泥调理池的含水率 95% 污泥，按比例投加高效污泥调理剂，使调理药剂与污泥快速混合反应 5～10min 进行调理，准备进入后续机械压滤脱水工艺。

调理池净空尺寸为 φ4500×8000，设置 3 座，有效体积为 100m³。

③ 污泥深度脱水　改性后的污泥通过高压泵送入板框压滤机，使污泥含水率降至 60%～65%。深度脱水后形成的泥饼由皮带输送机及刮板输送机转运至干化高位给料仓。

板框压滤机参数为单台处理能力 20t/d（绝干污泥），共 4 台，如图 9-17 所示。干化高位给料仓有效容为 30m³。

④ 污泥干化　利用污泥高温炭化段夹套内带来的高温烟气（400～500℃）作为热源，对脱水后的污泥进行直接热干化。污泥由螺旋输送机输送至干化机上料口进入干化机滚筒内。滚筒分为预热区、蒸发区和恒温干燥区。首先污泥进入预热区进行顺流烘干，在大仰角抄板作用下不断地被抄起、散落，呈螺旋式行进，实现热量交换，污泥温度迅速升高。然后污泥被迅速推进至恒温蒸发段进行烘干，污泥在滚筒内不断地被反复扬落，在行进过程中充分吸收热量，毛细孔中的水分开始蒸发，并由引风机适时带出滚筒。污泥在恒温区适时停留后，在抄板的推动下行进至恒温干燥区，在此区间污泥释放出大量的水蒸气，整个过程属于吸热过程，大量的水蒸气随着强力的引风机排出筒外。随后污泥在重力的作用下滑行至出料仓，完成干燥过程。通过对流和热传导的作用，湿污泥与热气流之间实现了充分的热交换。整个过程属低温烘干，不会引起污泥燃烧。污泥干燥后，含水率降至 20% 左右。

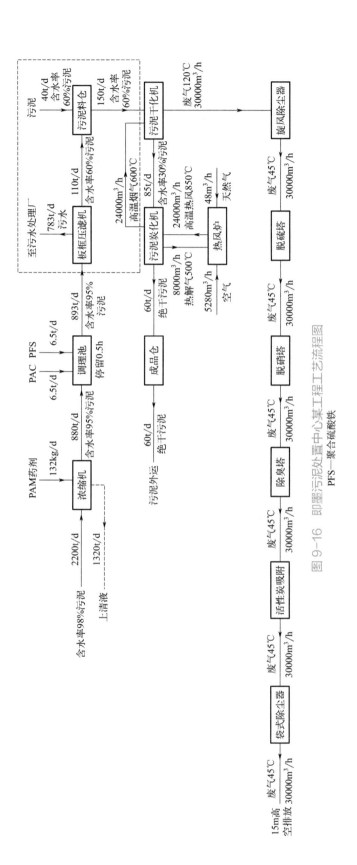

图 9-16 即墨污泥处置中心某工程工艺流程图
PFS—聚合硫酸铁

272

⑤ 污泥热解炭化 污泥热解炭化具体运行工艺流程为：前端干化后的污泥（含水率20%）经密闭螺旋输送机均匀送入炭化机上部，通过锁风器通入炭化机内部，保持炭化机内微负压，对空气进行隔绝，使炭化机内部形成一个无氧或缺氧的空间，污泥从80℃左右迅速被加热到650℃以上，污泥中的有机物在650℃以上的高温下发生热解。干化炭化系统见图9-18。

图 9-17 板框压滤机

图 9-18 干化炭化系统

污泥的热解过程较为复杂，在中低温区域会产生较多的热解液体，在高温区域热解产物以气体为主，主要为气态的小分子碳氢化合物，还含有少量的 SO_2、NH_3、NO_x 等。炭化后尾气经冷却与除尘后排入尾气净化系统处理。

⑥ 干泥储存 污泥经高温炭化完成后形成炭粒经炭化机设备尾端的下料口落料至夹套水冷式刮板机上。此时炭粒的温度约为140℃。为减少粉尘和防止炭粒自燃，在进入储存仓之前需要对其进行冷却。经夹套水冷式刮板机冷却后，炭粒温度降至70℃以下。

在污泥处理车间外设置了1台高位炭粒储存仓，容量为50m³，能够满足1.5d的储存量。炭粒储存仓底部设有刀闸阀，炭粒外运时，可通过重力直接将炭粒卸入运输车辆中。炭粒呈砂粒状，密度较大，储存及装运过程中粉尘产生量较小。

⑦ 烟气净化 在污泥热解炭化炉外筒烟气高温区，利用尿素作为还原剂进行 SNCR 脱硝以去除 NO_x（SNCR 系统对 NO_x 的设计去除效率约为60%）。对烟气进行重力除尘以去除干化过程中可能带走的污泥粉尘；通过碱液喷淋塔去除 SO_2、HCl 等酸性气体，以防止尾气腐蚀后续的钢制设备；通过生物除臭塔去除 NH_3、H_2S 等；通过活性炭吸附塔和袋式除尘器组合去除重金属和二噁英；最后经 15m 排气筒高空排放。

⑧ 臭气净化处理 废气主要包括湿污泥储存仓、污泥调理池与污泥深度脱水工序产生的恶臭气体。湿污泥储存仓、污泥调理池均为密闭式结构，可在顶部设置抽气管道，池内保持微负压状态。废气经抽排风系统收集后送入净化处理系统，处理后通过15m 排气筒高空达标排放。废气净化处理系统主要包括低温等离子除臭装置和活性炭吸附装置。

（4）主要经济指标及运行状况

① 投资　总投资约为 13900 万元，单位投资为 46 万元/t。

② 运行成本　直接运行成本在 200 元/t 左右，含电费、天然气费用、药剂费、水费，未包含人工费、大修维护费、炭化产品的运输及处置费。

③ 运行状况　已建成投产，目前运行状态较为稳定。

9.5　技术经济指标分析

以上章节介绍了污泥热解炭化的技术原理、工艺分类、常见工艺流程、主要工艺设备及工艺优缺点。通过分析可知，污泥热解炭化工艺具有理论上的可行性，但目前在国内，该技术仍处于发展阶段，国内已投产稳定运行的案例不多，但近年来在国内立项、开工的项目比较多。因此，污泥热解炭化是一个值得持续关注的技术方向，随着对污泥处理和资源回收的需求增加，未来有望进一步提升污泥热解炭化技术的成熟度和整体效率。以下从占地面积、工程投资、运行成本方面汇总了国内部分案例的基本情况。

9.5.1　占地面积

国内部分污泥热解炭化工程规模及占地情况如表 9-3 所示。

表 9-3　国内部分污泥热解炭化工程规模及占地情况

序号	名称（投产时间或现处阶段）	处理规模 /（t/d）	总占地面积 /m²	湿泥占地面积 /（m²/t）
1	汤逊湖某污泥热解炭化项目（2010）	10	350	35
2	鄂州市某污泥热解炭化项目（2015）	60	1400	23
3	天津青凝侯陈腐某污泥热解炭化项目（远期）（2017）	600	19500	33
4	青岛即墨污泥处置中心某工程（2019）	300	5651	19
5	海宁尖山某污泥热解炭化项目（2019）	25	1000	40
6	望都某污泥热解炭化项目（建设阶段）	20	600	30
7	廊坊某污泥热解炭化项目（方案阶段）	200	5000	25
8	永康某污泥热解炭化项目（2013）	50	2400	48

由各工程数据可知，污泥热解炭化工艺占地面积与其他污泥处置工艺相比较低，湿泥占地在 19～48m²/t，平均在 30～40m²/t。

9.5.2 工程投资

国内部分污泥热解炭化工程投资情况如表 9-4 所示。

表 9-4　国内部分污泥热解炭化工程投资表

序号	名称（投产时间或现处阶段）	处理规模 /（t/d）	总投资 / 万元	湿泥投资 /（万元 /t）
1	汤逊湖某污泥热解炭化项目（2010）	10	750	75
2	鄂州市某污泥热解炭化项目（2015）	60	3686	62
3	天津青凝侯陈腐某污泥热解炭化项目（一期）（2017）	300	7500（估）	25
4	青岛即墨污泥处置中心某工程（2019）	300	8042	27
5	海宁尖山某污泥热解炭化项目（2019）	25	1250	50
6	望都某污泥热解炭化项目（建设阶段）	20	1000	50
7	廊坊某污泥热解炭化项目（方案阶段）	200	8000	40
8	永康某污泥热解炭化项目（2013）	50	1700	34

由表 9-4 可知，国内污泥热解炭化工程分为两类，一类的主体设备采用国外进口设备，或技术为国外技术，在国内加工，此类工程多为小规模工程（10 ~ 60t/d），处理规模小、设备投资高，导致此类工程投资较高，在 60 万~ 80 万元 /t。另外一类是借鉴国外技术原理，由国内高校或企业研发并加工制造，采用国产设备，此类工程规模稍大，在 200 ~ 300t/d，该类工程投资相对较低，在 30 万~ 50 万元 /t。

9.5.3 运行成本

因污泥热解炭化工艺国内案例较少，仅以即墨污泥处置中心工程为例说明，直接运行成本在 200 元 /t 左右，包含电费、天然气费、药剂费、水费，未包含人工费、大修维护费、炭化产品的运输处置费、排污费等。

国内项目末端出路处置路径多样，例如燃料化（结合燃煤发电厂、生活垃圾焚烧发电厂等）、建材利用（制砖等）、园林绿化、矿山修复等，其中一些路径还可以挖掘出污泥炭的经济价值，从而降低项目的综合处置成本。

第 10 章

其他工艺

以上章节对污泥处理过程中应用的主要技术工艺进行了详细介绍，除主流技术工艺外，目前行业内亦有较多的新兴工艺或与交叉领域相结合的工艺。本章主要对市场上存在的新兴工艺进行介绍，对其技术工艺原理、项目案例、优缺点等进行分析。

10.1　污泥有机无机分离技术

10.1.1　工艺介绍

污泥主要由有机残片、细菌菌体、无机颗粒、胶体等组成，并通过胞外聚合物和胶体的黏性作用，组成了连接微生物细胞和其他物质的污泥絮体结构。污泥中干基成分占比如图 10-1 所示，我国污泥中的有机质含量低、泥砂含量高、无机金属盐含量高，污泥中无机物含量大于有机物。其中亦裹挟大量无机物及水分且难以分离，增加了污泥的减量化难度。污泥中的大量微生物及菌群，在处理过程中，会在厌氧条件下产生硫化氢等恶臭气体，破坏厂区环境。

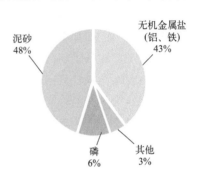

图 10-1　污泥干基成分占比

天津壹新环保工程有限公司的污泥有机无机分离技术首先在污泥处理前端加入污泥灭菌系统，将污泥中微生物进行灭活处理，灭菌后污泥中的微生物失去活性，因此在后续处理过程中可避免硫化氢等臭气产生，从而解决了此部分污泥的除臭问题。然后，通过对污泥进行改性从而破坏污泥黏性，再将其中的有机物、无机物进行分离，分离后的有机污泥热值有所提升，再通过机械做功和热能交换原理去除其中的大部分水分，使污泥能够最大程度地减量化，再进入后续干化环节，可大幅降低能耗与碳排放量，符合国家的低碳环保要求。分离出的无机物可分成两类，一类是铁铝盐，可作为絮凝剂送回至水厂进行二次利用，可减少水厂后续 PAC 的投加量，其余无机成分因富含磷盐，可作为园林绿化用磷肥原料外售给绿化或苗木种植部门，处理过程中产生的废气经处理系统处理后排放。最后进入干化焚烧环节，在 pH 值调节稳定、添加药剂对后续菌种无不利影响的前提下，也可配套污泥好氧发酵或厌氧消化处理。

因此，污泥有机无机分离技术是一种污泥的预处理手段，其技术整体思路如图 10-2 所示，在减量化的同时，又可做到资源的有效回收。

10.1.2　核心原理

该技术主要通过湿法冶金和重力分选来实现污泥有机质分类，具体步骤如下。

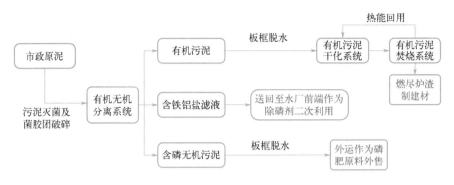

图10-2 污泥有机无机分离及资源化回收利用整体思路图

首先对原泥进行稀释调质，使污泥含水率提升至95%左右，恢复成流态。加入氧化药剂（药剂成分不含铁盐、铝盐及氯根），对污泥胞外聚合物进行破坏，同时使污泥中铁、铝及磷的氧化物还原成溶解态溶入液相中，再依靠重力沉淀，使固相污泥沉淀并排出含有无机盐的上清液，对排出的固相污泥进行反复淋洗，使其中溶解入液相的无机盐类最大程度地被浸提出来，将上清液与淋洗液进行收集并加入还原性药剂，使其中的溶解性盐类还原成氧化物或氢氧化物并沉淀，沉淀物即为分离出的无机盐类成分。污泥中磷盐及铁铝盐的分离效果如图10-3所示。

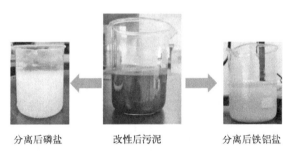

分离后磷盐　　　　改性后污泥　　　　分离后铁铝盐

图10-3 污泥中磷盐及铁铝盐的分离效果

淋洗后的固态污泥继续进入污泥除砂装置（该装置借鉴部分选矿行业分砂设备原理），见图10-4。利用固态污泥中有机污泥颗粒与泥砂颗粒的密度差导致的离心力差异（密度差在2～3倍左右），对其进行旋流分离，分离后的轻质部分即为最终的有机污泥，分离后的重质部分即为泥砂，将泥砂与上步分离出的无机盐类混合进入脱水系统，脱出泥饼即为无机泥饼，其中的有机成分小于5%。向分离后的轻质部分中加入脱水助剂，充分混合后进入板框脱水，脱出泥饼即为有机泥饼，其中的有机质含量可提高至75%以上。随后有机泥饼可进入后续干化焚烧工艺段，焚烧时产生热量可送回至前端污泥热干化使用，前置分离工艺使干化段蒸发水量大幅降低，减少了热能消耗，且污泥热值提升后，可实现干化焚烧工艺段热能自平衡。分离出的含磷无机污泥进入脱水系统，脱水后含水率降至60%，外运作为磷肥原料使用，分离出的铁铝盐送回至水厂，作为除磷剂二次利用。

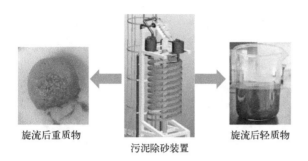

旋流后重质物　　　　　旋流后轻质物

污泥除砂装置

图 10-4　污泥中泥砂与有机物的分离效果

10.1.3　工程案例——天津武清某污泥干化焚烧工程

（1）工程概况

该工程一期处理规模 130t/d，占地 15 亩，投资约 4600 万元。建设地点位于天津市武清区武清新城城区西南方向，采用 PPP 合作模式，运营期限 30 年（图 10-5）。工程于 2016 年 10 月开工建设，已于 2017 年 9 月建成投产并持续稳定运行，该工程承担天津市武清区全部生活污水处理厂的污泥处理任务。

图 10-5　武清区污泥处理厂

工程主体为污泥干化焚烧项目，但在污泥干化焚烧前增设了预处理工段，对污泥进行有机无机分离。该工程的工艺亮点是在最初环节加入污泥灭菌系统，杜绝了污泥恶臭气体的产生，减少了厂区臭气处理设施的投资，并且率先采用了污泥有机无机分离技术，使得有机污泥热值提高，在干化与焚烧阶段不再因无机物而消耗较高热能，一定程度上促进了污泥处理系统的热能自平衡，污泥的干化焚烧可有效节省外加能源，达到节能降耗减排的效果。分离出的无机物满足《城镇污水处理厂污泥处置　制砖用泥质》（GB/T 25031—2010）标准，可作为建材利用，也可对外销售。

（2）工艺流程

工艺路线：污泥进料→稀释→化学药剂调理→有机无机分离→板框压滤→有机污泥带式机干化→有机污泥炉排炉焚烧→烟气空气换热→布袋除尘→脱酸塔→烟囱。如图 10-6 所示。

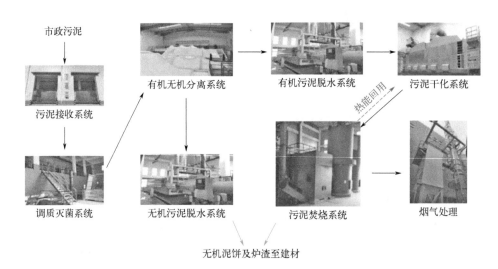

图 10-6　武清区污泥处理厂项目工艺流程图

（3）分系统介绍

1）污泥接收及稀释

含水率 80% 污泥进场后，通过地磅称重计量，卸料在污泥接收仓内，如图 10-7 所示。共设置 1 座污泥接收仓，仓底通过预压螺旋及柱塞泵送泥。将污泥泵送到两个污泥稀释池内，污泥稀释池顶部设置格栅机，筛除污泥汇总杂质。在稀释池内将污泥稀释到含水率 95% 左右，稀释水采用的是后端板框压滤后废水。

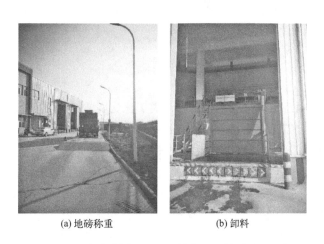

(a) 地磅称重　　　(b) 卸料

图 10-7　天津武清某污泥干化焚烧工程地磅称重及卸料

2）灭菌与菌胶团破碎

调质后污泥经密闭管道泵送至污泥灭菌罐内，如图 10-8 所示。然后向污泥灭菌罐内加入灭菌剂对原泥进行灭菌，灭菌后的污泥进入菌胶团破碎系统并加入调理剂，配合搅拌系统，使污泥中的胶团破碎，污泥中的胞外聚合物等物质彻底失去黏性。

3）污泥化学调理及有机无机分离

改性后污泥进入有机无机分离系统。在该系统中，污泥被分离出三个方向，分别是有机污泥、含磷无机污泥和铁铝盐，含磷无机污泥进入无机污泥储池暂存，有机污泥进入有机污泥储池暂存，铁铝盐进入铁铝盐储池暂存，有机污泥与含磷无机污泥继续进入后续脱水单元，铁铝盐送回至水厂作为除磷剂二次利用。

4）污泥脱水

有机、无机污泥分别通过板框压滤机进行压滤脱水，有机污泥及无机污泥分别设置两台板框压滤机。有机污泥脱水到含水率 60% ～ 65%，无机污泥脱水到 50% 左右，如图 10-9 所示。

图 10-8　污泥菌胶团破碎装置

图 10-9　板框压滤系统

5）有机污泥带式机干化及焚烧

板框压滤后污泥含水率在 60% ～ 65%，然后经过多级螺旋输送带式干化机（图 10-10），带式机将污泥干化到含水率 20% 左右，其热源来自污泥干化焚烧后的烟气空空换热。带式机干化后将污泥输送到焚烧炉盘式给料器，盘式给料器给污泥焚烧炉喂料，污泥焚烧炉采用了炉排炉，通过湿式捞渣机出渣。炉排炉分为一燃室和两个较大的二燃室，经过二燃室后在空空换热器内进行换热，被加热的空气输送到带式机用于干化。污泥焚烧炉温度在 950 ～ 1100℃。图 10-11 ～图 10-13 分别展示了焚烧炉、二燃室和炉渣。

6）烟气净化

系统预留 SNCR 进口，除尘采用了袋式除尘器一级除尘。在袋式除尘器之前，根据其介绍设置喷涂活性炭吸附。脱酸塔与烟囱为一体，喷淋 NaOH，如图 10-14 所示。

图 10-10　带式干化机　　　　　　　　图 10-11　焚烧炉

图 10-12　焚烧炉二燃室　　　　　　　图 10-13　焚烧炉炉渣

图 10-14　袋式除尘器及脱酸塔烟囱

7）污水处理

本厂区污泥设置了地埋式一体化污水处理系统，但实际上该项目没有配套排水管网，产生的废水直接通过车载外运至污水处理厂协同处理。

8）有机无机污泥堆置区

板框压滤后对有机、无机污泥均设置了外运出口，车载外运到污泥堆置区，见图 10-15。

图 10-15　有机无机污泥堆置区

（4）主要情况汇总表

该工程主要情况汇总见表 10-1。

表 10-1　武清某污泥干化焚烧工程主要情况汇总表

序号	参数名称	说明
1	设计规模	130 t/d 含水率 80% 污泥
2	实际运行规模	110 t/d 含水率 80% 污泥
3	工程类型	PPP 项目，运行年限为 30a
4	运行时间	2017 年 9 月开始运行
5	设备运行情况	设备运行中
6	出泥情况	通过堆置区有机、无机污泥具有分离效果
7	污泥稀释后含水率	95%
8	污泥调理药剂	氧化剂、酸、碱
9	有机无机分离设备	立式设备，离心旋流除砂类设备，仅能提取 30μm 以上砂石，调理分离一个工序运行时间为 10h
10	有机无机污泥比例	有机无机污泥比例约为 7∶3
11	无机污泥中有机质含量	1% 左右
12	压滤液水质	COD 在 300～500mg/L，总氮在 100～150mg/L
13	有机质出泥含水率	设计 65% 左右，不加石灰，加 0.1%～0.2% 的 PAM，板框压滤 5h 为一批次
14	绝干基热值	热值可由 2000kcal 提升到 3000kcal
15	无机质出泥含水率	设计 50% 左右，不加药剂
16	带式机出泥含水率	设计 15% 左右
17	焚烧炉焚烧温度	950～1100℃，采用自主研发的往复式炉排污泥焚烧炉

10.2 超临界水氧化技术

超临界水（supercritical water，SCW）是指温度和压力均高于其临界点（T_c=374.15℃，P_c=22.12MPa）的水。超临界水对非极性分子有很好的溶解能力，具有高扩散系数和低黏度，传递性能好；有机物、氧气可以溶解在超临界水中并发生均相反应，从而大大缩短了反应时间。

超临界水氧化（supercritical water oxidation，SCWO）是指有机物和空气、氧气等氧化剂在超临界水中进行氧化反应而将有机废物去除的过程。该技术能迅速、彻底地将有机物转化成无害的 CO_2、N_2、H_2O 等小分子化合物。在超临界水氧化过程中，氯转化成金属氯盐、硝基物转化成氮气、硫转化成硫酸盐、磷转化成磷酸盐。超临界水氧化技术属于水热技术之一，是在密封的压力容器中，以水为溶剂，在高温高压条件下进行化学反应的一种工艺路径。

10.2.1 技术原理

通常情况下，水以气态、液态和固态三种状态存在，且属极性溶剂，可溶解包括盐类在内的大多数电解质，对多数有机物和气体微溶或不溶。水的临界温度是374.15℃，临界压力是 22.12MPa，在此温度和压力之上就是超临界区，水在该状态下被称为超临界水，是区别于液态和气态的另一种状态（图 10-16）。一般将温度在200 ~ 374℃，压力在 10 ~ 22MPa 状态下的水，称为亚临界状态。以下主要介绍超临界水氧化技术。

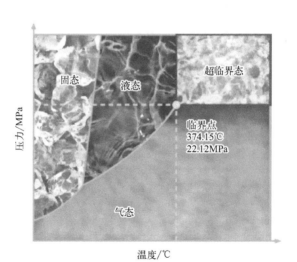

图 10-16　水的存在状态

在超临界状态下，水的密度、黏度、扩散系数、电导率、溶解性能以及介电常数等参数与常温常压相比均发生较大变化，水可以与有机物、O_2、CO_2 等气体完全混合，形成均一物相，在很短的停留时间内，有机物被迅速氧化成小分子化合物，最终污泥中的碳氢化合物被氧化成 CO_2 和 H_2O，N 元素被氧化成 N_2 和 N_2O，S 元素和卤素被氧化成酸根离子，从而形成无机盐沉淀析出，如图 10-17 所示。

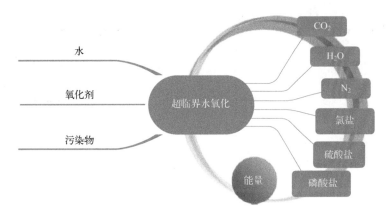

图 10-17　超临界水氧化技术原理图

10.2.2　工程案例——河北廊坊某工业园工程

工艺多处于实验室阶段，应用案例较少，以下对河北廊坊某工业园工程进行简单介绍，以供了解其大致工艺流程。

（1）工程概况

该工程处理能力为 240t/d，项目占地 1.45 公顷，总投资 1.5 亿元，副产物中的水为 7.8×10^4t/a，副产物惰性灰泥为 9×10^3t/a。

（2）工艺流程

超临界水氧化技术工艺流程如图 10-18 所示。首先污泥与液态、半液态危险废物进入调浆池，通过预热器、高压浆泵对处理物料进行加温、加压，再注入液氧后一同进入超临界反应器。污泥与氧气在反应器中的超临界水中进行反应，氧化反应释放出的热量将反应器中的所有物料加热至超临界状态。反应结束后，废液进入固体分离器中，将反应中生成的无机盐等固体物质沉淀分离出来。

从固体分离器出来的流体，一部分循环进入反应器，另一部分则作为高温高压流体先通过蒸汽发生器产生高压蒸汽，再通过高压气液分离器将氮气和大部分二氧化碳气体进行分离，分离后的气体进入透平机，为空压机提供动力，液体部分则经过减压阀减压后，再次进入低压气液分离器，进一步分离气体后作为清洁水排放。

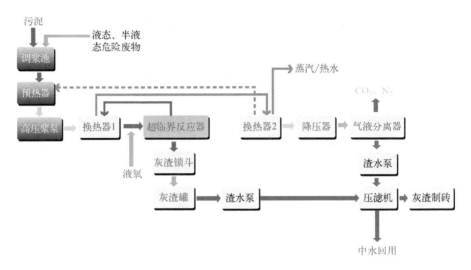

图 10-18　河北廊坊某工业园工程超临界水氧化技术工艺流程图

（3）分系统介绍

1）调质调温

含水率80%的污泥运输到厂后卸料在调浆池内，在调浆池内主要调节污泥的含水率，项目主要掺混液态和半液态的危险废物，来提高污泥含水率到90%左右。调质后污泥经过预热器，利用后续换热器余热进行加热，有效地回收系统热量，再通过换热器1，利用超临界反应器废热加热，完成调质调温。

2）超临界反应

经过调质、调温后的污泥进入超临界反应器，超临界反应器利用外部热源达到超临界状态。在超临界反应器内污泥与氧气充分接触，在超临界压力和温度下实现有机质的短时氧化，有机质被气化成 CO_2、H_2O、N_2、N_2O 等，超临界反应气进入多级换热工序及降压后，经过气液分离器对气体进行分离。超临界反应剩余的无机废渣及无机盐沉淀收集后与气液分离后的液相一并送到板框压滤机进行压滤脱水。

3）水渣利用

因超临界水氧化工艺对 C、N 等元素进行了无害化，压滤后的废水可作中水回用，压滤后泥饼可用于制砖等。

10.3　污泥水热炭化技术

水热炭化属于炭化技术的一种，前述介绍的为干式炭化技术，而水热炭化为湿式炭化工艺。

水热炭化是指在一个密闭的体系中，以碳水化合物或木质纤维素为原料，以水为反应媒介，在一定的温度及压力下，原料经过一系列的复杂反应而转化成炭材料的过程。其研究可追溯至 1913 年 Friedrich Bergius 提出的高压化学理论，其运用该技术在 250 ～ 310℃下炭化处理纤维素，对自然界煤的形成机理进行了研究。因此，污泥水热炭化技术的根源是基于高压化学理论模拟煤的形成。

10.3.1 技术原理

在污泥水热炭化过程中，将含水率 80% 的污泥投入 2.0 ～ 3.5MPa、180 ～ 230℃的反应器中进行催化裂解。污泥中的生物质在缺氧及适当催化（酸）的条件下，分子结构被打破，产生水，在释放出能量的同时，主要生物质被转化成生物炭。

通常而言，几乎所有的有机固体废物都可用水热炭化进行处理，例如纤维素、木质素、木材、植物、污泥和泥炭等。水热炭化反应是一个放热过程，其反应主要分为五个阶段：水解反应、脱水反应、脱羧反应、聚合反应和芳构化过程。图 10-19 展示了水热炭化的反应路径。

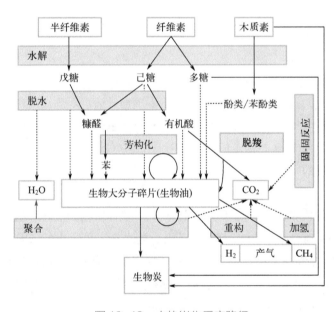

图 10-19　水热炭化反应路径

（1）水解反应

水解反应是由于水的参与而导致生物大分子的酯键和醚键断裂的反应。不同物质水解需要的水热温度不同。一般情况下，在高于200℃的水热条件下，纤维素才开始水解；180℃左右，半纤维素才较易水解；对于木质素来说，其中可能含有较多的醚键，一般在高于200℃的水热条件下才能水解。

（2）脱水过程

通过高温高压的作用，彻底破坏污泥胶体与细胞，使污泥中含有的有机质、吸附水与内部水大量溶出，从而降低污泥黏度，改善其脱水性能。水热过程中的脱水包括化学脱水和物理脱水，物理脱水是通过物理作用将生物质中的水分去除而不改变其化学成分，化学脱水是通过炭化作用来降低生物质的 H/C 和 O/C，从而降低其 H 和 O 的含量，以此达到脱水的目的。

（3）脱羧反应

脱羧反应是指酯类分子发生烷氧键或酰氧键断裂后生成 CO_2、CO 等气体以及小分子烃类化合物的反应，其实质是脂肪烃的脱氧反应。脱羧反应一般发生在温度高于150℃的条件下，其具体的反应机理受物料含水率等因素的影响。

（4）聚合反应

聚合反应是水热降解过程中产生的中间体相互作用，生成大分子物质，同时析出水的反应。因此，可以认为水热炭化过程中生成的生物炭主要是由聚合反应生成的。目前关于水热聚合反应机理的研究不多，缺乏系统深入的研究。

（5）芳构化过程

芳构化过程是烷烃、烯烃环化后进一步进行氢转移反应，反应过程中不断释放氢原子，最后生成芳烃的过程。随着水热炭化反应温度的升高，水热炭结构的芳构化程度有所增加，而芳烃的增加会进一步导致水热处理对碳含量的影响减弱。由于芳香族结构在水热条件下表现出了较高的稳定性，所以芳香结构可以被认为是所得水热炭的基本结构。芳香族化合物的交联缩合也组成了煤的主要成分，因此，生物质水热炭的性质与天然煤高度相似。

水热炭化产物按照存在形式可分为固体产物、液体产物和气体产物。气体产物主要成分为 CO_2，还含有微量的 CO、CH_4 以及极少量的 H_2，总量很低，因此水热炭化气体产物的燃烧利用价值并不高。但是，固体产物因其具有较高的热值和较低的 H/C 和 O/C，即具有较高的能量密度，可用作固体燃料或吸附材料。液体产物中因具有较高的有机物，特别是有机酸，所以需要进行专门的废水处理。

10.3.2 工程案例——山东某污泥水热炭化示范工程

（1）工程概况

该污泥水热炭化示范工程由国内企业引进德国 Terra Nova Energy 公司的技术，为全国首套规模为 14000t/a 污泥的水热炭化生产线，也是全球单台处理规模最大的工程。2016 年 5 月建成并投产运行，其外观见图 10-20。

图 10-20　山东某污泥水热炭化示范工程外观

（2）工艺流程

该示范工程工艺流程如图 10-21 所示。

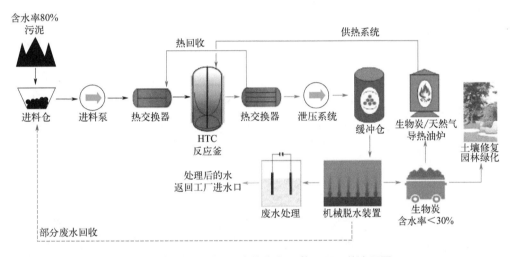

图 10-21　山东某污泥水热炭化示范工程工艺流程图
HTC—水热碳化

（3）分系统介绍

1）污泥进料及预热

含水率 80% 污泥由水厂输送到进料仓内，通过进料泵向水热炭化系统进料，进料过程中先在热交换器内进行换热，热源来自反应釜余热。

2）水热炭化反应阶段

经过预热的污泥进入 HTC 反应釜，在 2.0 ～ 3.5MPa 的压力及 180 ～ 230℃ 的温度下发生水热炭化反应，产生前述固体、液体和气体产物，生物炭在此阶段聚合产生，水热炭化阶段所用热量来源于天然气导热油炉。

3）脱水阶段

经过水热炭化形成的浆料先进行泄压，后通过板框脱水，脱水后泥饼含水率可达到30%左右，生物炭即包含在脱水形成的泥饼中，泥饼部分回炉焚烧，部分外运处置，废水经处置后排放至污水处理厂，如图10-22所示。

(a) 含水率80%进泥   (b) 水热炭化后污泥浆液   (c) 脱水后泥饼

图10-22 山东某污泥水热炭化示范工程污泥状态变化

第 11 章

污泥处理辅助工程

11.1 电气方案

11.1.1 基本原则

电气方案应执行国家技术经济政策，保障人身安全，供电可靠，技术先进、经济合理，并便于使用和维护。

电气方案应避免在爆炸危险性环境区内布置控制盘和配电盘，必须布置时，设备选型和线缆安装应严格按照《爆炸危险环境电力装置设计规范》（GB 50058）执行。对于存在或可能积聚毒性、爆炸性、腐蚀性气体的场所，应设置连续的监测和报警装置，该场所的通风、防护、照明设备应能在安全位置进行控制。

电气系统设备应具有安全的电气和电磁运行环境，所采用的设备不应对周边电气和电磁环境的安全和稳定构成损害。电气与自动化系统设备的工作环境应满足其长期安全稳定运行和进行常规维护的要求。

电力变压器、电动机、交流接触器和照明产品的能效水平应高于能效限定值或能效等级三级的要求。

11.1.2 负荷分级与供电电源

（1）负荷分级

污泥处置是城市污水处理的重要接续环节，如果污泥处置系统中断供电，不但会造成污泥堆积、臭气外泄，影响周边环境，部分污泥处置设备（如干化炉、焚烧炉、炭化炉等）还会处于非正常状态，给人身和设备带来重大危险。

基于以上原因，处置厂的负荷等级和供电方式应根据工程的性质、规模和重要性合理确定。一般处置厂的供电负荷等级宜为二级，处理规模为800t/d的大型污泥处置中心应按一级负荷供电，小于50t/d的小型污泥处置厂可按三级负荷供电。

（2）供电电源

污泥处置厂的供电系统设计应以厂区所在地区的电力系统现状及发展规划为依据，经技术经济论证，合理确定接入电力系统方式。

供电系统的电压等级和容量应根据用电设备的装机容量和运行情况，同时结合当地供电网络现状和发展规划等因素综合考虑确定。供电电压一般采用10kV，配电电压一般为380V/220V，采用10kV/0.4kV降压变压器配电。当全厂设备容量较小，有条件接入0.4kV的电源且合理时，也可直接采用0.4kV电源供电。

二级负荷污泥处置厂采用电缆线路供电时，宜采用两根电缆沿不同路径供电，每根电缆应能承受全部的一级和二级负荷。当采用一级负荷供电时，应由双重电源供电，当一路电源发生故障时，另一路电源不应同时受到损坏。三级负荷处置厂采用一路电源供电，但因电源故障会引起设备损坏或引发事故的，如污泥干化焚烧工艺中的干化机、污泥焚烧炉、锅炉给水系统、引风机等，应增设相应容量的备用电源。

对于厌氧消化等可产生沼气并用于发电的工程，所发电应优先自用，余量上网。此类工程应至少有一条与电网连接的受电线路，当该线路发生故障时，应有能够保证安全停机和启动的内部电源或其他外部电源。

11.1.3　变配电系统

变配电系统是污泥处置厂电气设计的核心，应本着安全可靠、经济方便的原则进行设计。

（1）10kV配电系统

一级、二级负荷污泥厂内变电所10kV配电系统一般采用单母线分段接线型式，带母联开关，日常运行时主电源合闸供电，备用电源分闸备用，母联闭合，当主电源故障时，切换为备用电源合闸供电。

三级负荷污泥厂内变电所10kV配电系统采用单母线接线，但因电源故障会引起设备损坏或引发事故的，如污泥干化焚烧工艺中的干化机、污泥焚烧炉、锅炉给水系统、引风机等，应增设相应容量的备用电源。

（2）0.4kV变配电系统

一级、二级负荷污泥厂内变电所变压器一般成对设置，两台变压器电源分别来自上级10kV配电系统的不同母线段，低压配电系统一般采用单母线分段接线型式，带母联开关，日常运行时两段母线（两台变压器）同时供电，母联断开，当其中一段母线（变压器）断电时，母联闭合，由另一段母线（变压器）提供全部用电负荷。

三级负荷污泥厂内变电所变压器根据用电负荷需求设置，低压配电系统可根据变压器数量采用单母线接线或单母分段接线，因电源故障会引起设备损坏或引发事故的，如污泥干化焚烧工艺中的干化机、污泥焚烧炉、锅炉给水系统、引风机等，用电负荷可设置单独的双电源切换柜，由市电和备用电源共同供电。

0.4kV变配电系统宜采用放射式配电，无特殊要求的末端小容量负荷可采用树干式或链式配电。

（3）计量与测量

当污泥处置厂为高压进线时，一般采用高压计量方式，在每段10kV母线上均设置计量柜。当污泥处置厂为0.4kV进线时，应在低压总进线柜中设置计量仪表。

所有低压进线处应设置综合智能仪表，大容量或重要工艺设备（系统）出线处应设置多功能电力仪表，并通信至全厂自控系统，便于厂内用电管理及节能分析。

11.1.4　变电所

变电所的设计应符合现行国家标准《20kV及以下变电所设计规范》（GB 50053）

中的有关规定，并根据污泥厂性质、规模、运行方式、供电接线以及重要性等因素合理确定。

（1）变电所选址

① 总变电所宜为独立式布置，靠近负荷中心，便于外线供电。

② 分变电所宜位于各自供电区域负荷中心，靠近较大容量设备。

③ 变电所不得设在地势低洼和可能积水的场所，不得设在厕所、浴室、厨房或其他经常积水场所的正下方，且不宜与上述场所相贴邻。变电所无法避免与经常积水场所相贴邻时，相邻的隔墙应做无渗漏、无结露的防水处理。

④ 变电所周围应无导电性粉尘或腐蚀性物质，无法避免时，应设在污染源的上风向，或应采取有效的防护措施。

⑤ 变电所的选址不得靠近对防电磁干扰有较高要求的设备机房，无法避免时，应采取防电磁干扰的措施。

（2）变电所布置

变电所布置要紧凑合理，便于设备的操作、搬运、检修、试验和巡视。分期建设的污泥厂，初期变电所设计应便于后期工程实施。

变电所形式宜采用户内型，布置环境应清洁。各房间的相对位置安排应便于进出线，低压配电室应靠近变压器室，电容器室宜与变压器及相应电压等级的配电室相毗邻，控制室、值班室和辅助房间的位置应便于管理人员的工作。

（3）高压配电室

① 长度大于 7m 时，应设置两处向外开的门，并布置在配电室的两端；

② 高压配电装置的总长度大于 6m 时，其柜（屏）后通道应设两个安全出口；

③ 高压配电室内通道的最小宽度应符合表 11-1 的规定。

表 11-1　高压配电室内通道的最小宽度　　　　　　　　　　单位：mm

开关柜布置方式	柜后维护通道	柜前操作通道	
		固定式开关柜	移开式开关柜
单排布置	800	1500	单手车长度 +1200
双排面对面布置	800	2000	双手车长度 +900
双排背对背布置	1000	1500	单手车长度 +1200

注：1. 在建筑物的墙面有柱类局部凸出时，凸出部位的通道宽度可减少 200mm。

2. 对全绝缘密封式成套配电装置，可根据厂家安装说明书减少通道宽度。

3. 当开关柜侧面需设置通道时，通道宽度不应小于 800mm。

（4）变压器及低压配电室

① 电力变压器一般采用干式变压器，与低压柜并列安装。

② 配电室长度大于 7m 时，应设置两个出口，并宜布置在配电室两端。

③ 成排布置的配电屏，其长度大于 6m 时，屏后的通道应设两个出口，并宜布置在通道的两端；当两出口之间的距离大于 15m 时，其间应增加出口。

④ 成排布置的配电屏，其屏前和屏后的通道最小宽度应符合表 11-2 的规定。

表 11-2 配电屏前后的通道最小宽度 　　　　　　　单位：mm

低压配电屏种类		单排布置			双排面对面布置			双排背对背布置			多排同向布置			屏侧通道
		屏前	屏后		屏前	屏后		屏前	屏后		屏间	距墙		
			维护	操作		维护	操作		维护	操作		前排	后排	
固定式	不受限	1500	1000	1200	2000	1000	1200	1500	1500	2000	2000	1500	1000	1000
	受限	1300	800	1200	1800	800	1200	1300	1300	2000	2000	1300	800	800
抽屉式	不受限	1800	1000	1200	2300	1000	1200	1800	1000	2000	2300	1800	1000	1000
	受限	1600	800	1200	2100	800	1200	1600	800	2000	2000	1600	800	800

注：1. 受限时是指受到建筑平面和通道内有柱等局部突出物的限制。

2. 屏后是指需在屏后操作运行的开关设备的通道。

3. 背靠背布置时屏前通道宽度可按本表中双排背对背布置的屏前尺寸确定。

4. 控制屏、控制柜、落地式动力配电箱前后的通道最小宽度可按本表确定。

5. 挂墙式配电箱的箱前操作通道宽度，不宜小于 1000mm。

6. 配电室通道上方裸带电体距地面的高度不应低于 2.5m。

（5）电容器室

① 高压电容器装置宜设置在单独的房间内，当采用非可燃介质的电容器且电容器组容量较小时，可设置在高压配电室内。

② 低压电容器装置一般设置在低压配电室内，与低压配电柜并列安装。

③ 成套电容器柜单列布置时，柜正面与墙面之间的距离不应小于 1500mm；双列布置时，柜面之间的距离不应小于 2000mm。

④ 电容器装置的布置和安装，应符合设备通风散热条件并保证运行维修方便。

（6）操作电源

① 高压配电柜采用铠装金属封闭开关柜时，应采用直流操作电源，直流操作电源装置宜采用免维护阀控式密封铅酸蓄电池组，其设计应保证对继电保护、自动控制、信号回路等负载的连续可靠供电。

② 断路器采用弹簧储能操动机构时，宜采用 110V 蓄电池组作为合、分闸操作电源；采用永磁操动机构或电磁操动机构时，宜采用 220V 蓄电池组作为合、分闸操作电源。

③ 当小型变电所采用弹簧储能交流操动机构且无低电压保护时，宜采用电压互感器作为合、分闸操作电源；当设有低电压保护时，宜采用电压互感器作为合闸操作电源，采用不间断电源（UPS）作为分闸操作电源，或采用 UPS 作为合、分闸操作电源。

（7）建筑与通风

① 变配电室应设置通向室外或疏散通道的安全出口，采用多层布置时，每一层均应设置通向室外或疏散通道的安全出口。

② 变配电室的门应向外开启，门和通道应满足设备搬运与安装的要求。疏散通道门的高度不宜小于2000mm，宽度不宜小于750mm。

③ 变配电室临街的墙面不宜开窗。高压配电室设置自然采光窗时，应采用不能开启的固定窗，窗台距室外地坪高度不宜小于1800mm。

④ 变配电室宜采用自然通风，可设置能开启的自然采光窗，并设置百叶窗钢丝网，防止雨、雪和小动物进入。当自然通风不能满足温度要求时，应设置机械通风。与污泥生产建筑物相邻的配电室，宜采用向配电室送风通风的方式，保持配电室内处于正压，以免工艺生产建筑物内进入有害气体。

⑤ 变电所应尽量利用自然采光，变压器室应尽量避免西晒，控制室和值班室应尽可能朝南设置。

⑥ 变配电室内不应有无关的管道和线路通过。

11.1.5　电动机启动与控制

（1）电动机的启动

工艺需要采用变频运行的电动机实现变频控制，其他非变频控制设备应根据电机启动电流给出所在配电母线的电压降计算书，决定采用软启动或直接启动方式。电动机启动时，配电母线上的电压应符合下列规定：

① 配电母线上应接有照明或其他对电压波动较敏感的负荷，电动机频繁启动时，不宜低于额定电压的90%，电动机不频繁启动时，不宜低于额定电压的85%。

② 配电母线上未接照明或其他对电压波动较敏感的负荷时，不应低于额定电压的80%。

③ 配电母线上未接其他用电设备时，可按保证电动机启动转矩的条件决定；对于低压电动机，尚应保证接触器线圈的电压不低于释放电压。

④ 符合全压启动条件的电动机应采用全压启动，不符合全压启动条件的电动机宜采用软启动器启动。

⑤ 有调速要求时，电动机的启动方式应与调速方式相匹配。

（2）电动机控制方式

① 主要工艺设备应具备两种控制方式：机旁手动方式和PLC自控方式。

② 电动机需设置就地按钮箱，按钮箱宜装设在电动机附近便于操作和观察的位置，按钮箱应设置运行状态指示和手动操作按钮，具有远程功能时应设置本地/远程控制选择开关。

③ 自动或联动控制的电动机应有手动控制和解除自动或联动控制的措施，远程控制的电动机应有就地控制和解除远程控制的措施。

④ 设备突然启动可能会危及周围人员安全时，应在设备近旁装设启动预告信号和应急断电控制开关或自锁式停止按钮。

（3）电动机控制电器的选择

① 每台电动机应分别装设控制电器。

② 控制电器宜采用接触器、启动器或其他电动机专用的控制开关。启动次数少的电动机，其控制电器可采用断路器或与电动机类别相适应的负荷开关。

③ 控制电器应能接通和断开电动机堵转电流，其使用类别和操作频率应符合电动机的类型和机械的工作制。

④ 控制电器宜装设在便于操作和维修的地点。过载保护电器的装设宜靠近控制电器或作为其组成部分。

⑤ 电动机的控制回路应装设隔离电器和短路保护电器，但若由电动机主回路供电且符合下列条件之一时，可不另装设隔离电器和短路保护电器：a.主回路短路保护器件能有效保护控制回路的线路时；b.控制器回路接线简单、线路很短且有可靠的机械防护时；c.控制回路断电会造成严重后果时。

11.1.6 无功功率补偿与谐波治理

当用电设备有较多感性负荷且自然功率因数达不到要求时，应设置并联电容器补偿无功功率。低压无功功率补偿一般集中设置在变配电所低压配电母线上，补偿后计量侧功率因数不应小于 0.92。功率较大、线路较长且长期运行的低压电动机宜采用单独就地补偿，就地补偿电容器的安装位置应靠近被补偿设备。

当配电系统高次谐波超过规定值时，宜设置谐波治理装置来消除谐波对电气系统的影响。治理后的谐波应符合现行国家标准《电能质量　公用电网谐波》（GB/T 14549）中的有关规定。

11.1.7 电气设备选型及继电保护

（1）电气设备选型

电气设备应选择性能良好、可靠性高、寿命长、环保节能、经济适用、易于维护检修的产品。电气设备的选择应满足使用环境要求，对风沙、污秽、腐蚀性气体、潮湿、凝露、地震等危害，应有防护措施。

1）高压电器设备的选择

高压电器设备应按照正常的条件选择。同时，为保证电气设备在通过最大短路电流时不致受到严重损坏，在选择高压电器时，应进行必要的校验，校验项目见表 11-3。

表 11-3　选择高压电器时应校验的项目

设备名称	电压	电流	断流容量	短路电流	
				动稳定	热稳定
断路器	○	○	○	○	○
负荷开关	○	○	○	○	○
隔离开关	○	○		○	○
熔断器	○	○	○		
电流互感器	○	○		○	○
电压互感器	○				
支柱绝缘子				○	
套管绝缘子	○	○		○	○
母线		○		○	○
电缆	○	○			○

注：1. "○"表示需进行校验的项目。

2. 采用熔断器保护的电器和导体可不校验热稳定；当熔断器额定电流在60A以下时（或具有限流作用的熔断器），可不校验动稳定。

3. 架空线不必校验动稳定及热稳定。

10kV 中置式高压开关柜宜选用金属铠装移开式封闭开关柜。主开关为带 110V 直流弹簧操作机构的真空断路器，二次回路采用微机综合保护装置进行保护、测量和控制。微机综合保护装置通过通信总线与中心控制室通信。

总变电所采用放射方式向分变电所供电时，分变电所的电源进线宜采用负荷开关。分变电所需带负荷操作或对继电保护、自动装置有要求时，电源进线应采用断路器。

2）变压器的选择

变压器的容量应根据计算负荷以及机组的启动方式、运行方式确定，并满足节能运行要求，负荷率宜为 0.6 ～ 0.7。

变压器的数量和接线应根据负荷特点和经济运行要求确定，宜成对装设变压器，用于低压单母分段接线；装有两台及以上变压器的变电所，当任意一台变压器断开时，其余变压器的容量应能满足全部一级负荷及二级负荷的需要。

变压器一般采用干式变压器，采用 Dyn11 接线，与低压配电柜并列安装，配置防护罩壳，罩壳门应配有电气联锁装置，外壳面板应设置温度显示控制仪，并具有温度信号通信接口输出功能。

当供电网络的电压偏移不能满足用电设备要求时，宜选用有载调压变压器。

3）低压电器的选择

低压电器除根据额定电压、额定频率、额定电流及保护电器（熔断器、低压断路器）的保护特性选择外，还应按短路工作条件进行选择：

① 可能通过短路电流的刀开关、熔断器和断路器应满足在短路条件下的动、热稳

定要求；

②断开短路电流的熔断器和低压断路器应满足短路条件下的分断能力；

③电器元件还应满足安装环境的使用要求。

4）导体和电器的选择及校验

导体和电器的选择及校验除应符合本电气方案外，尚应符合现行电力行业标准《导体和电器选择设计规程》（DL/T 5222—2021）。

5）无功功率补偿设备的选择

①无功功率补偿一般采用低压静电电容器，电容器应分组，并能根据需要及时投入或退出运行。

②电容补偿宜选用成套电容器柜，并装设专用的控制、保护和放电设备。

③并联电容器及其连接导体应满足所在环境内正常状态、过电压状态和短路状态下的运行要求。电容器组连接导体的长期允许电流应为电容器组额定电流的 1.35 倍，单台电容器导体的长期允许电流不宜小于电容器额定电流的 1.5 倍。

④电容器回路上谐波较大时，宜串联电抗器。

6）电气设备的要求

在爆炸危险环境中，电气系统及所使用电气设备的保护级别应符合现行国家标准《爆炸危险环境电力装置设计规范》（GB 50058—2014）中的有关规定。

7）现场箱柜的选择

安装在变配电室外的现场箱柜一般选择不锈钢材质外壳，腐蚀性气体环境还应根据其防腐等级选用相应的耐腐蚀材料外壳。安装于潮湿环境的电气设备应采取防潮、防凝露措施。

（2）继电保护

继电保护应以选择性、速动性、灵敏性和可靠性为基本目的，按供电部门核准的供电方案、结合短路电流计算确定，一般宜按如下配置。

①进线柜：三相过流、速断、零序。

②出线柜：三相过流、速断、零序。

③变压器出线柜：三相过流、速断、零序、温度。

④母联柜：三相过流、速断。

⑤10kV 电机出线：三相过流、速断、零序、低电压、相电流不平衡及断相、单相接地、温度。

⑥低压电动机设短路、过负荷及断相等保护。

（3）智能配电系统

智能配电是随着技术进步和用户需求提升而出现的一个新的理念，它在传统配电系统基础上集成了计算机、网络、通信、信息、传感、自动控制、电力电子等领域的先进技术，具有数字化、智能化、网络化、融合化特征。集成先进技术的智能化硬件、软件产品是智能配电系统的基本组成要素。

1）智能配电系统的基本架构

智能配电系统都是由底层的智能设备层和上层的监控管理层组成的。近年来随着网络技术、大数据的应用，又增加了云端应用层。

2）智能设备层

智能设备层是智能配电系统的基石，是实现智能化的前提条件。智能设备层由具备通信接口的各种智能电器元件和设备组成，包括智能型断路器、电力仪表、无功补偿装置、滤波装置、微机继电保护装置等电器元件，以及智能型高压、低压开关柜等电气成套设备。智能设备层包含传感单元和执行单元，既可实时地为系统决策提供完整、准确、可靠的数据，又可及时、准确地实施系统下达的各项指令。

作为数据采集者，智能设备层可实时上传设备运行参数（电压、电流、频率、有功功率、无功功率、功率因数、谐波含量等）、设备运行信息（断路器分/合闸状态、手车位置等）、设备整定信息（断路器定值参数等）、设备维护信息（温度、设备型号、序列号、固件版本号等）等。

作为指令执行者，智能设备层可根据监控管理层的指令执行参数设定、定值调整、分/合闸操作等。

3）监控管理层

监控管理层是智能配电系统的核心，是系统的"大脑"，直接影响配电系统智能化水平的高低。监控管理层通常采用模块化设计的软件，结合网络通信技术、计算机控制技术，接收、处理设备层上传的信息，经过处理和数据挖掘并通过画面呈现、控制指令输出、信息提示等方式实现不同的功能。每个软件模块对应的功能不同，因此软件模块的数量和质量是决定配电系统智能化水平的关键。

4）云端应用层

云端应用层通过云端服务平台进行大数据分析、处理，为用户提供高级的决策指导及技术支持。也有一些生产商将监控管理层的功能置于云端，这样可有效降低系统的初期投资和后期的运行维护成本，易于扩展。

5）通信网络

智能设备层与监控管理层之间的数据交换通常采用现场总线或以太网形式。具备RS485接口的电气装置加装通信模块可采用总线连接，通过网关进行协议转换后利用以太网连接至上层系统，具备以太网接口的电气装置加装通信模块可直接连接至上层系统。

在污泥处置项目中，可根据项目规模、投资水平综合考虑采用智能配电系统，不仅有助于提高系统的安全性、可靠性，提高能源利用效率，还有助于提升用户管理水平。

11.1.8　电缆的选择与敷设

（1）电缆的选择

电缆可按如下要求选择。

① 污泥处理处置项目宜采用铜芯电缆。

② 配电电缆和控制电缆的绝缘电压不得低于工作电压，并应满足运行中或故障时的暂态和工频过电压作用的要求。一般宜采用交联聚乙烯绝缘电线、电缆，含有易燃物的车间应采用阻燃或耐火电缆。

③ 1kV 及以下电源中性点直接接地的三相配电回路的电缆芯数配置：a. PE（聚乙烯）线与中性线合用一导体时，应采用四芯电缆；b. PE 线与中性线各自独立时，应采用五芯电缆；c. 受电设备外露可导电部位接地与电源系统接地各自独立时，应采用四芯电缆；d. 受电设备无外露可导电部位时，可采用四芯电缆。

④ 1kV 及以下电源中性点直接接地的单相配电回路的电缆芯数配置：a. PE 线与中性线分开时，应采用三芯电缆；b. 受电设备外露可导电部位接地与电源系统接地各自独立时，应采用两芯电缆；c. 受电设备无外露可导电部位时，可采用两芯电缆。

⑤ 低压直流供电回路宜采用两芯电缆。

⑥ 保护接地线（PE 线）干线采用单芯铜导线时，线芯截面面积不应小于 $10mm^2$；采用多芯电缆的芯线时，其截面面积不应小于 $4mm^2$。

⑦ 电气装置外部的可导电部分不得用作 PE 线。

⑧ 直埋敷设电缆的外护层选择应符合下列规定：a. 电缆承受较大压力或有机械损伤危险时，应有加强层或钢带铠装；b. 在流沙层、回填土层等可能出现位移的土壤中，应有钢丝铠装；c. 白蚁严重危害地区用的挤塑电缆，应选用较高硬度的外护层，也可在普通外护层上包裹较高硬度的薄外护层，其材质可采用尼龙或特种聚烯烃共聚物，也可采用金属套或钢带铠装；d. 地下水位较高的地区，应选用聚乙烯外护层；e. 除上述情况外，还可选用不含铠装的外护层。

⑨ 处在潮湿、含化学腐蚀的环境或易受水浸泡的电缆，其金属层、加强层、铠装上应有聚乙烯外护层，水中电缆的粗钢丝铠装应有挤塑外护层。

⑩ 消防配电线路应满足火灾时连续供电的要求，并应符合下列规定：a. 明敷（包括吊顶内敷设）时，应穿金属导管或采用封闭式金属槽盒保护，金属导管或封闭式金属槽盒应采取防火保护措施；b. 暗敷时，应穿管并敷设在不燃性结构内，且保护层厚度不应小于 30mm；c. 采用阻燃或耐火电缆并敷设在电缆井、沟内时，可不采用金属导管或封闭式金属槽盒保护；d. 采用矿物绝缘类不燃性电缆时，可直接明敷。

⑪ 消防配电线路宜与其他配电线路分开敷设在不同的电缆井、沟内；确有困难需敷设在同一电缆井、沟内时，应分别布置在电缆井、沟的两侧，且消防配电线路应采用矿物绝缘类不燃性电缆。

⑫ 在有发生鼠害或水淹可能的电缆夹层或电缆井、沟内敷设的电缆，宜采用防鼠或防水电缆。

（2）电缆的敷设

电缆的敷设应按如下要求进行。

① 电缆敷设路径的选择：a. 避免电缆遭受机械性外力、过热、腐蚀等危害；b. 满

足安全要求的条件下，应力求电缆路径最短；c. 便于敷设和维护；d. 避开将要挖掘施工的场所；e. 电缆与其他管线的间距应符合现行国家标准《电力工程电缆设计标准》（GB 50217—2018）中的有关规定。

② 电缆在敷设过程中和长期运行时均应满足电缆允许弯曲半径的要求。

③ 变配电室和控制室内电缆一般采用电缆沟方式敷设。车间内电缆一般沿墙桥架敷设，不同电压等级的动力电缆及控制电缆应分层敷设。

④ 室外电缆宜按电缆数量、周边环境选择电缆沟、电缆排管及直埋的敷设方式。室外直埋敷设的电缆，其埋设深度不宜小于 0.7m。当冻土层厚度超过 0.7m 时，应采取防止电缆损坏的措施。室外照明电缆利用厂区电缆沟或采用铠装电缆直埋敷设。

⑤ 穿管敷设的电缆，每根电缆保护管的弯头不宜超过 3 个，直角弯不宜超过 2 个。不能满足要求时应设置电缆管转接设施。

⑥ 电缆在电缆沟内多层支架上敷设：a. 宜按电压等级由高至低，按配电电缆、控制电缆、通信电缆的顺序"自上而下"排列；b. 高压电缆引入盘柜的允许弯曲半径受限制时，可按"自下而上"的顺序排列；c. 在同一工程中应采用相同的排列顺序；d. 当支架层数受限制时，35kV 及以下相邻电压等级的电缆可排列于同一层支架上，1kV 及以下的配电电缆可与控制电缆排列于同一层支架上。

⑦ 电缆沟同一层支架上的电缆敷设与排列应符合下列规定：a. 相同电压等级的控制电缆可紧靠或多层叠置；b. 交流系统采用单芯电力电缆时，同一回路宜采取品字形（三叶形）配置；c. 除采用品字形配置的情况外，配电电缆之间宜留有 1 倍电缆外径的空隙；d. 同一回路的多根配电电缆不应叠置。

⑧ 为一级负荷供电的常用及备用配电电缆不得敷设在同一支架上或同一电缆桥架内。

⑨ 电缆不宜敷设在高温设备和管道的上方，也不宜敷设在具有腐蚀性液体的设备和管道的下方。在隧道、沟、浅槽、竖井、夹层等封闭式电缆通道中，不得布置热力管道，严禁含有易燃气体或易燃液体的管道穿越。

⑩ 与易燃气体输送管道平行敷设的电缆应远离易燃气体输送管道，并符合下列规定：a. 易燃气体比空气的密度大时，电缆宜配置在管道上方；b. 易燃气体比空气的密度小时，电缆宜配置在管道下方；c. 处于爆炸危险环境时，尚应符合爆炸危险环境的相关规定。

⑪ 爆炸危险环境中的配电和控制线路的敷设和安装：a. 电缆敷设位置应设置在爆炸危险性较小的环境或远离释放源；b. 可燃物质比空气的密度大时，电缆应埋地敷设或在较高处架空敷设，且应对非铠装电缆采取穿管、托盘或槽盒等机械性保护；c. 可燃物质比空气的密度小时，电缆应在较低处穿管敷设或在沟内埋砂敷设；d. 电缆及其管、沟穿过不同区域之间的墙、板孔洞处时，应采用不燃性材料严密封堵；e. 电气线路在 1 区、2 区、20 区、21 区内不应设中间接头。

⑫ 电缆沟的纵向排水坡度，不得小于 0.5%；沿排水方向适当距离宜设置集水井及泄水系统，必要时应实施机械排水。

11.1.9 照明

污泥处置厂照明方案应符合现行国家标准《建筑照明设计标准》（GB 50034）和《建筑节能与可再生能源利用通用规范》（GB 55015）中的有关规定。

污泥处置厂的工作场所和主要道路应设置工作照明，事故状态下需要继续工作或安全撤离人员的场所应设置应急照明。

工作照明电源应由污泥处置厂用电系统的 380V/220V 三相四线制系统供电；应急照明可由照明灯具内的可充电电池供电或由应急电源（EPS）集中供电，持续时间不应小于 30min。正常照明灯具安装高度在 2.5m 及以下，且灯具采用交流低压供电时，应设置剩余电流动作保护电器作为附加防护。

三相配电干线的各相负荷宜平衡分配，最大相负荷不宜大于三相负荷平均值的 115%，最小相负荷不宜小于三相负荷平均值的 85%。

有天然采光的场所，其照明应根据采光状况和建筑使用条件采取分区、分组、按照度或按时段调节的节能控制措施。各工作场所最低照度应符合表 11-4 中的规定。

表 11-4　污泥处置厂各工作场所最低照度　　　　　　　　单位：lx

工作场所	工作面名称	规定照度的被照面	工作照明	应急照明
泵房、风机房	设备布置和维护区域	离地 0.8m 水平面	100	15
中控室	操作台	控制台水平面	300	30
机柜间、控制屏	屏前屏后	离地 0.8m 水平面	150	15
高低压配电间	设备布置和维护区域	离地 0.8m 水平面	200	20
变压器室	—	离地 0.8m 水平面	100	15
脱水机房	设备布置和维护区域	离地 0.8m 水平面	150	15
加药间	设备布置和维护区域	离地 0.8m 水平面	150	15
污泥深度减量车间	设备布置和维护区域	离地 0.8m 水平面	150	15
主要楼梯和通道	—	地面	50	1.5
室外场地	—	地面	50	—
室外道路	—	地面	10	—

注：1lx=1lm/m²。

对于值班室、配电室、控制室等场所主要采用荧光灯照明的方式，配电室柜后加装墙上壁灯，但变压器、配电装置和裸导体的正上方不应布置灯具。各车间通常采用工厂配照型灯具，光源采用节能灯或与 LED 灯结合的方式。室外道路、广场等露天工作场所面积较大时，宜采用广照型高杆灯照明，灯具防护等级不低于 IP54。

潮湿环境中应采用防潮型灯具或带防水灯头的开启型灯具，腐蚀性气体环境中应采用防腐型灯具，爆炸危险环境中的照明灯具应符合现行国家标准《爆炸危险环境电力装置设计规范》（GB 50058—2014）中的有关规定。

照明配线应采用铜芯塑料绝缘导线穿管敷设，每管中不宜超过 6 根导线。敞开式照明灯具灯头距地面安装高度应大于 2.5m。爆炸危险环境中的照明配线应采用铜芯电缆或电线，其额定电压不得低于工作电压，中性线的额定电压应与相线电压相等，并应在同一保护套或保护管内敷设，穿低压流体输送用镀锌焊接钢管明敷。

11.1.10 防雷和接地

（1）防雷

1）建筑物防雷

污泥处置厂各建筑物防雷分类及防雷措施应符合现行国家标准《建筑物防雷设计规范》（GB 50057—2010）中的有关规定。厌氧消化工艺中，沼气燃烧器应按第一类防雷建筑做防雷设计，厌氧消化池、沼气柜和发电机房应按第二类防雷建筑做防雷设计。

各厂房建筑屋顶避雷采用屋顶明敷接闪器的方式，屋面突出的金属构件均应与接闪器可靠相连。利用建筑物结构柱内主筋作防雷引下线，利用基础梁的主筋作接地连接线形成自然接地体，无基础梁部位用 40mm×4mm 镀锌扁钢与作接地连接线的基础梁主筋相焊接，有引下线的柱基做接地极的柱基。所有与建筑物组合在一起的外露可导电金属件都应等电位连接在一起，并与防雷装置相连，如金属立面、柱内钢筋和金属门窗框架等。

2）浪涌保护

所有进出防雷保护区的金属线路，应加装防雷保护器，保护器都应可靠接地，并应符合下列规定：

① 在电气接地装置与防雷接地装置共用或相连的情况下，应在低压电源线路引入的总配电箱、配电柜处装设Ⅰ级试验的电涌保护器。电涌保护器的电压保护水平值应小于或等于 2.5kV。当无法确定每一保护模式的冲击电流值时，应取等于或大于 12.5kA。

② 当 Yyn0 型或 Dyn11 型接线的配电变压器设在本建筑物内或附设于外墙处时，应在变压器高压侧装设避雷器；在低压侧的配电屏上，当有线路引出本建筑物至其他有独自敷设接地装置的配电装置时，应在母线上装设Ⅰ级试验的电涌保护器，当无法确定电涌保护器每一保护模式的冲击电流值时，应取等于或大于 12.5kA；当无线路引出本建筑物时，应在母线上装设Ⅱ级试验的电涌保护器，电涌保护器每一保护模式的标称放电电流值应等于或大于 5kA。电涌保护器的电压保护水平值应小于或等于 2.5kV。

电涌保护器的后备保护宜采用电涌保护器（SPD）专用后备保护器（SCB）。

当电源接入控制设备或通信设备机柜时，应设置电涌保护装置。当通信电缆接入通信机柜时，应设置与通信端口工作电平相匹配的电涌保护装置。当信号电缆接入控制机柜时，宜设置与信号工作电平相匹配的电涌保护装置。控制器和检测仪表的电源、4 ～ 20mA DC（直流）信号、脉冲信号电缆跨越防雷保护区时，在现场仪表端和就地控制站侧端口上必须配置防雷保护器。

（2）接地

污泥处置厂电气与自动化系统应设有工作接地、保护接地和防雷接地。防雷接地与交流工作接地、直流工作接地、安全保护接地宜共用一组接地装置时，接地装置的接地电阻值应按接入设备中要求的最小值确定。

接地装置应优先利用建筑物的主钢筋作为自然接地体，当自然接地体的接地电阻达不到要求时应增加人工接地体。

变电所的接地装置，除利用自然接地体外，还应敷设人工接地网。对 10kV 及以下变电所，当采用建筑物的基础作为接地体能够满足接地电阻要求时，可不另设人工接地体。

人工接地体的材料可采用水平敷设的镀锌圆钢、扁钢及垂直敷设的镀锌角钢、圆钢等。接地装置的导体截面，应符合热稳定与均压的要求，钢接地体和接地线的最小规格应符合表 11-5 的规定。

表 11-5　钢接地体和接地线的最小规格

类别	地上	地下
圆钢直径 /mm	8	10
扁钢截面积 /mm^2	48	48
扁钢厚度 /mm	4	4
角钢尺寸 /mm	25×2.5	40×4
钢管尺寸	Φ25，b=2.5mm	Φ40，b=3.5mm

注：表中 b 为钢管管壁厚度。

（3）等电位连接

污泥处置厂各车间必须做等电位连接。

各电气设备的接地线应直接连接到接地干线上，严禁将设备的接地线串联接地，严禁将电气设备外露可导电部分和外界可导电部分用作接地中性导体。沼气管道和沼气柜必须设置静电接地。下列装置的金属外壳或外露导电部件应做等电位连接：

① 变压器、电机、手握式及移动式电器；

② 屋内和屋外配电装置金属构架、钢筋混凝土构架等；

③ 配电屏、控制屏（台）、仪表盘（箱）的框架；

④ 电缆的金属外皮及电缆的接线盒和终端盒；

⑤ 配电线路的金属保护架、保护管、电缆支架、电缆桥架、母线槽。

11.1.11　电力监控系统

大中型污泥处置厂宜设置电力监控系统。电力监控系统应能够实时监测和控制供电系统设备的运行，高压变配电设备、变压器、低压配电设备和直流设备的监控内容和接口信号应分别符合表 11-6 ～表 11-9 的规定。

表 11-6　高压变配电设备的监控内容和接口信号

序号	信号名称	信号方向	点数	进线柜	母联柜	电压互感器柜	馈线柜	电动机控制柜	变压器保护柜	补偿电容器柜
1	主开关合、分位置	上行	2	√	√	—	√	√	√	—
2	本地、远程操作位置	上行	2	☆	☆	—	☆	☆	☆	—
3	主开关合、分操作	下行	2	☆	☆	—	☆	☆	☆	—
4	主开关跳闸	上行	1	√	—	—	√	√	√	—
5	熔断器熔断	上行	1	—	—	△	△	△	△	△
6	电压	上行	3	—	—	√	—	—	—	—
7	电流	上行	3	√	—	—	√	—	—	√
8	手车或隔离开关位置	上行	2	√	√	—	√	√	√	—
9	接地开关合、分位置	上行	2	△	△	△	△	△	△	—
10	失压	上行	1	☆	—	—	—	—	—	—
11	二次回路故障	上行	1	☆	☆	—	☆	☆	☆	—

注："√"表示基本设置，"△"表示选择设置或有此装置时设置，"☆"表示需远程操作时设置，"—"表示不作要求。

表 11-7　变压器的监控内容和接口信号

序号	信号名称	信号方向	点数	进线柜	母联柜	电压互感器柜	馈线柜	电动机控制柜	变压器保护柜	补偿电容器柜
1	变压器温度	上行	1	—	—	—	—	—	△	—
2	变压器高温报警	上行	1	—	—	—	—	—	√	—
3	变压器高温跳闸	上行	1	—	—	—	—	—	√	—
4	变压器风机启、停	上行	2	—	—	—	—	—	√	—
5	补偿电容器高温	上行	1	—	—	—	—	—	—	△

注："√"表示基本设置，"△"表示选择设置或有此装置时设置，"—"表示不作要求。

表 11-8 低压配电设备的监控内容和接口信号

序号	信号名称	信号方向	点数	进线柜	母联柜	补偿电容器柜	主要馈线回路	电动机控制柜
1	断路器合、分位置	上行	2	√	√	—	√	√
2	本地、远程操作位置	上行	2	☆	☆	—	☆	☆
3	断路器合、分操作	下行	2	☆	☆	—	☆	☆
4	断路器跳闸	上行	2	√	√	—	√	√
5	综合电量	上行	2	√	—	—	△	△
6	电压	上行	3	√	—	—	—	—
7	电流	上行	3	√	—	√	√	√
8	功率因数	上行	1	—	—	—	√	—
9	二次回路故障	上行	1	☆	☆	—	☆	☆

注:"√"表示基本设置,"△"表示选择设置或有此装置时设置,"☆"表示需远程操作时设置,"—"表示不作要求。

表 11-9 直流设备的监控内容和接口信号

序号	信号名称	信号方向	点数	进线柜	母联柜
1	故障报警	上行	1	√	√
2	绝缘监测	上行	1	√	√
3	远程维护	下行	1	☆	☆
4	熔断器检测	上行	2	△	△
5	电压	上行	1	√	√
6	电流	上行	1	√	—

注:"√"表示基本设置,"△"表示选择设置或有此装置时设置,"☆"表示需远程操作时设置,"—"表示不作要求。

高压变配电设备宜设置综合保护测控单元,低压进线柜、各系统及重要单体设备配电回路宜设置智能化数字检测和显示仪表,均以数据通信接口连接全厂自控系统。各数字仪表宜采用相同的通信接口和协议。

UPS/EPS 设备的监测内容应包括旁路运行状态、逆变供电状态、充电状态、故障报警状态等。

供配电系统实施远程操作时,应具有硬件和软件的联锁保护。供配电系统设备应能够提供完整的基本操作保护和联锁,避免任何不满足基本操作保护和联锁条件的上位操作。

电力监控的显示和操作界面应以图形及数字方式表示供配电系统的工况和运行参数。界面内容应包括各变电所的高压系统图、低压系统图、母线参数表、开关参数表、变压器参数表、故障报警清单等图形和表格。变配电系统设备的不同工况应在电力监控界面上以不同的图形和颜色表示,电流、电压、功率、功率因数等电气参数均应有数字显示。

11.2 自控方案

11.2.1 基本原则

自动控制系统以适用、可靠、先进、经济为基本原则,充分考虑处理规模、工艺特点等综合因素,对污泥处置过程进行实时监测和控制,保证工程处理品质和安全生产,降低运行成本,以获得良好的经济技术效益。

自控系统能够监视与控制全部工艺过程及其相关设备的运行,能够监视供电系统设备的运行。

合理配置系统拓扑结构和各级之间的数字化通信网络,注重系统的开放性、可靠性、灵活性、远期可扩展性等。结合使用现场总线控制系统技术,合理选用带现场总线接口的智能化仪表,提高系统的开放性、准确性和可靠性,丰富系统功能,节约维护成本。

11.2.2 自控系统

(1)设备控制要求

自控系统一般通过设备控制箱(柜)实现对设备的状态监视和运行控制。污泥处置厂应设置基本控制(设备层)、现场控制站控制(控制层)、中控室控制(信息层)三个层次。设备的控制优先级由高至低依次为:基本控制、现场控制站控制、中控室控制。较高优先级的控制可屏蔽较低优先级的控制,如图 11-1 所示。

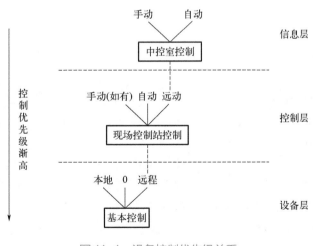

图 11-1 设备控制优先级关系

0—停止位

基本控制应提供独立于自控系统之外的设备基本操作和保护,能直接控制设备运行。一般采用设备机旁控制(按钮)箱手动控制,设备机旁控制(按钮)箱应能显示设备运行状态和报警。

现场控制站可提供手动、自动、远动三种控制方式：

① 手动：在设有触摸屏的现场控制站（如工艺设备厂家成套 PLC 站）上，可通过触摸屏手动控制设备的运行。

② 自动：可根据工艺参数自动控制设备的运行，不需要人工干预。

③ 远动：接受中控室或上级监控中心的控制。

现场控制站应根据工艺要求设置预定逻辑，并根据预定逻辑实现服务区域内设备的联动、联锁和保护控制。

中控室的操作界面上应能够进行机电设备的运行监视和控制，并能够逐一或成组地控制机电设备的运行，完成生产调度和控制。中控室控制通过现场控制站执行。

（2）核心控制系统选型

污泥处置包含多种工艺，对于控制系统的选择，需要针对工艺作出相应选择：

① 如污泥脱水工艺、好氧发酵工艺单体设备较多，紧急停机时对整个工程系统不会构成重大事故影响，因此选择 PLC 更经济实用。

② 厌氧系统有一定工厂体量，且沼气发电如参考火电厂发电标准应选择 DCS（分布式控制系统）。但同样，厌氧系统紧急停机时亦不会对人身及设备造成不可挽回的重大事故，沼气发电也属于本企业内部用电，同样也可以选择配置安全系统的 PLC，选型时可根据实际设计要求和用户习惯进行选择。

③ 污泥干化、焚烧、炭化要考虑设计体量和建设标准，中小型的工艺应选择 PLC，大型工艺应选择 DCS。

（3）自控系统功能及组成

自动控制系统应具有以下主要功能：

① 数据采集：采集全厂各个生产过程的工艺参数、用电设备运行状态和电气参数等信息。

② 生产过程监视功能：通过监控管理计算机动态显示全厂平面图、全厂工艺总流程图、局部工艺流程图、供电系统图，以及工艺参数、电气参数、电气设备（如机泵）运行状态、事故报警显示的各种数据图表。

③ 控制功能：操作员通过操作站可用键盘或鼠标对有关设备进行手动操作（如闸门的启闭机操作）。控制系统对工艺过程和控制设备按运行程序要求自动进行控制与调节，各个自动运行程序的工艺参数、控制参数均可以设定。

④ 报警功能：系统对生产状况实时数据进行监控分析，以在工艺过程中设备发生故障时发出警报，显示故障点和故障状态，按照报警等级做出相应反应，记录故障信息。提供的报警日志可以记录事件、信息和报警，并且可以根据要求对相应内容进行归档，触发相应操作等。

⑤ 安全操作功能：提供的用户管理器允许设置用户权限，针对不同的操作者设置

相应的加密等级，记录操作员及操作信息。

⑥ 数据管理功能：根据采集到的信息建立各种信息数据库，保存工艺参数、电气参数和设备运行数据、控制数据、报警数据、故障数据，自动生成历史数据库，并对各类工艺参数做出趋势曲线（历史数据），完成数据传送和报表打印。

根据以上功能需求，自控系统具体组成应包括中央监控级、现场控制级、自控通信网络及软件系统。

1）中央监控级

中央监控级一般位于中央控制室内。设置 2 ~ 3 套中央监控计算机作为中央监控 SCADA（监控与数据采集系统）客户机（其中 1 套作为工程师站兼做备用操作员站），对工艺流程进行监控操作。设置 1 套历史数据服务器，对历史数据进行压缩、存储和管理。

工程师站是系统的维护中心，也可作为操作员站使用。工程师站负责配置系统硬件，形成控制策略，将生成的各类组态信息下载到操作员站或现场控制站，使系统成为具有特定功能的监控系统。在系统运行过程中，工程师还可在工程师站在线调试系统状态参数，在线修改控制参数等。

操作员站是运行人员与系统进行交互的平台。运行人员通过操作员站可监视各种动态画面、参数趋势图、历史趋势图及报警画面，生成报表并打印。运行人员也可以通过操作员界面对生产过程参数进行设定，对设备进行控制操作。

历史数据服务器通过数据库软件记录实时过程的数据，对其进行存档、数据查询、事故分析和系统建模等。

中控室还应设置打印机，用于日常报表打印。

2）现场控制级

现场控制级由现场控制站组成，一般设置在配电室或控制室内，与相关的电气 MCC（任务控制中心）柜相邻。在位置选择上应注意避免下列场合：

① 腐蚀、潮湿和易燃易爆场所；

② 有大量灰尘、盐分的场所；

③ 太阳光直射的场所；

④ 直接振动和冲击的场所；

⑤ 强磁场、强电场和有辐射的场所；

⑥ 厕所、浴室或其他经常积水场所的正下方或贴邻处；

⑦ 地势低洼和可能积水的场所。

由于污泥处置各工艺设备本身的操作复杂性，以及成套装置内部各设备的相互关联性，多数污泥处置工艺单元控制系统宜由设备配套供应，各工艺单元主控制系统作为现场控制主站接入自控环网交换机。常规成套设备控制系统包括污泥脱水成套控制系统、污泥厌氧消化控制系统、污泥焚烧控制系统、污泥干化炭化控制系统等。

一般各控制站包含 1 套 [也可根据工艺需求设置若干就地 PLC 站或远程 I/O（输入 / 输出）] 可编程序控制器（含机架、控制器、电源、I/O 模块、通信模块等），1 套现场交换机，1 套 UPS 电源及 1 套过电压保护装置。

各工艺单元控制站品牌一致，且全厂应统一通信协议。通信协议应优先采用 EtherNet/IP、PROFINET 或 Modbus TCP。控制站应预留不少于 20% 的备用 I/O 点数，备用点需配备完整的继电器、隔离器、配线和连接端子。控制站 AI/AO（模拟量输入 / 模拟量输出）信号应采用信号隔离器隔离，DO（数字量输出）信号应采用继电器隔离。

3）自控通信网络

中央监控级一般采用 1000M 光纤快速工业以太网，组成环形网络结构。1000M 光纤快速工业以太网传输距离远和网络速度快的特性，适应了中央监控级覆盖全厂地域的特点和大数据量交换的要求。环形的通信网络避免了单一点故障带来的系统失效，大大提高了其可靠性。

现场控制站和远程 I/O 以及成套设备控制系统之间通过百兆（100M）工业以太网相连，并可以简化现场设备之间的互联，节省电缆工程量。灵活的拓扑形式和开放的网络协议有利于系统扩展。

4）软件系统

常规自控系统选配的软件包括以下主要内容：实时多任务、多用户系统的 Windows NT 网络操作系统；工业实时监控组态软件开发版、运行版和监控版；工业历史数据库软件；通信软件；Web 发布软件；可编程控制器专用软件；现场总线组态软件（按需配置）；标准工业控制、专用污泥处置过程控制图形库；应用软件，包括污泥处置厂监控管理软件等。

5）自动控制系统设备控制方式

各设备的控制方式与电气设计统筹考虑，控制权限由高至低分别为：机旁手动控制、就地 PLC 程序控制、中央控制。每一级控制均设置转换开关，进行控制方式选择。

机旁手动控制是在设备控制箱（柜）不在设备附近时，通过安装在设备附近的按钮箱实施手动控制。当设备控制箱（柜）布置在设备旁时，该级控制可省略。

就地 PLC 程序控制是通过各工艺单元现场控制级实施设备控制，该控制方式下可通过人机界面选择就地程序，包括软手动控制和就地程序自动控制两种方式。其中就地程序手动控制可通过现场控制站的操作界面实施手动控制，就地程序自动控制由厂区自控系统根据仪表检测数据、设备状态等参数以及预先编制好的程序进行自动控制，无须人工干预。

中央控制是在中央监控级通过中央监控计算机操作界面完成调度和控制。在该控制模式下，厂内各设备的基本联动、联锁和保护控制亦由现场控制提供并完成。

11.2.3 视频监控系统

为直观地观察污泥厂内各设备的运行情况，进一步丰富中央监控级功能，给调度管理提供直观的图像信息，污泥厂应建立一套视频监视系统，由前端视频采集系统、数据传输系统、终端显示管理系统三部分组成。

1）前端视频采集系统

前端视频采集系统主要由监控摄像机以及相关辅助配套设备组成，负责完成视频图像的采集工作。采用先进的网络摄像机，视频图像和控制信号在网络摄像机内进行压缩和数字化后直接就近接入工业以太网交换机。

2）数据传输系统

数据传输系统主要包括工业以太网交换机（带电口及光口）、视频前置箱以及视频监视专用光纤以太网等。网络摄像机的图像/控制数字信号送入就近视频前置箱内工业以太网交换机的电口，并通过工业以太网交换机将电信号转换成光信号后由视频监视专用 1000M 光纤工业以太网传输至终端显示管理系统。

完全独立于厂区自控系统光纤工业以太网的视频监视专用 1000M 光纤工业以太网，避免了大流量视频数据对自控系统实时性和可靠性产生的影响。

3）终端显示管理系统

终端显示管理系统设置于中央控制室，主要由网络硬盘录像机、数字解码器（数字视频矩阵）、控制键盘、监视器及视频管理计算机等组成。来自前端设备的视频信号均接入网络硬盘录像机，由网络硬盘录像机负责对监控画面进行实时录像保存，图像保存时间不短于 30d。数字解码器（数字视频矩阵）可实时对网络摄像机编码的图像进行解码并输出至显示系统。操作人员可以通过主控键盘以及视频控制计算机控制前端摄像机动作，控制数字解码器（数字视频矩阵）切换，并控制网络硬盘录像机显示、录像以及回放。

11.2.4 系统电源

自控系统的高效、安全运行离不开可靠、完善的电源系统。为此，一般需要设置在线式 UPS 作为后备电源，供电时间不少于 30min，供电范围内至少应包括下列设备：

① 中控室计算机及其网络系统设备（大屏幕显示设备除外）；

② 通信设备；

③ PLC 站及其接口设备；

④ 仪表、视频监控及报警设备等。

UPS 应采用在线隔离型，电池应为免维护铅酸蓄电池，负荷率应不超过 75%。

11.2.5 电缆选型与敷设

自控系统及仪表应根据不同的功能和安装环境进行选择：

① 仪表电源电缆：控制电缆；

② 仪表信号电缆：计算机专用屏蔽电缆；

③ 设备状态信号电缆：屏蔽控制电缆；

④ 设备控制电缆：控制电缆；

⑤ 控制站电源：动力电缆；

⑥ 火灾报警总线电缆、应急广播电缆、消防专用电缆：阻燃控制电缆；

⑦ 火灾自动报警系统动力电缆、消防联动控制电缆：耐火控制电缆；

⑧ 监控计算机网络：屏蔽双绞线；

⑨ 现场控制网络：光纤；

⑩ 就地控制网络：光缆、特殊电缆（两端带浪涌抑制器）。

仪表控制电缆敷设要求参考电气电缆，敷设路径选择尽量与电气电缆一致，以电缆沟和桥架为主，局部穿保护钢管暗敷。沿电缆沟敷设时，强、弱电的电缆应分不同的电缆通道，与电气电缆共用电缆桥架时，桥架中间应加隔板，不与电气电缆共管敷设。

11.2.6 防雷和接地

（1）防雷

为确保自控仪表系统能够稳定运行，免受雷电等过电压的冲击，应设置防过电压保护系统。由室外引入室内的电源电缆、金属介质通信总线、信号电缆、视频电缆等均在进户处装设过电压保护装置，抑制暂态浪涌电压，泄放暂态浪涌电压能量，保证设备免受过电压的干扰和侵害。

（2）接地

除特殊注明或有特殊接地要求的仪表外，自控仪表系统与电气共用接地系统，要求接地电阻 ≤ 1Ω，达不到要求时应增加接地极数量或采用降阻措施。

现场仪表的工作接地一般应在 PLC 柜或控制室侧实施，并应单点接入接地系统。对于必须在现场接地的现场仪表应在现场侧接地。

其他自控系统设备的防雷与接地应符合现行国家标准《建筑物电子信息系统防雷技术规范》（GB 50343—2012）中的有关规定。

11.3 常用仪表

11.3.1 仪表分类

根据前述章节介绍，污泥处理处置从脱水预处理、好氧发酵、厌氧消化到焚烧、干化炭化，所涵盖的工艺分散且门类跨度较大，生化反应工艺流程更接近污水处理过程，热工处置工艺流程上更接近石化冶金过程。因此，在涉及污泥处理处置方面的仪表选择上也较为宽泛，体现出了其特有的工艺特点。

仪表按污泥工艺特性可以分为三类：通用类仪表、生化类分析仪表（简称生化类）和热工分析仪表（简称热工类）。本章将在污泥仪器仪表的原理、使用方面，一一对各个类别仪表做详细介绍，表11-10是通常用于污泥处理的仪器一览表。

表 11-10　污泥处理仪器一览表

仪表名称	测量参数	测量原理	归属类型	适用工艺场合
热电偶	温度	热电效应	热工类	干化、炭化、焚烧等高温炉窑管道工艺
热电阻	温度	热电阻	通用类	300℃以下的通用工艺
压力变送器	压力	应变	通用类	通用工艺
差压式流量计	流量	伯努利原理	通用类	通用工艺
容积式流量计	流量	体积计量	通用类	精确计量成本场合，如天然气、PAM、油品等
电磁流量计	流量	电磁感应	通用类	通用工艺
超声波流量计	流量	多普勒原理	通用类	多用于冷却水测量
面积式流量计	流量	多种组合	生化类	渠道进出水测量
质量流量计	流量	科氏力效应	通用类	有机介质、气体精确测量
差压液位计	物位	液体压头公式	通用类	通用工艺
超声波物位计	物位	声纳反射	生化类	表面没有泡沫的液体、灰尘较少的固体
雷达物位计	物位	雷达波反射	热工类	可适应有一定泡沫的液体、一定尘灰的固体
电容式物位计	物位	容阻	通用类	接触液位、接触物位
pH计	pH值	电化学	生化类	污泥储存、脱水、好氧厌氧处理等生产工艺
悬浮物浓度计	液体浓度	光折射强度	生化类	污泥储存、脱水、好氧厌氧处理等生产工艺
泥层界面仪	液体浓度	声波反射	生化类	多用于污泥存储工艺
管道浓度计	液体浓度	微波相位差	生化类	污泥储存、脱水、好氧厌氧处理等生产工艺
水质成分在线分析仪	氨氮、氯离子、磷酸盐等	化学法、分光法	生化类	多用于污泥成分分析
氧分析仪	氧浓度	激光法	热工类	干化、炭化、焚烧等中的氧气安全检测仪表

仪表名称	测量参数	测量原理	归属类型	适用工艺场合
工业色谱仪	CO、CH$_4$、H$_2$S 等	激光法	热工类	多用于烟气成分分析
工业水分仪	湿度	激光法	热工类	干化、炭化、焚烧等中的湿度安全检测仪表
颗粒浓度仪	含尘量	电化学	热工类	干化、炭化、焚烧等中的含尘安全检测仪表

11.3.2　热电偶

热电偶是热工上最常用的温度检测元件之一，其有以下优点：

① 测量精度高。因热电偶直接与被测对象接触，所以不受中间介质的影响。

② 测量范围广。常用的热电偶在 -50 ～ 1600℃之间均可连续测量。

③ 构造简单，使用方便。热电偶是由两种不同的金属丝组成的，而且不受大小和形状的限制，外有保护套管，安装使用非常方便。

热电偶的基本测温原理是将两种不同材料的金属 A 和 B 焊接起来，形成一个闭合回路。当 A 和 B 存在温差时，两者之间便产生电动势，从而在回路中形成电流，这种现象称为热电效应。热电偶就是利用热电效应来指示温度的。

污泥干化、炭化、焚烧等高温加热场合使用最多的热电偶为 K 型热电偶，精确检测范围在 400 ～ 1250℃，其次为 T 型热电偶，主要用于烟气测温，精确检测范围在 200 ～ 400℃。热电偶在接入控制系统中时要注意冷端补偿以及补偿导线补偿。在使用热电偶补偿导线时必须注意型号相配，极性不能接错。常用的铠装热电偶如图 11-2 所示。

图 11-2　铠装热电偶外观图

11.3.3　热电阻

热电阻是中低温区最常用的一种温度检测器。它的主要特点是测量精度高，性能稳定。其中铂热电阻的测量精度是最高的。它不仅广泛应用于工业测温，而且还被制成标准的基准温度计。IPTS-68（国际实用温标）中规定，-259.34 ～ 630.74℃温域内以铂电阻温度计作为基准仪。

热电阻测温是基于金属导体的电阻值随温度的增加而增加这一特性来进行温度测量的（电阻的阻值与温度符合一元二次函数）。为了便于工程计量人员校核与使用，这种分度关系被制成常见易用的电阻分度表。

污泥处理的各类常见低温场合（-50～300℃）均可采用热电阻进行温度检测。由于被测温度的变化是直接通过热电阻阻值的变化来测量的，因此，热电阻体的引出线等各种导线电阻的变化会对温度测量带来影响。为消除引出线电阻的影响，一般采用三线制或四线制的电桥平衡接法。

热电阻的二线制、三线制、四线制接法如图 11-3 所示。

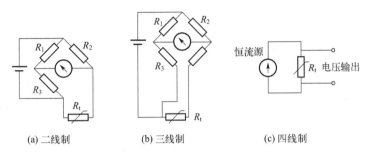

(a) 二线制　　　　(b) 三线制　　　　(c) 四线制

图 11-3　热电阻接线图

11.3.4　压力变送器

压力变送器是使用最广泛，也是工业生产上应用最成熟的仪表之一。从压力测量原理可分为应变式、气膜式、电阻式、电容式、电感式和振频式等。经过长久的应用迭代，应变式压力变送器因其精度高、质量稳定逐渐脱颖而出，成为工业应用领域中的主流仪表。

压力变送器的核心元件是压力传感器，应变式压力传感器是把压力转换成电阻值的变化来进行测量的。应变片是由金属导体或半导体制成的电阻体，其阻值随压力所产生的应变而变化。

在污泥处理中的一般场合，选用普通的压力变送器即可。对于干化、炭化、涉及可燃性气体的防爆场合，可选用隔爆型压力变送器；对于对炉压控制有需求的场合，一般采用微差压变送器；对于黏稠、易堵、易结晶和腐蚀性强的测量介质，宜选用带法兰的膜片式压力变送器。

压力变送器的外观如图 11-4 所示。

图 11-4　压力变送器外观图

11.3.5　差压式流量计

差压式流量计实际上是压力变送器配套节流装置的组合，用来测量气体、液体流量。这种测量方式仍是工业生产中应用最广泛的一种流量检测仪表。目前市面上有各种各样的节流装置，也形成了各种各样的差压式流量计，包括常规的孔板流量计、喷嘴流量计、文丘里管流量计,还有变种的德尔塔巴流量计、威力巴流量计、V锥流量计。它们之间各有优势和不足,但万变不离其宗,原理上都是通过节流口的伯努利公式计算。

常用的、具有代表性的流量计为孔板流量计,其测量范围宽、数值稳定,在常规的气体检测场合使用为最广泛。但其弊端是压损较大,需要的安装直管段较长。而另外一类具有代表性的德尔塔巴流量计、威力巴流量计则克服了这些缺点,压损较小、精度高,对直管段要求也很低。但是同样有适用性问题,节流孔小且易堵,无法适应恶劣的工况,且要求气体有一定的流速,对于过小的流速无法进行检测。其他节流装置的特点介于它们之间,具体仪表选型时需结合实际工况,因地制宜地进行选择。

在污泥处理中的一般场合,主要用于测量各类气体流量,如热风、烟气、热解气等。对于内部环境较为恶劣的部分,如热解气发生管道,应采用环形孔板。污泥流量、冷却水流量一般不采用孔板流量计测量,一方面是由于其压损较大,另一方面,相比于其他原理的流量计而言,孔板流量计的流量测量精度还有明显的不足。

差压式流量计的原理如图 11-5 所示。

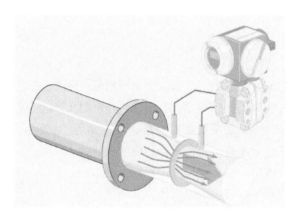

图 11-5　差压式流量计原理图

11.3.6　容积式流量计

容积式流量计大部分用来测量不含固体杂质液体的流量,如油类、冷凝液、树脂和液态食品等黏稠流体。对于高黏度介质的流量,其他流量计很难测量,而容积式流量计却能精确测量,精度可达 ±0.2%。常用的容积式流量计有椭圆齿轮流量计、腰轮流量计、活塞式流量计、刮板式流量计、圆盘式流量计及皮囊式流量计等。腰轮式流量计和皮囊式流量计可用来测量气体流量。

容积式流量计的测量原理较为直观。以齿轮流量计为例:它的测量部分是由两个互相啮合的圆形齿轮构成的,当被测流体流过齿轮流量计时,将带动齿轮旋转,齿轮每旋转一周,就有一定数量的流体流过仪表,只要用传动及累积机构记录下齿轮的转数,就能知道被测流体流过的总量。

容积流量计无法适应杂质多、恶劣的工业环境，若这种工况下强行使用，极易造成损坏，但因其精度较高，常常用于无污染、介质单一的厂内天然气、PAM、油品的前端计量，作为成本核算的依据。

容积式流量计的测量原理如图 11-6 所示。

图 11-6　容积式流量计测量原理图

P_1—被测介质入口压力；P_2—被测介质出口压力

11.3.7　电磁流量计

电磁流量计是利用电磁感应原理制成的流量仪表，可用来测量导电液体的体积流量（流速）。变送器几乎没有压力损失，内部无活动部件，采用涂层或衬里可解决腐蚀性介质流量的测量。检测过程中不受被测介质的温度、压力、密度、黏度及流动状态等变化的影响，没有测量滞后现象。由于其诸多优点和适用性，电磁流量计目前也成为工业生产中电解质流体应用的首选。

电磁流量计是电磁感应定律的具体应用，当导电的被测介质垂直于磁力线方向流动时，在与介质流动和磁力线都垂直的方向上会产生一个感应电动势。通过电磁公式就可以推导出，感应电动势与流量成正比。这样，测量电动势即可通过模数转换后表达当前流量值。

当然，电磁流量计的应用工况同样有一定的局限性。首先，它不能用来测量气体、非导电流体；其次，电磁流量计的测量温度一般≤120℃；再次，电磁流量计在安装时需要一个较长的直管段，以防止局部产生湍流、不满管的状态。

电磁流量计的测量原理如图 11-7 所示。

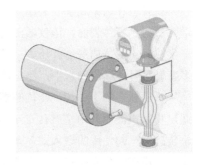

图 11-7　电磁流量计测量原理图

11.3.8　超声波流量计

超声波流量计的主要特点是安装便携，流体中无须插入任何元件，对流速无影响，也没有压力损失，可用于任何液体，特别是具有高黏度、强腐蚀、非导电性等性能的液体流量测量。同样也能测量气体流量，对于大口径管道的流量测量，不会因管径大而增加投资，量程比较宽。但其缺点同样突出：当被测液体中含有气泡或有杂音时，将会影响声的传播，降低测量精度；超声波流量计同样需要一个较长的直管段，局部产生的湍流、不满管直接影响它的测量。

大部分超声波流量计的测量原理为多普勒原理：超声波发射器为一固定声源，随流体一起运动的固体颗粒起到了与声源有相对运动的"观察者"的作用，把入射到固体颗粒上的超声波反射回接收器。发射声波与接收声波之间的频率差，就是由于流体中固体颗粒运动而产生的声波多普勒频移，这个频率差正比于测量的流量。

超声波流量计在工业生产中应用较少，主要的原因在于工业生产中各类设备管道的噪声振动不可避免。其主要的应用场合在于流态较为平稳的工业冷却水管道，或便携式的超声波流量计用于实验室校验标定。

多普勒超声波流量计的测量原理如图 11-8 所示。

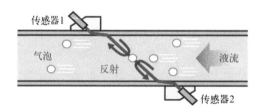

图 11-8　多普勒超声波流量计测量原理图

11.3.9　面积式流量计

面积式流量计可连续测定两个液位值和流速，从而计算出明渠和管道中的流体体积。因此，这种流量计特定地用于沟渠中的流量测量。

在管道和明渠底部安装超声或压力传感器来测量液位。传感器将超声波脉冲经水输送并反射到液体表面，该仪器测定回声返回至传感器所耗时间，基于声音在水中的传播速度测算出液位的深度。压力式液位仪将传感器感应头的压力转换为液位值。将超声波多普勒信号连续注入水中，测出流体速度。

一个独立的下视超声波传感器，可交替用于高度曝气液体或紊流液的液位测量。它通过将超声波脉冲由空气传送至液体从而测量出液位，其精确度范围为 ±0.25%。与液位传感器一起使用的浸入式多普勒速度传感器可用来测量水的流速。大多数的面积式流量计可用在部分充满和过载管道以及矩形、梯形和椭圆形明渠上。

11.3.10　质量流量计

在精确控制与计量的场合，除设置容积式流量计计量外，控制上往往会设置质量流量计。质量流量计有以下特点：

① 对示值不用加以理论或人工经验的修正。

② 输出信号仅与质量流量成比例，而与流体的物性（如温度、压力、黏度、密度、雷诺数等）无关。

③ 与环境条件（如温度、湿度、大气压等）无关。

④ 只需检测处理一个信号（即仪表的输出信号），就可进行远传和控制。质量流量计有很多种，如热力式、科氏力式、差压式、推导式质量流量计等。其中，科氏力质量流量计是目前应用最多、发展最快的一种。这里主要介绍科氏力质量流量计。

科氏力流量计是可以测量液体或气体的小直径流量计（直径为254mm），它通过引入振动，并将该振动与已测得的通过流量计的介质振动相位差 AB 作比较。如图 11-9 所示，流速为零时，AB 相位差为 0，流体流动时在入口管处振动减速，在出口管处振动加速，产生 AB 相位差，从而确定该被测介质的质量。这种流量计可以测量多个参数（例如质量流量、温度、黏度和密度），继而得出污泥的浓度或质量，可应用于温度高达 350℃的介质中。该流量计中的小管段会引起大的压降并容易出现阻塞。这种流量计在测量化学工艺进料体系中运用良好，它可以用于测量电磁流量计无法测量的非导电性气体或液体的流量，也能测量某些气体（如氯气或臭氧）的流量。

科氏力流量计测量原理如图 11-9 所示。

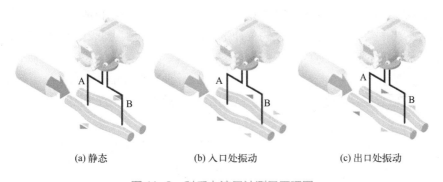

(a) 静态　　　　　　　　(b) 入口处振动　　　　　　　　(c) 出口处振动

图 11-9　科氏力流量计测量原理图

11.3.11　差压液位计

差压液位计是利用容器内的液位改变时液柱产生的静压也相应发生变化的原理而工作的。差压液位计的特点是：

① 检测元件在容器中几乎不占空间，只需在容器壁上开一个或两个孔即可；

② 检测元件只有一根或两根导压管，结构简单，安装方便，便于操作维护；

③ 采用法兰式差压变送器可以解决高黏度、易结晶、具有腐蚀性及含有悬浮物液体的液位测量；

④ 差压液位计的核心测量元件与差压流量计一样，是差压变送器，稳定可靠。

差压液位计的测量原理为基本的静压公式。因此，差压液位计常用在污泥槽罐、药剂槽罐、冷却水罐的液位测量上。

323

第11章　污泥处理辅助工程

差压液位计安装形式如图 11-10 所示。

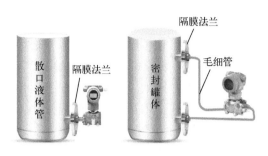

图 11-10　差压液位计安装形式

11.3.12　超声波物位计

声波可以在气体、液体、固体中传播，并具有一定的传播速度。声波在穿过介质时会被吸收而衰减，气体吸收最强，衰减最大，液体次之，固体吸收最弱，衰减最小。声波在穿过不同密度的介质分界面处时还会产生反射。超声波物位计就是根据声波从发射至接收到反射回波的时间间隔与物位高度成比例的原理来检测物位的。

污泥工艺中绝大多数的超声波物位计是槽罐顶装，通过物料表面反射来测量物位。超声波物位计的主要特点有：

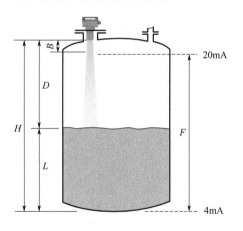

图 11-11　超声波物位计测量示意图
B—盲区；D—空距；L—物位；H—安装高度；
F—物位满度

① 无须与被测介质表面接触，适用于强腐蚀性、高黏度、有毒介质和低温介质的物位界面测量。

② 仪表不受湿度、黏度的影响，并与介质的电导率、热导率等无关。

③ 可测范围广，液体、粉末、块体的物位都可测量。

但声波反射原理同样会受到安装罐体振动影响。除此之外，声波还会受到泡沫、絮体介质吸收散射的作用。因此，超声波物位计一般仅用在较为稳定的污水处理的污泥工艺之中。

超声波物位计测量示意如图 11-11 所示。

11.3.13　雷达物位计

雷达物位计与超声波物位计在安装方式和反射机理上类似。但不同于超声波为机械波，雷达物位计采用电磁短波。雷达物位计发射出功率很低的短微波，通过天线系统发射并接收。雷达波的反射波信号强、效果好，可以确保极短时间内稳定和精确地测量。即使存在虚假反射的情况，最新的微处理技术和软件也可以准确地分析出物位回波。通过输入容器尺寸，可以将检测上空的距离值转换成与物位成正比的信号。

雷达物位计的适用性强，主要有以下特点：

① 测量范围广：可安装于各种金属、非金属容器或管道内，对液体、浆料及颗粒料的物位进行非接触式连续测量；

② 环境适用性强：适用于粉尘、温度、压力变化大，有惰性气体及蒸汽存在的场合；

③ 稳定抗干扰性强：雷达物位计对人体及环境均无伤害，且不受介质密度的影响，不受介电常数变化的影响，不需要现场校调。

因此，雷达物位计主要用于污泥储罐、收尘储藏以及超声波物位计所不能满足的工况场合。

雷达物位计的应用如图 11-12 所示。

11.3.14　电容式物位计

电容式物位计是电学式物位检测方法之一，它是直接把物位变化量转换成电容的变化量，然后再通过二次表变换成统一的标准电信号，传输给控制系统。电容式物位计由两个相互绝缘的同轴圆柱极板组成（内电极和外电极），它的测量原理为：在通过充入固定介电常数的不同长度电介质时，电容量随之发生线性变化。这样就可以以直接接触的方式进行物位测量。

电容式物位计的测量原理如图 11-13 所示。

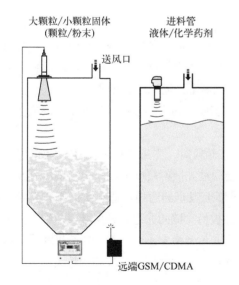

图 11-12　雷达物位计的应用　　　　图 11-13　电容式物位计测量原理图

GSM—全球移动通信系统；CDMA—码分多址

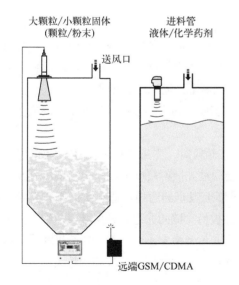大颗粒/小颗粒固体（颗粒/粉末）　进料管　液体/化学药剂　送风口　远端GSM/CDMA

近年来，由于非接触式物位计的飞速发展，电容式物位计参与控制的应用方式逐渐减少。另外还存在一些特殊应用，这是因为非接触式物位计的原理缺陷，如存在泡沫絮体的场合，而更多的则是以极限检测开关的形式来应用。

11.3.15　pH计

在污泥厌氧工艺中，pH值是一个重要监控值。这里用到检测仪表pH计，又叫酸度计，是能连续测量工业流程水溶液中H^+浓度的仪器。

pH计的检测原理为电位测定法：向被测溶液中插入两个不同的电极，其中一个电位随溶液中H^+浓度的变化而变化，为工作电极，另一个电极具有固定电位，为参比电极。这两个电极会形成一个原电池，测出两极之间的电位差就可知道被测溶液的pH值。

pH电极按照填充类型，有液体电极、凝胶电极和固体电极。液体电极的准确度最高，但由于参比电极是溶液，消耗较快，需频繁更换维护。固体电极不需要担心频繁更换参比电极的问题，且适应污泥工况，但准确度上略差一些。凝胶电极的性质则处于两者之间。污泥生产工艺中，常使用的还是固体电极。

pH计连接示意如图11-14所示。

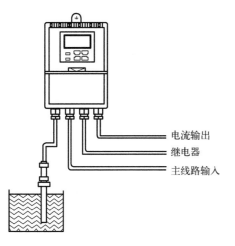

电流输出
继电器
主线路输入

图11-14　pH计连接示意图

11.3.16　悬浮物浓度计

悬浮物浓度是含水污泥的特性指标之一，标示了污泥中各粒径颗粒物的多少和分布，是重要的监视控制参数。因此，悬浮物浓度计是连续测量污泥浓度的重要仪表。

悬浮物浓度计从测量原理上主要分为电感应法和光感应法。目前主流的应用为光感应法。

① 光散射颗粒检测：当纯净介质中存在颗粒时，光束穿过该介质时会向四周散射，而光散射参数则与颗粒粒径相关，这样就会通过光散射尺度形成一个测量尺度。

② 光阻式颗粒检测：被测液体流过横断面很小的通道，通道两侧装有光学玻璃窗口，来自恒定光源的细小光束穿过该窗口并被另一侧的光电元件所接收，细小光束与通道界面构成了测量区。测量区没有颗粒时，光信号恒定不变。当颗粒流过测量区时，将对光束产生遮挡，光信号形成了一个负脉冲，脉冲的幅值与时长和颗粒大小有关，这样就形成了一个粒径测量机构。

一般情况下，光散射法用于小颗粒的测量，光阻法用于大颗粒的测量。有的仪表探头具备两种检测方式，将其合二为一，有着宽泛的测量范围。

悬浮物浓度计安装示意如图 11-15 所示。

11.3.17　泥层界面仪

污泥浓缩池的污泥层厚度同样是一个生产过程中应考虑的工艺指标。很多污水厂现有的设施还停留在人工多点采样的状态，采用泥层界面仪可测量泥层的厚度以及泥层浓度，大量节省人力物力。

泥层界面仪主要有两种。一种是超声波污泥界面仪表：将探头放置在液体中，声波穿透液气介质并在泥层固体表面反射。安装好装置并将其键入分析仪后，传感器表面至水池底部的深度立刻就被测量出来，这个距离与传感器至污泥层的回声距离之间的差值就是污泥层高度，这点与超

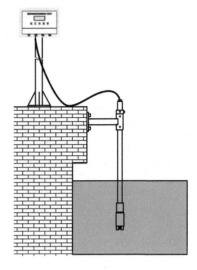

图 11-15　悬浮物浓度计安装示意图

声波液位计原理相似。另一种是接触式泥层分析仪：其测量过程实际上就是浓度计与伺服机构的控制组合，仪表控制器定时控制伺服机构进行浓度计探头定位取样。假设设计上、中、下三个位置的探头取样，那么伺服机构则循环在设定好的点进行定位停留，探头到达位置时，仪表进行数据采样。这样即可形成每个位置的泥层浓度探测。如此往复循环，即可了解泥层状况。当然，仪表在实际应用过程中，还具有定时归位冲洗探头等功能。

超声波泥层界面仪只能检测设计浓度的界面值，不能检测多浓度泥层。接触式泥层分析仪的造价较高，且在实际应用中，由于选型不当造成的探头污堵维护量大，应用也比较稀少。

超声波泥层界面仪的测量原理如图 11-16 所示。

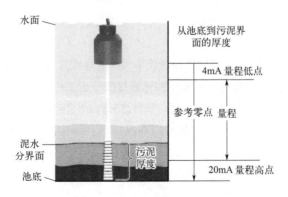

图 11-16　超声波泥层界面仪测量原理图

11.3.18　管道浓度计

管道浓度计一般由安装在污泥 / 污泥管道上的一个法兰短管组成，它们能在微波穿过污泥时测出的相位差基础上测出总污泥量。其工作原理是当微波穿过一种物质时，通过测出微波的相位滞后量而确定其物理密度。相位差与密度相关，进行环境补偿后，相位差与总污泥浓度有直接关系。

管道浓度计利用的是线性关系，且易于校准。根据样品含固率结果，使用跨度、电导率、污泥密度斜率和截距的校正系数来校准仪器。但是，即使没有正式的校准，在线微波分析仪工作也表现良好，而且不会对上游和下游的连接设置过于敏感，颜色的变化不会影响读数。使用浓度计时需要设置好电导率和温度等参数值。

由于管道浓度计过于昂贵，目前极少有工厂配置。

11.3.19　水质成分在线分析仪

水质成分在线分析仪是一种高度集成化的参数水质分析仪。可以通过搭配主机与多种类型传感探头，实现各类参数的测量。水质分析仪本身是一套自主的系统，带有自清洗功能，可以适应各种污水场合。

对于不同的检测参数，仪表的测量原理也不同。一般而言，多参数水质分析仪配备常规传感器与特殊传感器。常规传感器包括温度传感器、溶解氧传感器、pH 传感器、ORP（氧化还原电位）传感器、浊度传感器、电导传感器等；特殊传感器包括氨离子传感器、硝酸根离子传感器、氯离子传感器、磷酸根离子传感器、环境光传感器等。

11.3.20　氧分析仪

污泥干化、炭化、焚烧工艺会产生大量的工业炉窑烟气，其中含氧量指标可以间接判断炉窑中燃烧资源的利用状况。污泥炭化热解气、污泥厌氧产沼气中的含氧量指标可以直接作为安全联锁判定。含氧量是涉及可燃物与燃烧工况的重要关联因素。因此，含氧量分析仪对于污泥热工艺来说，是一个非常重要的仪器。

主流含氧量分析仪有以下几种：

① 热磁性氧分析仪，基于氧气体积磁化率大，随温度升高急剧下降的特性而制成；

② 激光氧分析仪，核心为被测气体的光谱算法分析工作；

③ 氧化锆分析仪，测量原理基于气体在氧化锆管内外侧产生氧浓差的浓差电池效应。

激光氧分析仪精度高、能适应恶劣的高温环境、结构简单、免维护，但其造价较高，一般应用于安全场合。

氧化锆分析仪灵敏度高，响应慢，冷态需要单独加热，维护量较大，但其造价较低，较多地应用于普通场合。

热磁性氧分析仪的特性处于两者之间。

11.3.21　工业色谱仪

热工生产中，对于各类气体介质常常需要多参数综合分析（O_2、CO、CH_4、H_2S、C_2H_2等）。如同水质分析仪一般，气体成分分析仪也是重要的仪器仪表。这类分析仪表按结构一般由四部分组成：

①采样、预处理及进样系统；

②分析器；

③显示及数据处理系统；

④电源。

其中决定其测量原理的核心部分为分析器，按原理分为磁导式分析器、热导式分析器、电化学式分析器、热化学式分析器、光电比色分析器和工业色谱仪等。这里着重介绍一下应用比较广泛的工业色谱仪。

工业色谱仪的主要原理与作用是：被分析氧气在载气流的携带下进入色谱柱，在色谱柱中各组分按分配系数的不同先后被分离，依次流出，通过检测器进行组分与浓度的测定，得到组分色谱图，最后可通过数据处理系统远传至主控系统。

11.3.22　工业水分仪

污泥炭化、干化、焚烧工艺中，高温有机粉尘是一个重大的安全联锁。因此，控制高温粉尘浓度与湿度是一个涉及安全的工艺环节。工业水分仪在检测粉尘的湿度中起着重要作用。

工业激光气体分析仪基于半导体激光吸收光谱（DLAS）技术，能够在高温、高粉尘、高腐蚀恶劣环境下对气体浓度（含H_2O）进行检测分析，具有安全性高、响应快、精度高、维护方便等特点。目前在针对基础控制方面已经有一体化防爆结构的对夹式激光工业水分仪，并支持模拟信号与通信模式。设计全自动化吹扫，免维护。

工业在线激光气体分析仪的结构如图11-17所示。

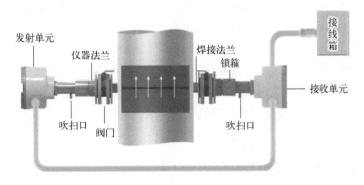

图 11-17　工业在线激光气体分析仪结构图

11.3.23 颗粒浓度仪

高温颗粒粉尘浓度检测仪表是防止粉尘爆炸的另一款安全检测仪表。颗粒浓度仪基于颗粒物的电荷感应技术，能够敏锐地感知流场中的颗粒物流动所造成的电场和电荷的动态变化情况，从电荷的流动噪声中提取有效的颗粒物流动信息，利用流体模型和统计模型，将原始信号经过数字化处理后，得到稳定可靠的颗粒物浓度测量结果。

这种仪表适用范围广，可用于除尘器出入口及环保排放口的颗粒浓度检测。

11.4 除臭与通风

11.4.1 恶臭气体的产生及危害

污泥处理处置过程中产生的气味问题引起了日益广泛的关注。气味来源是污泥和与污泥有关的处理工艺，包括液相和固相污泥脱水形成泥饼和污泥稳定化的各类工艺。

新产生的污泥会急速恶化，出现厌氧腐化的情况，导致气味问题。厌氧条件下会产生若干种还原性硫和氮化合物，这些化合物的气体检测阈值很低，且会产生环境污染。与厌氧条件相关联的典型恶臭化合物有 H_2S、甲硫醇、二甲二硫和二硫化碳。氨和胺类臭气也可出现在消化污泥泥饼和污泥干化处理过程中。其他挥发性有机化合物（VOCs）也可能存在，但通常对气味影响很小。

对于污泥气味特别值得关注的是，如果臭味是可闻到的，那么就代表污泥产物影响了人民健康，造成了安全问题。人们已经证实异味可以提高人的心跳速度、血压，甚至会引起疼痛。此外，持续的气味会让人的感觉器官受损，影响人的身心健康。

（1）相关法律法规

1993 年发布的《恶臭污染物排放标准》（GB 14554—93）是我国恶臭管理的重要依据，在我国固定源恶臭污染物排放管理、改善人居空气质量等方面发挥了重大的作用。2002 年发布的《城镇污水处理厂污染物排放标准》（GB 18918—2002），对于氨、H_2S、臭气、CH_4 等物质，厂界排放最高允许浓度给出了明确指标要求。2016 年中华人民共和国住房和城乡建设部发布了行业标准《城镇污水处理厂臭气处理技术规程》（CJJ/T 243—2016），系统阐述了城镇污水处理厂臭气收集和处理的相关规定。随着时间的推移，恶臭治理技术快速迭代，2016 年发布的标准中内容有所欠缺，各地方政府根据各地要求，纷纷制定了各地的污染物排放标准。

（2）污泥中恶臭气体的组成

污泥中的臭气按化学组成可以分为以下五类：

① 含硫化合物，如 H_2S、SO_2、硫醇类、硫醚类等；

② 含氮化合物，如氨等；

③ 卤素及衍生物，如卤代烃等；

④ 含氧有机物，如醇、酚、醛、酮、酸、酯等；

⑤ 烃，如烷烃、烯烃、炔烃及芳香烃等。

这些恶臭物质中除硫化氢、氨和二硫化碳外大部分为有机物，根据现行国家标准《城镇污水处理厂污染物排放标准》（GB 18918—2002）要求，污水处理厂臭气成分中的污染物以 H_2S、氨气最为常见，是臭气重点治理的对象，同时设有臭气浓度指标作为综合指标。表 11-11 为污泥中几种常见臭气物质的嗅觉阈值和特性臭味。

表 11-11　污泥中几种常见臭气物质的嗅觉阈值和特性臭味

恶臭化合物	化学式	分子量	嗅觉阈值 /（mg/m³）	特性臭味
硫化氢	H_2S	34.08	0.00047	臭鸡蛋味
氨气	NH_3	17.03	46.8	刺激性气味
三甲胺	$(CH_3)_3N$	59.11	0.0004	臭鱼腥气味
甲硫醇	CH_3SH	48.10	0.0021	烂菜心气味
甲硫醚	$(CH_3)_2S$	62.13	0.001	烂菜气味
二甲二硫	$C_2H_6S_2$	94.20	6	牛奶变质味
甲苯	C_7H_8	92.14	2.14	卫生球臭、橡胶臭
丁烯基硫醇	$CH_3(CH)_2CH_2SH$	88.17	0.000029	臭鼬气味
苯硫醚	$(C_6H_5)_2S$	186.27	0.0001	令人不愉快的气味
粪臭素	C_9H_9N	131.18	0.001	粪臭、致呕
二硫化碳	CS_2	76.14	0.21	硫黄臭

（3）产生臭气的污泥处理过程

1）污泥浓缩

污泥浓缩可以通过多种方法和设备来完成，包括重力浓缩、气浮、重力带式压滤机、转鼓浓缩和离心浓缩。从污泥浓缩工艺发散出的气味类型取决于污泥的性质，初沉污泥气味不同于剩余活性污泥的气味，粪便污泥的气味与来自好氧污泥的气味显著不同，而污泥受脂肪、油和油脂的影响也将产生不同的气味。

新鲜的好氧活性污泥往往有一种泥土味或霉味，相比新鲜的初沉污泥，气味没有那么强烈和令人反感。然而，如果废水活性污泥经过存储发生腐化，其气味就可能成为一个环境问题。混合污泥（初沉污泥加废水活性污泥）气味更强烈，因为液相初沉污泥与废水活性污泥相混合后产生的生物活性成了微生物的食物来源，因此污泥更趋向于腐化。腐化将带来高浓度的硫化氢和相关的还原态硫化物。

2）污泥消化

消化污泥的气味浓度取决于消化过程是好氧还是厌氧。好氧消化过程及好氧消化脱水滤饼产生的气味很大程度上取决于该过程中溶解氧的含量。新鲜的好氧消化污泥往往具有典型的曝气池霉臭气味，但通常会更强。厌氧消化过程能减弱最终生物固体产物的气味，但也会引起新的气味问题，如氨或胺。为保证厌氧消化的厌氧条件，应在一个封闭的容器中进行，消化器的顶部空间通常将含有 0.01% ~ 1% 的高浓度硫化氢，还存在其他还原态硫化物、氨和低浓度挥发性有机酸。

厌氧消化污泥具有以下特点：更高水平的生物可利用性（不稳定）蛋白在泥饼中可随着时间的推移产生更多的臭气。不同的脱水方法对蛋白质的生物利用度影响不同，一些脱水方法会增强泥饼的气味。例如，高含固率泥饼脱水后臭气气味会更大。

挥发性硫化物或还原态硫化物，是消化污泥臭气的最主要来源。

3）污泥脱水

污泥脱水通常通过机械脱水设备来完成，如带式压滤机、离心分离机或板框压滤机，或者在温暖、干燥环境下使用开放式干化床。散发的气味类型与生污泥原料的性质密切相关。化粪池进料易于产生高浓度硫化氢和还原态硫化物，如甲硫醇、二甲基硫醚、二甲基二硫化物等。所使用的聚合物类型也会导致胺类（特别是三甲胺）气味加重，特别是在碱性时，如胺系聚合物会引发泥饼产生鱼腥味。

4）污泥堆肥

堆肥厂会散发出多种化合物生成的臭气，包括硫化氢、还原性硫化物、氨、三甲胺、粪臭素胺、挥发性脂肪酸、酮和其他化合物。堆肥发臭的程度主要取决于堆肥周期，在最初的几周中臭气含量更高。

5）污泥干化

污泥干化中臭气产生的原因，一种是微生物分解有机物产生臭气，另一种是有机质受热发生化学反应会产生臭气，臭气中的主要成分是 H_2S 和氨气。

H_2S 产生原因：污泥干化处理过程中温度升高时，含硫成分在加热时缺氧，在厌氧条件下被硫酸还原菌还原为 H_2S，在温度超过 50℃时，H_2S 几乎不溶于水，因此，水膜除尘也无法消除 H_2S，臭气就会随着烟气排放而四处扩散。

氨气产生原因：污泥中的含氮恶臭物质主要是氨气、有机胺和粪臭素，而氮的来源主要有尿素、蛋白质和氨基酸。在污泥干化过程中，由碳水化合物分解生成的 CO_2 等酸性物质将溶于水中的大量氨转化为碳酸氢铵等不易挥发的铵离子。碳酸氢铵的热稳定性极差，在 35℃ 以上即可发生分解，所以在污泥干化过程中碳酸氢铵几乎全部被分解并释放出氨气。

（4）除臭通风的设置原则

污泥处理厂房属于臭气集中散发型建（构）筑物，从减少有害气体散发的角度考虑，此类房间通风应采用以局部排风（除臭通风）为主、全面通风为辅的系统形式，即从源头处抑制气体逸出，池体盖板均应加强密封，设备处采用加罩设计，罩内臭气集中收集至除臭装置进行处理。同时，厂房内设置全面通风装置，以满足房间内的通风换气要求，兼顾除臭设备检修或出现故障时的事故通风。

11.4.2 除臭系统

（1）臭气密闭

1）密闭目的

臭气处理的第一步是对臭气源头采用控制措施。密闭目的是：

① 保证人员安全；

② 防止臭气逸散；

③ 减小收集气体体积；

④ 允许必要的检查及维修。

因为在污泥的处理过程中有硫化氢存在，密闭结构的所有材料应是耐腐蚀的。密闭罩应尽量靠近臭气源，做到结构简单、经济合理、密封性好、便于安装和维护管理。

该空间一旦封闭必须进行收集，使空气输送到臭气处理系统。臭气风量可能会发生很大变化，这取决于臭气和降低气味逸逸程度的特性。

2）密闭要求

密闭罩的设计要求包括：

① 保持最小负压（15～25Pa），以防气体逸散。

② 如果密闭罩允许进入，则需提供一个安全的工作环境（H_2S 浓度小于 6.6 mg/m^3，NH_3 小于 25mg/m^3）。

③ 控制甲烷等可燃气体的积聚（甲烷浓度小于 10% 爆炸下限）。

④ 控制有害气体浓度，设置声光报警装置。有害气体检测装置应安装在释放源的下风向和气体易积聚的位置，其中 H_2S 检测报警装置应在地坪上方 300～600mm 处，氨气和 CH_4 检测报警装置距离密闭罩顶板应不大于 300mm。气体检测装置应设置现场声响报警器，其声压级应高于背景噪声 15dB（A），环境噪声较大的场所可增设红色闪光报警灯。

密闭罩的通风一般由每小时的通风换气次数表示。在密闭罩外大空间的机房中，通过密闭罩控制住臭味源，并减少输送及处理总量是经济可行的。机房其余空间可用于通风问题处理，在臭气外逸时对其进行补充处理。

3）密闭罩规定

正常运行时，密闭罩不应影响构筑物内部和相关设备的观察和采光。

应设检修通道，密闭罩不应妨碍设备的操作和维护检修。

密闭罩的材质应具有良好的物理性能，耐腐蚀、抗紫外老化，并在不同温度条件下有足够的抗拉、抗剪和抗压强度，能够承受台风和雪荷载，定期进行检测，且不应有和臭气源直接接触的金属构件。

密闭罩设置透明观察窗、观察孔、取样孔和人孔，并应采取防起雾措施，窗和孔应开启方便且密闭性良好。图 11-18 为一种观察窗刷窗器，可通过毛刷去除观察窗上的雾气。

禁止踩踏的密闭罩应设置栏杆或醒目的警示标识。

臭气源密闭罩应和构筑物（设备）相匹配，提高密封性，减少臭气逸出。图 11-19 为一种污泥脱水机密闭罩的形式。

图 11-18　密闭罩观察窗刷窗器　　　　　图 11-19　污泥脱水机密闭罩

4）除臭气量的计算

臭气风量设计应遵循量少、质浓的原则。在满足密闭空间内抽吸气均匀和浓度控制的条件下，应尽量采取小空间密闭、负压抽吸的收集方式。污泥构筑物的臭气风量宜根据构筑物的种类、散发臭气的水面面积和臭气空间体积等因素确定。设备臭气风量宜根据设备的种类、封闭程度和封闭空间体积等因素确定。臭气风量应根据监测和试验确定，当无数据和试验资料时，可按下列规定计算：

初次沉淀池、浓缩池等构筑物臭气风量可按单位水面积臭气风量指标 $3m^3/(m^2 \cdot h)$ 计算，并可增加 1～2 次 /h 的空间换气量；

半封口设备臭气风量可按机盖内换气次数 8 次 /h 或机盖开口处抽气流速 0.6m/s 计算，取两种计算结果中的较大者。

（2）臭气收集与输送

与密封系统一样，作为臭气控制和处理系统的一个重要组成部分，臭气收集及输送系统也是一个极为重要的系统。臭气收集及输送系统的合理与否很大程度上影响着整个臭气控制和处理系统的处理效果。

污泥处置产生的恶臭气体可按恶臭气体性质分类收集，收集管道的布置可根据恶臭气体产生点的多少及分布情况，分设不同的收集单元。

吸风口的设置点应采取防止设备和构筑物内部气体短流，以及防止其他物体进入收集系统的措施。

密闭罩内恶臭气体应通过管道收集输送至除臭装置。为了便于管理和运行调节，管网系统不宜过大，同一系统的吸气点不宜过多，同一系统有多个分支管时，应将这些分支管分组控制。常采用的布置方式有干管（集中）布置方式、分散布置方式和环状布置方式。

在单元收集干管位置和风机进口（或出口）处宜设置采样孔和风量测量孔，风量测量孔应设置在直管段，直管长度不宜小于 15 倍风管外径。

收集风管应优先选用玻璃纤维等非金属耐腐蚀材料，包括有机玻璃钢管、不锈钢管、HDPE（高密度聚乙烯）及 PE 管、玻璃钢夹砂管、UPVC（未增塑硬质聚氯乙烯）管等耐腐蚀管道。表 11-12 列出了有机玻璃钢风管的板材厚度，表 11-13 列出了不锈钢风管的板材厚度。

表 11-12 有机玻璃钢风管板材厚度　　　　　　　　　　　　　　　　单位：mm

圆形风管直径（D）或矩形风管长边尺寸（b）	壁厚
D（b）≤ 200	2.5
200 ＜ D（b）≤ 400	3.2
400 ＜ D（b）≤ 630	4.0
630 ＜ D（b）≤ 1000	4.8
1000 ＜ D（b）≤ 2000	6.2

表 11-13 不锈钢风管板材厚度　　　　　　　　　　　　　　　　　单位：mm

风管直径或长边尺寸（b）	微压、低压、中压	高压
b ≤ 450	0.5	0.75
450 ＜ b ≤ 1120	0.75	1.0
1120 ＜ b ≤ 2000	1.0	1.2
2000 ＜ b ≤ 4000	1.2	按设计要求

注：不锈钢风管板材厚度参考《通风与空调工程施工质量验收规范》（GB 50243—2016）。

由于臭气收集管路较长、管道配件较多，气体输送时会产生压力损失，应对各并联支管进行阻力平衡计算，必要时可设置孔板等设施调节风管风量。为便于风管平衡和操作管理，各吸风口宜设置带开闭指示的阀门。

风管管径和截面尺寸应根据风量和风速确定。主管道风速应符合《通风管道技术规程》（JGJ/T 141—2017）的规定，主干管宜为 6 ～ 14m/s，分支管宜为 2 ～ 8m/s。

除臭系统风压计算应考虑除臭空间负压、臭气收集风管扬程损失和局部损失、除臭装置阻力、臭气排放管风压损失，并应预留 10% 的安全余量。

臭气输送风机宜采用轴流离心风机，风机应布置在收集系统末端。风机进出口应设置柔性连接和不锈钢防护网，风机进口应设有控制阀，宜采用变频器控制风机。

（3）臭气处理

1）臭气处理工艺分类

污泥产生的臭气，主要以挥发性有机物以及 H_2S、甲硫醇、氨等恶臭物质为主。表 11-14 为目前主要臭气处理技术。

表 11-14　主要臭气处理技术

物理法	化学法	生物法
稀释法	干式化学填料吸收法	生物洗涤法
掩蔽法	化学氧化法	生物滤池法
水洗法	燃烧法	生物滴滤法
吸附法	离子除臭法	
	植物液喷淋法	

① 物理法

a. 稀释法　通过开窗通风或添加排风扇等方法使空气流通，流通的过程中恶臭气体会被稀释并排出。该方法所需费用基本可以忽略，但对恶臭气体没有去除，只是实现了恶臭污染的转移，对臭气源外部的环境影响大。

b. 掩蔽法　通过集中收集臭气，并采用比臭气更强烈的芳香气味与臭气混合，以掩蔽臭气，使之能被人们接受。该工艺优点在于可快速消除恶臭影响，并且灵活性大，费用低，但通过该工艺处理臭气，恶臭成分并没有被去除，只是通过散发香气"覆盖"异味，使人对臭味的不适感暂时得到舒缓，并没有彻底解决臭味污染问题，达到真正消除有害气体的目的。

c. 水洗法　将恶臭气体通过洗涤塔用水洗涤，通过气液交换达到除臭目的。水洗只能去除可溶或部分微溶于水的恶臭物质，例如氨，单独使用则去除效率低，仅可作为预处理使用。

d. 吸附法　利用吸附剂（活性炭、硅胶、交换树脂等）将臭气由气相转移至固相中。当吸附剂填料达到吸附平衡后需要更换或再生，因此采用该工艺的后期运维费用较高，一般作为深度处理。图 11-20 为吸附法的示意图。

② 化学法

a. 干式化学填料吸收法　利用酸碱中和去除 H_2S 及氨气等无机类恶臭气体来达到除臭的目的。干式化学填料吸收法对 H_2S 及氨气去除较为完全，但对硫醇等其他有机恶臭气体去除率很低。干式化学填料吸收法的运行费用较高，因此，干式化学填料吸收法的使用受到了一定程度的限制。干式化学填料吸收法在美国等发达国家应用较早，在国内也有广泛应用。

b. 化学氧化法　使用 O_3 等强氧化剂氧化臭气。O_3 除臭是通过臭氧发生器产生 O_3，臭氧可氧化臭气，如氨、三甲胺、H_2S、甲硫醇、甲硫醚、二甲二硫、二硫化碳和苯乙烯等，使呈游离状态的污染物分子与臭氧氧化结合成无害或低害的小分子化合物，如

CO_2、H_2O 等，从而达到除臭的效果。然而使用该工艺设备能耗高、处理费用高，并且采用臭氧等强氧化剂具有潜在污染环境的风险。

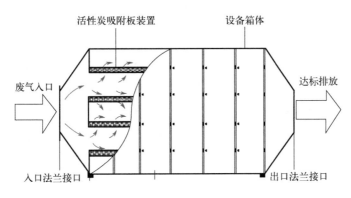

图 11-20　吸附法示意图

c. 燃烧法　该工艺包含直接燃烧法、催化燃烧法、浓缩燃烧法等，其工艺原理为在高温下将有机污染物氧化生成 CO_2 和 H_2O，从而净化废气，并回收分解时所释放出的热量，以达到环保节能的双重目的。该工艺除臭效率高，但有机废气着火温度一般在 $100 \sim 720℃$ 之间，往往需添加辅助燃料才能连续燃烧，其缺点在于设备和运行费用高，温度控制复杂，一般用于处理高浓度小气量的有机废气，且具有产生二次污染的风险。

d. 离子除臭法　在电场的作用下，通过离子发生器产生大量的 α 粒子，与空气中的氧分子发生反应，形成正负氧离子。正氧离子具有很强的氧化性，与有机分子碰撞，可激活有机分子，并直接将臭气中的 VOCs 化学链破坏，因而能在极短的时间内氧化分解氨和 H_2S 等污染物，生成 CO_2 和 H_2O 以及其他稳定无害的小分子物质。同时，氧离子能破坏空气中细菌的生存环境，降低室内细菌的浓度。带电离子可以吸附超过自身重量几十倍的悬浮颗粒，并靠自重沉降下来，从而清除空气中的悬浮胶体，达到净化空气的目的。该工艺适用于处理小气量、低浓度、难以降解的臭气，如化工、医药等行业产生的臭气，此外由于其具有能够生成氧离子的特性，所以适用于提高室内空气质量。然而此方法投资费用高，运行费用高。图 11-21 为离子除臭法的示意图。

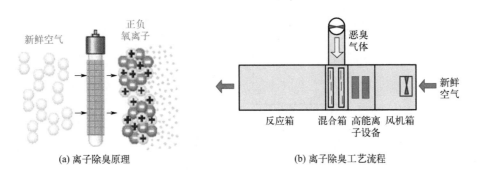

(a) 离子除臭原理　　　　　(b) 离子除臭工艺流程

图 11-21　离子除臭法示意图

337

e.植物液喷淋法　植物液喷淋除臭是运用不同的湿法喷洒技术经专用喷雾机喷洒成雾状，在特定的空间内扩散液滴的除臭方法。液滴中的有效除臭分子中间含有具有生物活性、化学活性、共轭双键等的活性基团，可以与不同的异味发生作用。不仅能有效地吸附空气中的异味分子，同时也能使被吸附异味分子的立体构型发生改变，削弱了异味分子中的化学键，使得异味分子的不稳定性增加，容易与其他分子发生化学反应，从而达到彻底除味、除臭的目的，发挥有效的空气净化作用。该方法具有显著分解氨、H_2S、甲硫醇、三甲胺等有机臭源物质的能力和作用，除臭效果较好，但持续使用时运行费用较高。图 11-22 为植物液除臭法的示意图。

渗透→弥散　　　　　捕捉→包裹　　　　　沉降→分解

图 11-22　植物液除臭法示意图

③ 生物法

a.生物洗涤法　主要有洗涤式生物滴滤池法和曝气式生物滴滤池法。生物洗涤法主要是在吸收器中以液相喷淋的形式将臭气和活性污泥混合。曝气式生物滴滤池法是将臭气通入活性污泥中，使臭气转移至液相。其处理效果依赖臭气在水中的溶解度，运行过程中要添加营养物质，运行费用高，且会发生污泥膨胀。图 11-23 为生物洗涤法的示意图。

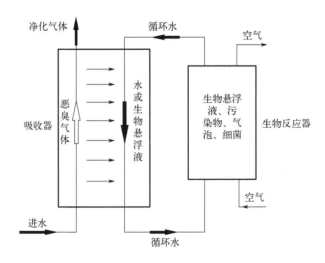

图 11-23　生物洗涤法示意图

b. 生物滤池法　该工艺采用土壤等有机填料，将收集后的臭气用加湿器加湿，然后气体在适宜的条件下通过长满微生物的填料层，易溶于水的污染物会溶于布满滤料的生物膜中而被微生物所降解，而其他不易于溶于水的污染物则先吸附在滤料上，由微生物组成的生物膜处于一个动态的平衡过程，微生物会慢慢地降解那些不易溶于水的污染物。死掉的细菌会随着系统排水被排出。微生物可将臭气降解为 CO_2、H_2O 等小分子物质，需保持适宜 pH 值、温度、含氧量等，长时间运行会造成填料堵塞。图 11-24 为生物滤池法的示意图。

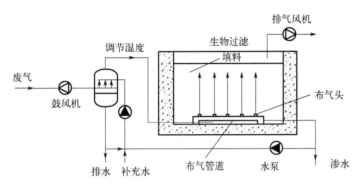

图 11-24　生物滤池法示意图

c. 生物滴滤法　利用微生物降解硫化氢等易溶于水的恶臭物质，使之成为无害的氧化产物，从而达到无臭化、无害化的目的。该工艺能够将硫化氢等致臭物质溶解吸收，并和微生物降解相结合进行处理。被降解的致臭物质首先溶于水中，再转移到微生物体内，通过微生物的代谢活动而被降解。该工艺一般采用惰性填料作为微生物载体，并需喷淋营养物，保持适宜 pH 值、温度、含氧量等。填料使用寿命长，易于控制，运行稳定。生物滴滤法在欧美、日本等发达国家和地区已普遍用于臭气治理。图 11-25 为生物滴滤法的示意图。

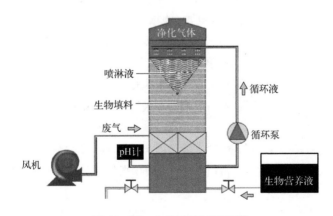

图 11-25　生物滴滤法示意图

2) 臭气处理方法的比较

目前使用的几种臭气脱除办法，各有优缺点。几种除臭方法的比较见表 11-15。

表 11-15　除臭方法对比表

工艺对比内容	生物法			化学法		物理法	
	生物洗涤法	生物滴滤法	生物滤池法	离子除臭法	干式化学填料吸收法	水洗法	吸附法
效果稳定性	一般	较好	较好	一般	较好	一般	较好
处理气量能力	大	大	大	小	小	小	小
投资成本	低	低	低	高	较低	低	高
运行成本	高	低	低	低	较高	低	高
运行操作难度	较难	易	易	易	易	易	难

除臭处理方法应依据当地臭气排放标准中的排放限制，在实际运用中根据臭气发散量、浓度和臭气成分选用合适的处理工艺。周边环境要求高的场合宜采用多种处理工艺组合的方法。

（4）臭气排放监测

1）臭气排放设施

① 除臭系统高空排放时应设置排气烟囱，烟囱高度应满足国家现行有关大气污染物排放标准的要求，且不应低于 15m。

② 排气烟囱出口的风速宜为 15～20m/s。在一定区域内的排风点宜合并设置集中排气烟囱，对集中大型排气烟囱宜预留排风能力。

③ 排气烟囱应设置用于监测的采样孔和监测平台，以及必要的附属设施。监测平台结构应符合安全防护要求和功能结构强度，并配以爬梯或围栏。

④ 排气烟囱可采用有机玻璃钢或不锈钢材质，烟囱管壁厚度可参照除臭管道要求，烟囱顶端宜设置防风帽，排气烟囱应设置保护鼠笼架。

⑤ 除臭装置出气管与排气烟囱连接方式宜采用斜接，连接夹角宜采用 15°～45°；排气烟囱底部宜设置排水接口；连接排水口的管道应设置水封，防止废气外逸。

⑥ 鼠笼架的防雷接地应按照相关规范要求执行。

⑦ 鼠笼架、爬梯、操作平台及防风帽等宜采用 Q235 碳钢防腐制作。

2）臭气监测设施

① 臭气监测指标分为运行控制指标和污染物指标。运行控制指标包括风压、风速、风量、水位、雨量、温度、pH 值等，污染物指标包括氨气浓度、H_2S 浓度和 CH_4 浓度等。

② 有操作人员进入的臭气构筑物，应设置 H_2S、CH_4 等检测报警装置。

③ 各收集干管位置和风机进口（或出口）处宜设置采样孔和风量测量孔。

11.4.3 通风系统

（1）通风系统方案

通风系统应与除臭系统协同设计。设计通风系统与除臭系统的目的都是为了改善区域内的空气质量，但二者的处理方式有所不同。通风系统主要是为了把区域内的气体排至室外，同时让室外安全区域的空气流进室内。同除臭系统相比，通风系统的运行费用远小于除臭系统。

污泥处置过程中涉及的主要通风区域包括污泥脱水车间、污泥堆肥车间、污泥干化车间、污泥焚烧车间等。机械通风设计参数见表 11-16。

表 11-16　机械通风设计参数

序号	房间名称	换气次数/（次/h）	备注
1	污泥脱水车间	8	房间保持负压，进风量按排风量的 80%；通风形式为上进风，下排风
2	污泥堆肥车间	8	
3	污泥干化车间	排除设备工作时产生的余热量与 12 次/h 换气量较大值	房间保持负压，进风量按排风量的 80%；如使用天然气，则需考虑防爆设计
4	污泥焚烧车间	排除设备工作时产生的余热量与 12 次/h 换气量较大值	
5	污泥卸料间	8	门口设置风幕

（2）通风特殊要求

通风系统有以下特殊要求：

① 干化、焚烧车间采用燃气，需要设置平时及事故通风系统。换气次数按 12 次/h 计算，事故风机需与气体泄漏探测报警器联锁，事故通风机应分别在室内及靠近外门的外墙上设置电气开关。排除或输送有燃烧或爆炸危险物质的通风设备和风管应采取防静电接地措施，当风管法兰密封垫料或螺栓垫圈采用非金属材料时，应采取法兰跨接的措施。

② 与污泥处置配套的配电室、中控室应设置机械通风系统和空调系统，排风量按 8 次/h 计算，保证房间正压。配电室、中控室设置分体空调，夏季辅助通风降温，保证电气设备的稳定运行。

③ 加药间应设置机械通风系统，排风量按 12 次/h 计算，排放比空气重的气体时应设置下排风口，自然送风，保持房间负压。

④ 对于品质要求较高的项目，臭气浓度高的污泥车间建议设置离子新风系统。离子新风系统的进风直接取自大气，末端采取水平风管送风和垂直风管送风相结合的立体送风形式，各送风口均匀布置，防止形成短流。在与低浓度区域、车道、走道连通的区域设置缓冲间，向缓冲间送入离子新风，保证其相对臭气源区域维持正压，有效控制臭气逸散至非臭气源区域。

11.4.4 工程案例介绍

（1）绵阳市北控水务污泥减量化及资源化中心工程

1）基本概况

该工程为绵阳市北控水务污泥减量化及资源化中心工程，污泥处置规模为150t/d（以80%含水率计），污泥处置工艺为板框压滤＋转鼓干化＋炭化工艺，图11-26是效果图。

图 11-26　绵阳市北控水务污泥减量化及资源化中心工程效果图

2）除臭系统

① 除臭系统工艺流程如图11-27所示。

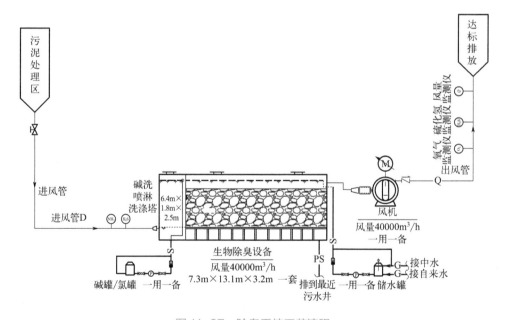

图 11-27　除臭系统工艺流程

② 该项目除臭系统除臭风量计算结果见表11-17。

表 11-17 除臭风量计算结果

序号	名称	面积 /m²	净空 /m	换气空间 /m³	面积负荷 /[m³/(m²·h)]	换气次数 /(次/h)	风量 /(m³/h)	设计风量（考虑漏损10%计算）/(m³/h)
1	污泥调理池	93	0.5	46.5	3	2	372	409
2	板框车间	500	9.0	4500.0	—	4	18000	19800
3	卸料间	166	9.2	1527.2	—	8	12218	13439
4	污泥接收料仓	150	13.9	2085.0	—	2	4170	4587
5	螺旋输送机	32	0.3	9.6	—	2	19	21
合计							34779	38256

通过表 11-17 的计算结果得出，除臭设计规模应为 40000m³/h。

3）通风系统

通风和除臭系统应协调设计。污泥接收车间的平时排风量应按照排除污泥干化设备散热量与换气次数 8 次/h 之间的较大值设计；送风量应按排风量的 80% 设计，并结合建筑外窗设置进风防雨百叶。卸料及脱水车间的换气次数按 8 次/h 设计。卸料间设置风幕隔断臭气。

干化炭化车间采用天然气，干化炭化车间的通风风机应设置平时兼事故的双速风机，平时低速排风（6 次/h），发生事故时高速排风（12 次/h）。风机与天然气泄漏探测报警器联锁，分别在室内外便于操作的地点对事故风机设置电气开关。防爆风机的设备和连接管道应采取防静电措施。

配电室、中控室中应设置机械通风系统和分体空调系统，排风量按 8 次/h 计算，保证房间正压。

所有送、排风机（除消防风机、事故风机、排风扇外）采用就地控制和接入 PLC 系统两种方式，根据运营要求进行启停送、排风机，显示运行状态，进行失电或者无风量报警。

4）通风系统设备表

该工程通风系统设备表见表 11-18。

表 11-18 通风系统设备表

设备编号	风机形式	风量 /(m³/h)	全压 /Pa	静压 /Pa	转速 /(r/min)	电机功率 /kW	电源 /V	质量 /kg	机组噪声 /dB(A)	风机效率 /%	台数
P-1F-1	柜式离心风机	5200	360	300	900	1.50	380	98	56	≥ 70	1
P-1F-2	柜式离心风机	2200	280	230	1200	0.55	380	49	54	≥ 70	1
P-1F-3	柜式离心风机	8600	360	300	900	1.50	380	98	60	≥ 70	1

设备编号	风机形式	风量 /（m³/h）	全压 /Pa	静压 /Pa	转速 /（r/min）	电机功率 /kW	电源 /V	质量 /kg	机组噪声 /dB(A)	风机效率 /%	台数
P-1F-4	柜式离心风机	3800	300	250	1100	1.10	380	66	58	≥70	1
P-1F-5~P-1F-7	柜式离心风机	13500	450	370	700	4.00	380	230	62	≥70	3
P-2F-1	柜式离心风机	4700	360	300	900	1.10	380	98	55	≥70	4
P-2F-2	柜式离心风机	5200	360	300	900	1.50	380	99	58	≥70	1
P-2F-3	柜式离心风机	4000	320	280	1200	1.10	380	66	59	≥70	1
S-2	壁式轴流风机	3200	150	—	600	0.18	220	25	50	≥70	5
S-1	壁式轴流风机	2000	100	—	800	0.12	220	25	47	≥70	4
QS1	天花式排气扇	90	150	—	—	0.018	220	17	29	≥70	1
QS2	天花式排气扇	150	110	—	—	0.028	220	17	35	≥70	2
QS3	天花式排气扇	200	160	—	—	0.032	220	17	36	≥70	8

5）除臭系统设备表

该工程除臭系统设备表见表 11-19。

表 11-19　除臭系统设备表

序号	设备/材料名称	规格	材质	数量	备注
1	生物除臭塔	Q=40000m³/h, 9400mm×7300mm×3200mm	壳体玻璃钢	1 项	
2	预洗塔	Q=40000m³/h, 3700mm×7300mm×3200mm	壳体玻璃钢	1 项	
3	除臭风机	Q=40000m³/h, H=2000Pa, P=55kW	玻璃钢	2 套	一用一备，含隔声罩和变频器
4	喷淋水泵	$Q=60$m³/h, h=35m, $N=11$kW	过流部件304	2 台	含一用一备
5	循环泵	$Q=40$m³/h, h=25m, $N=5.5$kW	过流部件304	2 台	含一用一备
6	加药泵	25L/h	PVDF	2 台	
7	碱箱	500L	PE	1 台	配套加药管件
8	氯箱	500L	PE	1 套	配套加药管件
9	喷淋水箱	V=10000L	PE	1 个	
10	浮球液位计	浮球式，带 5m 线缆	ABS	2 套	与水箱、喷淋塔配套使用

序号	设备/材料名称	规 格	材 质	数量	备 注
11	控制柜	600mm×2000mm×2000mm	SUS304	1套	含 LC、触摸屏、变频器等电气元件
12	风量计	量程 0～25000m³/h		1套	
13	氨气在线监测仪	量程 0～50mg/m³，4～20mA 输出		2套	
14	H₂S 在线监测仪	量程 0～50mg/m³，4～20mA 输出	探头 304	2套	
15	电动阀	DN50	SUS304	3个	
16	喷淋管路	自设备基础1m范围内	UPVC	1项	
17	电缆	电控柜至各个设备	动力电缆	1项	
18	内部风管	风机与除臭设备连接管	不锈钢 304	1项	
19	进水管路	De80	UPVC	1项	含管阀件
20	排水管路	De110	UPVC	1项	含管阀件
21	止回阀	DN1200	SUS304	2个	
22	设备基础	20m×8m×0.2m	钢筋混凝土	1项	
23	设备基础整平层	20m×8m×0.1m		1项	

注：PVDF 表示聚偏二氟乙烯；Q 表示风量或流量；H 表示风压；P 表示功率；h 表示扬程；N 表示功率；V 表示容积。

（2）莒南县龙王河污水处理厂污泥处置升级改造工程

1）基本概况

该工程为莒南县龙王河污水处理厂污泥处置升级改造工程，污泥处置规模为 100t/d（以80%含水率计），污泥处置工艺为高压带式脱水机脱水＋喷雾干化＋回转窑焚烧工艺。图 11-28 是工程效果图。

图 11-28　莒南县龙王河污水处理厂污泥处置升级改造工程效果图

2）除臭系统

① 除臭系统工艺流程：干化焚烧车间内臭气收集→回转窑焚烧（热风炉助燃空气）。污泥预处理车间接收储存过程及处理过程中产生的恶臭气体经通风管收集后进入生物滤池除臭系统。除臭系统工艺流程如图11-29所示。

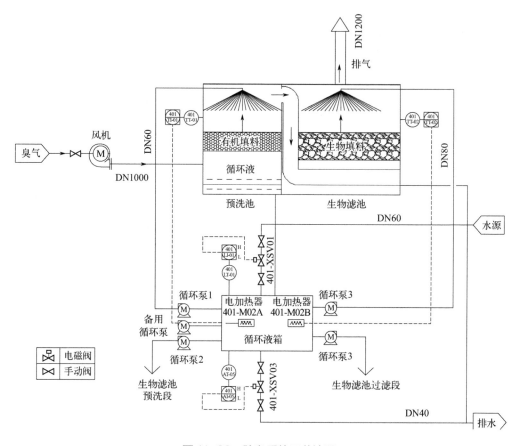

图11-29　除臭系统工艺流程

② 该工程除臭系统除臭风量计算结果见表11-20。

表11-20　除臭计算风量

序号	名称	面积/m²	净空/m	换气空间/m³	面积负荷/[m³/(m²·h)]	换气次数/（次/h）	风量/（m³/h）	设计风量（考虑漏损10%计算）/（m³/h）
1	带式脱水机	—	—	114	—	8	914	1005
2	带式脱水机	—	—	31	—	8	249	274
3	湿污泥料仓	—	—	10	—	8	83	92
4	污泥传输料仓	—	—	13	—	8	101	111

序号	名称	面积/m²	净空/m	换气空间/m³	面积负荷/[m³/(m²·h)]	换气次数/(次/h)	风量/(m³/h)	设计风量（考虑漏损10%计算）/(m³/h)
5	车间空间除臭	612	8.74	4663	—	2	9326	10256
6	进料区空间除臭	98	7.00	686	—	8	5488	6037
	合计						16160	17776

通过表 11-20 的计算结果，根据除臭设备系列规格，得出除臭设计规模应为 20000m³/h。

3）通风系统

通风和除臭系统应协调设计。污泥接收车间的平时排风量应按换气次数 8 次/h 设计，送风量应按排风量的 80% 设计。卸料间应设置风幕隔断臭气。

污泥焚烧车间采用天然气，需要设置平时兼事故通风系统。排风量应按照排除污泥干化设备散热量与换气次数 12 次/h 之间的较大值设计，事故风机需与天然气泄漏探测报警器联锁，分别在室内外易于操作的位置对事故风机设置电气开关。防爆风机的设备和风管应采取防静电接地措施（包括法兰跨接）。

变配电室中应设置机械通风系统，采用温度开关控制启停，室温为 35℃时风机开启，30℃时风机关闭。排风量按 8 次/h 计算，保证房间正压。

配电室、中控室中应设置分体空调，保证室内温度低于 40℃。

通风机传动装置的外露部分以及通风机直通大气的进、出口，必须装设防护罩（网）或采取其他安全措施。

4）通风系统设备

该工程通风系统设备见表 11-21。

表 11-21 通风系统设备表

设备编号	风机形式	风量/(m³/h)	全压/Pa	静压/Pa	转速/(r/min)	电机功率/kW	电源/V	质量/kg	机组噪声/dB（A）	风机效率/%	数量
PFJ1	壁式轴流风机	5040	121	105	1450	0.25	380	47	65	≥70	3
PFJ2	耐高温壁式轴流风机	4100	161	145	960	0.55	380	95	54	≥70	4
PFJ3（F）	耐高温防爆柜式离心风机	40000/26483	690/302	450/250	1450/960	12/4	380	305	70	≥70	1
PFJ3	耐高温柜式离心风机	40000/26483	690/302	450/250	1450/960	12/4	380	305	70	≥70	1
PFJ4	耐高温柜式离心风机	32961/26483	628/275	410/225	1450/960	12/4	380	250	70	≥70	1

347

第11章 污泥处理辅助工程

设备编号	风机形式	风量/（m³/h）	全压/Pa	静压/Pa	转速/（r/min）	电机功率/kW	电源/V	质量/kg	机组噪声/dB（A）	风机效率/%	数量
PFJ5（F）	防爆壁式轴流风机	1940	62	50	1450	0.06	380	28	55	≥70	4
PF-1	壁式轴流风机	9107	200	180	1450	0.55	380	100	58	≥70	1
SF-1	壁式轴流风机	7285	180	160	1450	0.37	380	80	58	≥70	1
QS1	天花式排气扇	90	150	—	—	0.018	220	17	29	≥70	1
QS2	天花式排气扇	150	110	—	—	0.028	220	17	35	≥70	2
QS3	天花式排气扇	200	160	—	—	0.032	220	17	36	≥70	8

5）除臭系统设备

该工程除臭系统设备见表 11-22。

表 11-22 除臭系统设备表

序号	设备/材料名称	规格	材质	数量	备注
1	生物除臭塔	$Q=20000m^3/h$	壳体不锈钢	1 项	—
2	预洗塔	$Q=20000m^3/h$	壳体不锈钢	1 项	—
3	除臭风机	$Q=10000m^3/h$， $H=2500Pa$，$P=15kW$	玻璃钢	2 套	两用，含隔声罩和变频器
4	喷淋水泵	$Q=100m^3/h$， $h=32m$，$N=7.5kW$	过流部件304	2 台	两用
5	预洗泵	$Q=50m^3/h$， $h=32m$，$N=7.5kW$	过流部件304	3 台	两用一备
6	静压式液位计	1.5m 量程，伸入式	—	2 台	—
7	加热器	温度控制在 15°～25°，自带传感器	—	2 台	—
8	电动阀门	DN110	不锈钢	2 台	—
9	电动阀门	DN150	不锈钢	1 台	—
10	Y形过滤器	DN100	—	2 台	—
11	站内水管	DN60～DN100；DN60 回水管预计 12m，含 4 个弯头；含保温、电伴热，保温管道采用铝皮包覆；80m	—	—	—
12	站外排水管	DN150，暂定排至厂区污水井，需挖沟地埋、回填，200m	PE	—	—
13	站外给水管	DN100，需挖沟地埋、回填，200m	PE	—	—
14	螺旋喷头	常规螺旋喷头	—	300 个	—
15	电控柜	系统配套，主要电气元器件选用施耐德、ABB、西门子，配套西门子 PLC，15 寸触摸屏，自带以太网接口，含变频器	外壳为 304 不锈钢	1 台	—

附录

附表1　全国部分市政污泥处理工程汇总

序号	名称	工艺	所在地	项目时间	处理量/（t/d）
一	污泥干化工程				
1	重庆市唐家沱某污泥处理项目	两段法干化	重庆	2005	100
2	济南光大水务某市政污泥处理项目	太阳能干化	山东	2012	100
3	宜春市某污泥处理示范项目	太阳能干化	江西	2013	80
4	南京鑫翔建材公司某污泥处理项目	太阳能干化	江苏	2013	300
5	临沭县某污泥处理项目	太阳能干化	山东	2014	50
6	扬州市某污泥干化项目	两段法干化	江苏	2015	300
7	重庆市鸡冠石某污泥干化项目	两段法干化	江苏	2015	450
8	榆林市某米脂污泥处理项目	太阳能干化	陕西	2015	150
9	聊城国环某污泥处理示范项目	太阳能干化	山东	2015	300
10	普宁市某污泥处置中心项目	低温带式干化	广东	2016	100
11	上海市嘉定新城（北区）污水处理厂某污泥干化项目	低温真空板框压滤干化	上海	2016	100
12	利辛县污水处理厂某污泥干化项目	低温真空板框压滤干化	安徽	2016	50
13	广州市增城区新塘污水处理厂某污泥干化项目	低温真空板框压滤干化	广东	2016	50
14	上海市嘉定大众污水处理厂某污泥干化项目	低温真空板框压滤干化	上海	2016	150
15	吴忠市某污泥处置项目	太阳能干化	宁夏	2016	80
16	威海水务某污泥处理项目	太阳能干化	山东	2016	50
17	东阳华能某污泥处置项目	太阳能干化	浙江	2016	200
18	平凉市某污泥处理项目	太阳能干化	甘肃	2016	100
19	上海松江某污泥干化项目	圆盘干化	上海	2016	240
20	上海金山环境再生能源某污泥干化项目	圆盘干化	上海	2016	120
21	烟台市润达环保某污泥处理项目	低温带式干化	山东	2017	50
22	广州市增城区荔城污水处理厂某污泥干化项目	低温带式干化	广东	2017	60
23	上海市虹桥污水处理厂某污泥干化项目	低温真空板框压滤干化	上海	2017	240
24	金华市某污泥处理处置示范工程	太阳能干化	浙江	2017	200
25	南京水务某污泥太阳能干化项目	太阳能干化	江苏	2017	500
26	广州市京溪地下污水处理厂某污泥干化项目	低温带式干化	广东	2018	60
27	宁波市北区污水处理厂某污泥干化项目	低温带式干化	浙江	2018	50
28	临汾市污水处理厂某污泥干化项目	低温带式干化	山西	2018	60
29	深圳市福田水质净化厂某污泥干化项目	低温带式干化	广东	2018	250

序号	名称	工艺	所在地	项目时间	处理量/(t/d)
30	深圳市滨河水质净化厂某污泥干化项目	低温带式干化	广东	2018	250
31	深圳市罗芳水厂某污泥干化项目	低温带式干化	广东	2018	200
32	鸡冠石某污泥干化项目	两段法干化	重庆	2018	450
33	乳山某污泥处理工程	太阳能干化	山东	2018	150
34	黄山市城镇污水处理厂某污泥与餐厨垃圾项目	圆盘干化	安徽	2018	120
35	广州市增城中心城区某污泥干化项目	低温带式干化	广东	2019	125
36	广州市龙归污水处理厂某污泥干化项目	低温带式干化	广东	2019	120
37	鹰潭市某污泥处理项目	低温带式干化	湖南	2019	65
38	眉山市某污泥烟气余热低温干化项目	烟气低温干化	四川	2019	300
39	重庆珞璜某污泥处置项目	圆盘干化	重庆	2019	600
40	蚌埠市某餐厨废弃物及污泥处理项目	圆盘干化	安徽	2019	428
41	长沙市岳麓污水处理厂某污泥干化项目	中温带式干化	湖南	2019	500
42	苏州市某污泥干化项目	两段法干化	江苏	2020	500
43	上海市泰和污水厂某污泥干化项目	低温真空板框压滤干化	上海	2021	480
44	成都市彭州市某污泥集中处置项目	流化床干化	四川	2022	400
二	污泥独立焚烧工程				
1	温州正源某污泥干化焚烧项目	桨叶干化＋鼓泡流化床焚烧	浙江	2010	240
2	绍兴市某污泥干化焚烧项目	喷雾干化＋回转窑焚烧	浙江	2011	1200
3	无锡新城污水处理厂某污泥深度脱水焚烧项目	深度脱水＋流化床焚烧	江苏	2011	200
4	无锡锡山某污泥处置示范项目	深度脱水＋流化床焚烧	江苏	2011	110
5	成都一污某污泥处理项目一期工程	薄层干化＋鼓泡流化床焚烧	四川	2013	400
6	丽水市某污泥处置中心项目	回转式干化＋回旋式焚烧炉焚烧	浙江	2013	200
7	无锡惠山某污泥焚烧项目	喷雾干化＋回转窑焚烧	江苏	2013	300
8	诸暨天基某污泥干化焚烧项目	喷雾干化＋回转窑焚烧	浙江	2014	700
9	上海市竹园某污泥处理工程	桨叶干化＋鼓泡流化床焚烧	上海	2015	750
10	北方药业某污泥/废液焚烧项目	喷雾干化＋回转窑焚烧	内蒙古	2015	800
11	上虞水务某污泥干化焚烧项目	喷雾干化＋回转窑焚烧	浙江	2015	250
12	山东郯城水务某污泥干化焚烧项目	喷雾干化＋回转窑焚烧	山东	2015	100
13	海拉尔某污泥干化焚烧项目	桨叶干化＋循环流化床焚烧	内蒙古	2016	80
14	赤峰市中心城区某污泥焚烧工程	干化＋鼓泡流化床焚烧	内蒙古	2017	200

序号	名称	工艺	所在地	项目时间	处理量/(t/d)
15	萧山某污泥干化焚烧项目	喷雾干化+回转窑焚烧	浙江	2017	500
16	天津武清某污泥干化焚烧工程	有机无机分离+流化床干化+炉排炉焚烧	天津	2017	130
17	成都一污某污泥处理项目二期工程	薄层干化+鼓泡流化床焚烧	四川	2018	200
18	上海石洞口污水处理厂某污泥处理完善工程	圆盘干化+鼓泡流化床焚烧	上海	2018	300
19	北京市顺义某污泥干化机焚烧项目	桨叶干化+循环流化床焚烧	北京	2018	400
20	常州市武进区某污泥处理处置项目	干化+流化床焚烧	江苏	2018	450
21	常州市某污泥焚烧中心一期工程	回转式干化+回旋式焚烧炉焚烧	江苏	2018	400
22	辛集某污泥集中焚烧发电处置中心	深度脱水+流化床焚烧	河北	2018	1300
23	萧山市政某污泥处理项目	深度脱水+流化床焚烧	浙江	2018	4000
24	温岭绿能某污泥干化焚烧项目	喷雾干化+回转窑焚烧	浙江	2019	500
25	石洞口某污泥二期焚烧项目	桨叶干化+鼓泡流化床焚烧	上海	2020	640
26	桐乡市某污泥及工业固体废弃物资源综合利用项目	干化+回转窑焚烧	浙江	2020	1000
27	深汕合作区中电环保某污泥耦合发电项目	流化床焚烧	广东	2020	6000
28	南充市主城区某污泥焚烧项目	流化床干化+鼓泡流化床焚烧	四川	2020	400
29	安吉净源水务某污泥处置项目	喷雾干化+回转窑焚烧	浙江	2020	290
30	绍兴市柯桥区某滨海污泥清洁发电项目	桨叶干化+循环流化床焚烧	浙江	2021	2500
31	蚌埠市某污泥干化焚烧项目一期	喷雾干化+回转窑焚烧	安徽	2021	320
32	邳州某南水北调污泥干化焚烧项目	喷雾干化+回转窑焚烧	江苏	2021	150
33	禹城市某污泥处置项目	深度脱水+流化床焚烧	山东	2021	1500
34	上海市青浦区某污泥干化焚烧项目	薄层干化+鼓泡流化床焚烧	上海	2022	400
35	上海市浦东某污泥干化焚烧项目	薄层干化+鼓泡流化床焚烧	上海	2022	800
36	南京市某污泥处置中心	薄层干化+鼓泡流化床焚烧	江苏	2022	400
37	城发水务某污泥干化焚烧项目	带式干化+鼓泡流化床焚烧	河南	2022	600
38	盐城市市区某污泥集中处置项目	桨叶干化+鼓泡流化床焚烧	江苏	2022	400
39	白龙港某污泥二期项目	流化床干化+鼓泡流化床焚烧	上海	2022	2430
40	长春市某污泥处理处置中心	喷雾干化+回转窑焚烧	吉林	2022	1200
41	嵊州某污泥干化焚烧项目	喷雾干化+回转窑焚烧	浙江	2022	800
42	舟山市某污泥处理工程项目	薄层干化+鼓泡流化床焚烧	浙江	2023	400
43	四川省成都市第一城市污水污泥处理厂某污泥三期工程	薄层干化+鼓泡流化床焚烧	四川	2023	800

序号	名称	工艺	所在地	项目时间	处理量/(t/d)
44	西安高陵区某污泥处置项目	圆盘干化＋鼓泡流化床焚烧	陕西	2023	400
45	西安市长安区某污泥处理处置项目	桨叶干化＋鼓泡流化床焚烧	陕西	2023	500
46	上海嘉定区污水厂某污泥资源化利用项目	深度脱水＋流化床焚烧	上海	2023	700
47	武汉黄陂某污泥干化焚烧项目	有机无机分离＋流化床干化＋炉排炉焚烧	湖北	2023	120
三		污泥掺烧工程			
1	国电浙江北仑第一发电某污泥协同焚烧项目	干化＋电厂掺烧	浙江	2011	200
2	八达金华热电某污泥协同焚烧一期项目	干化＋电厂掺烧	浙江	2012	200
3	南京污水处理厂某污泥处置项目	干化＋电厂掺烧	江苏	2013	400
4	苏州江远热电某污泥干化焚烧项目	干化＋电厂掺烧	江苏	2013	300
5	嘉兴新嘉爱斯热电有限公司某污泥焚烧项目	干化＋电厂掺烧	浙江	2015	2500
6	苏州相城某污泥处置项目	干化＋电厂掺烧	江苏	2016	200
7	广州华润热电某协同处置污泥项目	干化＋电厂掺烧	广东	2017	900
8	大同富乔某垃圾焚烧发电协同处置污泥项目	干化＋电厂掺烧	山西	2017	200
9	华润热电有限公司某1、2号机组污泥干化处置项目	干化＋电厂掺烧	广东	2018	300
10	常熟市某污泥处理处置项目	干化＋电厂掺烧	江苏	2019	900
11	南宁市双定循环经济产业园某污泥掺烧工程	干化＋电厂掺烧	广西	2019	620
12	厦门市华夏电力某污泥掺烧项目	干化＋电厂掺烧	福建	2020	1000
13	潍坊市华电公司某污泥处置项目	干化＋电厂掺烧	山东	2020	1200
14	阳泉市河坡发电厂某污泥掺烧项目	干化＋电厂掺烧	山西	2020	200
15	国家电投某污泥焚烧项目	干化＋电厂掺烧	江苏	2021	800
16	南昌某污泥耦合发电项目	干化＋电厂掺烧	江西	2021	1200
17	佛山南海区某污泥处理项目	干化＋生活垃圾厂掺烧	广东	2015	300
18	三亚市某垃圾焚烧发电协同处置污泥项目	干化＋生活垃圾厂掺烧	海南	2015	150
19	绵阳垃圾焚烧厂某协同处置某污泥项目	干化＋生活垃圾厂掺烧	四川	2017	200
20	上海奉贤某生活垃圾末端中心污泥干化工程	干化＋生活垃圾厂掺烧	上海	2017	120
21	北京市怀柔区某垃圾焚烧发电协同处置污泥项目	干化＋生活垃圾厂掺烧	北京	2017	300
22	万兴垃圾发电厂某协同处置污泥项目	干化＋生活垃圾厂掺烧	四川	2018	400
23	小涧西二期生活垃圾厂某协同处置污泥项目	干化＋生活垃圾厂掺烧	山东	2018	150
24	仙桃市某污泥无害化处置项目	干化＋生活垃圾厂掺烧	湖北	2019	200

序号	名称	工艺	所在地	项目时间	处理量 /（t/d）
25	长沙市某生活垃圾焚烧协同处置污泥项目	干化＋生活垃圾厂掺烧	湖南	2019	500
26	嘉兴市海宁市某垃圾焚烧厂掺烧污泥项目	干化＋生活垃圾厂掺烧	浙江	2021	800
27	重庆拉法基某水泥窑协同焚烧项目	水泥窑掺烧	重庆	2008	110
28	广州越堡某水泥窑协同处置污泥项目	水泥窑掺烧	广东	2009	300
29	北京金隅某污泥水泥窑协同处置污泥项目	水泥窑掺烧	北京	2010	500
30	天津某水泥窑协同处置污泥项目	水泥窑掺烧	天津	2015	150
31	重庆富皇水泥厂某污泥协同焚烧项目	水泥窑掺烧	重庆	2015	120
32	广西南宁市某水泥生产基地污泥掺烧工程	水泥窑掺烧	广西	2016	300
33	都江堰拉法基某水泥窑协同处置污泥项目	水泥窑掺烧	四川	2016	300
34	广州珠江某水泥窑协同处置项目	水泥窑掺烧	广东	2017	1000
35	唐山污泥厂某水泥协同处置项目	水泥窑掺烧	河北	2017	260
36	宜昌市中心城区某污泥干化处理工程	水泥窑掺烧	湖北	2018	360
37	黄石某市政污泥干化及泥饼焚烧一体化项目	水泥窑掺烧	湖北	2019	200
38	金隅冀东某水泥窑协同处置污泥项目	水泥窑掺烧	重庆	2019	350
39	武汉市龙王嘴某水泥窑协同处置污泥项目	水泥窑掺烧	湖北	2021	600
四	污泥好氧发酵工程				
1	北京庞各庄某污泥堆肥厂	好氧发酵	北京	2008	500
2	秦皇岛绿港某污泥处理工程	好氧发酵	河北	2009	200
3	上海朱家角某脱水污泥应急工程	好氧发酵	上海	2010	120
4	山东寿光市某污泥堆肥与资源化利用工程	好氧发酵	山东	2011	300
5	上海市松江某城市污泥处理处置工程	好氧发酵	上海	2011	120
6	日照市某污泥处理处置工程	好氧发酵	山东	2011	120
7	唐山西郊某污泥项目	好氧发酵	河北	2011	400
8	新乡市静脉产业园某污泥处理项目	好氧发酵	河南	2012	300
9	天津张贵庄某污泥处理处置工程	好氧发酵	天津	2012	300
10	南阳某污泥处理处置工程	好氧发酵	河南	2012	200
11	郑州八岗某污泥处理项目	好氧发酵	河南	2012	600
12	登封市某污泥处置项目	好氧发酵	河南	2013	100
13	通辽市主城区某污泥处置项目	好氧发酵	内蒙古	2013	150
14	洛阳市污泥处理厂某改扩建工程	好氧发酵	河南	2013	328
15	哈尔滨某污泥处理项目	好氧发酵	黑龙江	2014	1000

附录

序号	名称	工艺	所在地	项目时间	处理量/（t/d）
16	武汉市污水处理厂某污泥处置工程	好氧发酵	湖北	2014	175
17	青岛小涧西某垃圾堆肥改造工程	好氧发酵	山东	2014	150
18	贵港市某污泥集中处理与处置工程项目	好氧发酵	广西	2015	60
19	包头市城镇污水处理厂某污泥综合利用工程	好氧发酵	内蒙古	2015	300
20	南宁市某污泥处置中心	好氧发酵	广西	2015	600
21	玉林市某污泥处置中心	好氧发酵	广西	2015	200
22	武汉汉西污水处理厂某污泥项目	好氧发酵	湖北	2016	435
23	娄底市某污泥无害化处理与综合利用项目	好氧发酵	湖南	2016	300
24	延庆区某污泥处理处置项目	好氧发酵	北京	2017	130
25	龙岩市城镇污水处理厂某污泥处理处置工程	好氧发酵	福建	2017	150
26	桂林市某环境综合治理工程项目	好氧发酵	广西	2017	100
27	昆明主城及环湖截污污水处理厂某污泥处理及资源化利用工程	好氧发酵	云南	2017	50
28	河南周口某污泥处理项目	好氧发酵	河南	2017	200
29	郑州双桥污水厂某污泥处理工程	好氧发酵	河南	2017	600
30	黔西南州兴义市某污泥处置中心工程	好氧发酵	贵州	2017	100
31	海口污泥某好氧发酵项目	好氧发酵	海南	2018	240
32	济南西区污水处理厂某污泥处理项目	好氧发酵	山东	2018	100
33	沈丘县某污泥堆肥处置项目	好氧发酵	河南	2018	100
34	平谷区某污泥无害化处理厂项目	好氧发酵	北京	2018	100
35	潍坊市污水处理厂某污泥无害化处置项目	好氧发酵	山东	2018	700
36	滕州市城市有机固废生物转化中心某污泥处置工程	好氧发酵	山东	2018	350
37	遵化市某有机固废综合处置示范工程	好氧发酵	河北	2018	60
38	郑州双桥污水处理厂某污泥处理工程	好氧发酵	河南	2018	600
39	甘肃省庆阳市某污泥处理项目	好氧发酵	甘肃	2019	280
40	北京市房山区某污泥处置项目	好氧发酵	北京	2019	120
41	昆明市某污泥林业基质土示范工程	好氧发酵	云南	2020	200
五	污泥厌氧消化工程				
1	西安市污水处理厂某污泥集中处置项目	厌氧消化	陕西	2008	240
2	大连夏家河某污泥厌氧消化示范项目	厌氧消化	辽宁	2009	600
3	长沙市污水处理厂某污泥集中处置工程	热水解＋厌氧消化	湖南	2011	500

序号	名称	工艺	所在地	项目时间	处理量/(t/d)
4	襄阳市污水处理厂某污泥综合处置示范项目	厌氧消化	湖北	2011	300
5	浙江宁海县城北某污泥处理处置项目	厌氧消化	浙江	2011	150
6	乌鲁木齐河东污水厂某污泥处理工程	厌氧消化	新疆	2011	600
7	西安第五污水处理厂某污泥处理项目	厌氧消化	陕西	2012	330
8	昆明主城区城镇污水处理厂某污泥处理处置项目	厌氧消化	云南	2012	500
9	平顶山某污泥处置项目	厌氧消化	河南	2014	220
10	佳木斯某污泥处理项目	热水解+厌氧消化	黑龙江	2015	100
11	合肥某污泥资源化利用项目	热水解+厌氧消化	安徽	2015	600
12	邵阳市某污泥集中处置项目	水热反应+厌氧消化	湖南	2015	200
13	天津津南某污泥处理工程	厌氧消化	天津	2015	800
14	深圳盐田污水处理厂某污泥处理处置工程	热水解+深度脱水	广东	2016	150
15	北京小红门污水处理厂某污泥处理工程	热水解+厌氧消化	北京	2016	900
16	北京高碑店污水处理厂某污泥工程	热水解+厌氧消化	北京	2016	1358
17	秦皇岛北戴河新区某污泥项目	热水解+厌氧消化	河北	2016	300
18	保定市城镇污水处理厂某污泥处理项目	厌氧消化	河北	2016	300
19	邵阳市污水处理厂某污泥集中处置工程	厌氧消化	湖南	2016	100
20	北京槐房再生水厂某泥区工程	热水解+厌氧消化	北京	2017	1220
21	北京高安屯某污泥处理中心工程	热水解+厌氧消化	北京	2017	1358
22	新郑市某污泥综合处理项目	厌氧消化	河南	2017	600
23	六安市某污泥处置项目	厌氧消化	安徽	2017	140
24	滑县某污泥处理项目	厌氧消化	河南	2017	60
25	衡水市某污泥处理项目	厌氧消化+太阳能干化	河北	2017	150
26	葫芦岛市某污泥热水解资源化集中处置项目	热水解+深度脱水	辽宁	2018	150
27	北海市某污泥集中处置中心工程	热水解+厌氧消化	广西	2018	250
28	六盘水市某餐厨污泥处理项目	热水解+厌氧消化	贵州	2018	150
29	中山市民东某有机物处理改造工程	热水解+厌氧消化	广东	2018	300
30	牡丹江某污泥处理项目	热水解+厌氧消化	黑龙江	2018	150
31	晋中市某污泥连续热水解项目	热水解+深度脱水	山西	2019	200
32	太原市循环经济环卫产业示范基地某污泥处理项目	热水解+深度脱水	山西	2019	700
33	北京清河第二再生水厂某泥区工程	热水解+厌氧消化	北京	2019	814
34	武汉市东西湖区某市有机废弃物处理中心工程	热水解+厌氧消化	湖北	2019	300

序号	名称	工艺	所在地	项目时间	处理量/（t/d）
35	北京市密云区某污泥无害化处理项目	厌氧消化	北京	2019	200
36	睢县新概念水厂某污泥协同处理项目	厌氧消化	河南	2019	100
37	洛碛某餐厨垃圾协同项目二期（餐厨+污泥）	厌氧消化	重庆	2019	100
38	中卫市某餐厨、厨余垃圾和市政污泥综合处置项目	厌氧消化	宁夏	2019	80
39	郑州新区污水厂某污泥处理工程	厌氧消化	河南	2019	1000
40	滇池水务昭通第二污水处理厂某污泥处理工程	热水解+深度脱水	云南	2020	100
41	西安市污水处理厂某污泥集中处置PPP项目	热水解+厌氧消化	陕西	2020	1000
42	攀枝花市某餐厨与污泥处理项目	热水解+厌氧消化	四川	2020	200
43	安阳市某污泥+餐厨+粪便处理项目	厌氧消化	河南	2020	700
六	污泥热解工程				
1	都匀市凯里某污泥炭化项目	回转式干化+回转式炭化	贵州	2015	100
2	安徽无为某污泥热解炭化项目	回转式干化+回转式炭化	安徽	2016	50
3	广东省江门市某污泥热解炭化项目	多段炉热解炭化	广东	2017	160
4	郑州新区污水处理厂某污泥热解气化项目	带式干化+热解气化	河南	2018	100
5	鄂州某污泥炭化项目	回转式干化+外热螺旋管式炭化	湖北	2018	60
6	荆门市钟祥市城市污水处理厂某污泥处理处置项目	旋风闪蒸干化+流化床气化	湖北	2018	120
7	青岛即墨处置中心某污泥处理项目	回转式干化+回转式炭化	山东	2019	300
8	秭归县某污泥处理项目	回转式干化+外热螺旋管式炭化	湖北	2019	40
9	保定市望都县某污泥处理项目	两段回转式干化+回转式炭化	河北	2020	40
10	金堂县某污泥干化炭化项目	回转一体式干化炭化	四川	2021	100
11	鹤壁淇县某污泥炭化项目	回转式干化+回转式炭化	河南	2022	120
12	西峡县某污泥处理工程	回转式干化+回转式炭化	河南	2022	30
13	长沙经开区城北污水厂某污泥处置项目	回转一体式干化炭化	湖南	2022	120
14	肇东市某污泥处置中心工程	回转式干化+回转式炭化	黑龙江	2022	150
15	随州市污水处理厂某污泥无害化处理项目	回转式干化+回转式炭化	湖北	2023	200
16	西咸新区沣西新城某污泥处置项目	两段式干化+热解气化	陕西	2023	600
17	石柱县某污泥处理项目	回转式干化+回转式炭化	重庆	2023	50
18	贺州市污泥处理厂某污泥炭化项目	回转式干化+回转式炭化	广西	2023	50

注：折合含水率80%污泥。

附表 2　污泥处理处置相关标准规范汇总表

序号	标准规范名称	标准号	标准内容	实施日期
1	《城镇污水处理厂污泥处置　农用泥质》	CJ/T 309—2009	对污泥经过处理后用于农业用途（分 A/B 类土地）的泥质做了要求	2009 年 10 月 1 日
2	《城镇污水处理厂污泥处置技术规程》	CJJ 131—2009	介绍了堆肥、石灰稳定、热干化、焚烧等多种技术，对其技术参数进行了约定	2009 年 12 月 1 日
3	《城镇污水处理厂污泥处置　园林绿化用泥质》	GB/T 23486—2009	对污泥经过处理后用于园林绿化场合的泥质做了要求	2009 年 12 月 1 日
4	《城镇污水处理厂污泥处置　混合填埋用泥质》	GB/T 23485—2009	对污泥与生活垃圾等混合填埋时的含水率、pH 值、混合比例以及一些生物学指标等做出要求	2009 年 12 月 1 日
5	《城镇污水处理厂污泥处置　分类》	GB/T 23484—2009	对污泥最终处置提出四种类型：污泥土地利用、污泥填埋、污泥建筑材料利用、污泥焚烧	2009 年 12 月 1 日
6	《城镇污水处理厂污泥处置　水泥熟料生产用泥质》	CJ/T 314—2009	对污泥水泥熟料生产用泥质、掺烧比等做出要求	2009 年 12 月 1 日
7	《城镇污水处理厂污泥泥质》	GB 24188—2009	规定了污泥出厂泥质标准，即 80% 污泥含水率来源	2010 年 6 月 1 日
8	《城镇污水处理厂污泥处置　土地改良用泥质》	GB/T 24600—2009	对污泥经过处理后用于土地改良场合（如盐碱地、沙化地、废弃矿坑等）的泥质做了要求	2010 年 6 月 1 日
9	《城镇污水处理厂污泥处置　单独焚烧用泥质》	GB/T 24602—2009	对污泥单独焚烧的热值、重金属等泥质做了要求	2010 年 6 月 1 日
10	《城镇污水处理厂污泥处置　制砖用泥质》	GB/T 25031—2010	对用于制砖的污泥泥质理化指标、烧失量辐射指标、重金属含量、卫生学指标等做出要求	2011 年 5 月 1 日
11	《城镇污水处理厂污泥处置　林地用泥质》	CJ/T 362—2011	对污泥林地应用的泥质进行约定，包含理化性质、卫生学指标等	2011 年 6 月 1 日

序号	标准规范名称	标准号	标准内容	实施日期
12	《污泥堆肥翻堆曝气发酵仓》	JB/T 11245—2012	对污泥堆肥翻堆曝气仓进行规范	2012 年 11 月 1 日
13	《链条式翻堆机》	JB/T 11247—2012	对污泥链条式翻堆机进行规范	2012 年 11 月 1 日
14	《污泥土地利用技术规范》	DB33/T 891—2013	对污泥土地利用做了技术要求	2013 年 5 月 19 日
15	《新型干法水泥窑处理生活垃圾、污泥技术要求》	DB43/T 865—2014	对通过水泥窑协同处理生活垃圾及污泥做了技术约定	2014 年 5 月 1 日
16	《生活垃圾焚烧污染控制标准》	GB 18485—2014	约定了生活垃圾焚烧的污染物排放指标及设计要求，污泥干化焚烧类项目烟气排放指标可参考本标准	2014 年 7 月 1 日
17	《城镇污水处理厂污泥焚烧处理工程技术规范》	JB/T 11826—2014	对设计中的污泥干化焚烧项目进行技术总结，对污泥干化焚烧技术参数进行约定	2014 年 10 月 1 日
18	《污泥深度脱水设备》	JB/T 11824—2014	规定了污泥深度脱水设备的型式与基本参数和技术要求	2014 年 10 月 1 日
19	《城镇污水处理厂污泥焚烧炉》	JB/T 11825—2014	规定了城镇污水处理厂污泥单独焚烧的污泥焚烧炉技术要求	2014 年 10 月 1 日
20	《大中型沼气工程技术规范》	GB/T 51063—2014	主要对大中型沼气站的技术参数等进行约定，指导大中型沼气站设计，污泥厌氧消化项目可参考本规范要求	2015 年 8 月 1 日
21	《市政污泥超临界水氧化处理技术规程》	DB13/T 2301—2015	对新奥集团在廊坊的污泥超临界水氧化处理技术进行归纳	2016 年 2 月 1 日
22	《城镇污水处理厂污泥厌氧消化技术规程》	DG/TJ 08—2216—2016	主要对上海市运行的白龙港污泥厌氧消化项目进行总结汇总，对常规厌氧消化项目的设计参数进行约定	2017 年 3 月 1 日
23	《城镇污水处理厂污泥干化焚烧工程设计规程》	DG/TJ 08—2230—2017	根据上海市现有的污泥干化焚烧项目总结设计经验，对具体设计参数进行约定	2017 年 9 月 1 日

序号	标准规范名称	标准号	标准内容	实施日期
24	《城镇污水处理厂污泥处理 稳定标准》	CJ/T 510—2017	对污泥好氧发酵、厌氧消化、碱解、好氧消化、石灰稳定等规定了过程控制标准和稳定化指标	2017 年 9 月 1 日
25	《污泥干化用桨叶式干燥机》	JB/T 13171—2017	对污泥处理桨叶式干燥机技术要求进行了约定	2018 年 1 月 1 日
26	《城镇污水处理厂污泥厌氧消化技术规程》	T/CECS 496—2017	对污泥厌氧消化工艺设计进行了约定	2018 年 4 月 1 日
27	《污泥隔膜压滤机》	T/CECS 10006—2018	对污泥隔膜压滤机进行了约定	2018 年 11 月 1 日
28	《城镇污水处理厂污泥隔膜压滤深度脱水技术规程》	T/CECS 537—2018	对污泥隔膜压滤技术工艺设计做了约定	2019 年 3 月 1 日
29	《城镇污水处理厂污泥好氧发酵技术规程》	T/CECS 536—2018	对污泥好氧发酵技术工艺设计做了约定	2019 年 3 月 1 日
30	《农用污泥污染物控制标准》	GB 4284—2018	基本沿用了 CJ/T 309—2009 的要求，对应用分类及部分重金属含量做了修订	2019 年 6 月 1 日
31	《城镇污水处理厂污泥产品林地利用工程化施用技术指南》	T/CSES 28—2021	规定了城镇污水处理厂污泥产品在林地工程化施用过程中的总体要求、施用要求、环境监测、记录与存档等	2021 年 7 月 15 日
32	《城镇污水处理厂污泥产品沙化地改良工程化施用技术指南》	T/CSES 29—2021	规定了城镇污水处理厂污泥产品在沙化地改良工程化施用过程中的总体要求、施用要求、改良效果评价、环境监测、记录与存档等	2021 年 7 月 15 日
33	《城镇污水处理厂污泥干化焚烧工艺设计与运行管理指南》	T/CECS 20008—2021	主要内容为污泥干化焚烧的设计和运行管理，主要针对鼓泡流化床焚烧炉	2021 年 8 月 1 日
34	《城镇污水处理厂污泥好氧发酵工艺设计与运行管理指南》	T/CECS 20006—2021	主要内容为污泥好氧发酵工艺设计和运行管理	2021 年 8 月 1 日

序号	标准规范名称	标准号	标准内容	实施日期
35	《城镇污水处理厂污泥深度脱水工艺设计与运行管理指南》	T/CECS 20005—2021	主要内容为污泥深度脱水工艺设计和运行管理	2021 年 8 月 1 日
36	《城镇污水处理厂污泥厌氧消化工艺设计与运行管理指南》	T/CECS 20007—2021	主要内容为污泥厌氧消化工艺设计和运行管理	2021 年 8 月 1 日
37	《城镇污水处理厂污泥处理产物园林利用指南》	T/CECS 20009—2021	主要针对城镇污水处理厂污泥处理产物园林利用出路不畅的问题，为提出污泥处理产物园林利用可行的路线，指导达标污泥处理产物进行有效、规范化的园林利用，提高达标污泥处理产物园林资源化利用水平	2021 年 8 月 1 日
38	《城镇污水处理厂污泥处理能源消耗限额》	DB11/T 1428—2023	对污泥处理项目的能源消耗限额做出约定	2024 年 4 月 1 日

参考文献

[1] 中华人民共和国住房和城乡建设部．城乡建设统计年鉴［EB/OL］．(2021-01-01)［2022-10-12］．

[2] 陈昊楠，金潇，银正一，等．污泥热解炭化工程污泥炭重金属含量及形态特征分析［J］.给水排水，2023，59（5）：32-36.

[3] 李雪怡，梁远，方小锋，等．北京市污泥处理处置现状总结分析［J］.中国给水排水，2021，37（22）：38-42.

[4] 张毅，许泽胜，陈佳蕊，等．北京市政污泥产排特征及处置利用发展历程的研究［J］.应用化工，2023，52（4）：1139-1143.

[5] 胡维杰，邱凤翔，卢骏营，等．污泥单独焚烧工艺在上海的演变发展［J］.给水排水，2023，59（1）：53-60.

[6] 安叶，张义斌，黎攀，等．我国市政生活污泥处置现状及经验总结［J］.给水排水，2021，57（S1）：94-98.

[7] 戴晓虎，侯立安，章林伟，等．我国城镇污泥安全处置与资源化研究［J］.中国工程科学，2022，24（5）：145-153.

[8] 戴晓虎．我国污泥处理处置现状及发展趋势［J］.科学，2020，72（6）：30-34，4.

[9] 柴宝华，李文涛，元伟，等．我国市政污泥处理处置现状研究［J］.新能源进展，2023，11（1）：38-44.

[10] 谭学军，王磊．我国重点流域典型污水厂污泥处理处置方式调研与分析［J］.中国给水排水，2022，38（14）：1-8.

[11] 贾川，张国芳．国内外市政污泥处理处置现状与趋势［J］.广东化工，2020，47（14）：123-124，146.

[12] 孔祥娟，戴晓虎，张辰．城镇污水处理厂污泥处理处置技术［M］.北京：中国建筑工业出版社，2016.

[13] 戴晓虎．污泥处理处置与资源化［M］.北京：中国建筑工业出版社，2022.

[14] 王涛，简映．40 CFR Part 503污水污泥利用和处置标准解读与启示［J］.中国标准化，2020（4）：157-162.

[15] 邱凤翔，胡维杰，卢骏营，等．美国污水污泥焚烧烟气排放标准分析与启示［J］.给水排水，2023，59（9）：158-164.

[16] 陈懋喆．欧盟15国污水污泥产生量与处理处置方法对比［J］.能源环境保护，2019，33（1）：6-12.

[17] 路文圣，李俊生，蒋宝军．发达国家污泥处理处置方法［J］.中国资源综合利用，2016，34（3）：27-29.

[18] 胡维杰，赵由才，甄广印．德国污水污泥处理处置政策及磷回收技术解析与启示［J］.给水排水，2020，56（6）：15-20.

[19] 张辰，段妮娜，张莹，等．污水处理厂污泥独立焚烧工艺路线及适用性解析［J］.给水排水，2021，57（1）：41-48.

[20] 郝晓地，于晶伦，刘然彬，等．剩余污泥焚烧灰分磷回收及其技术进展［J］.环境科学学报，2020，40（4）：1149-1159.

[21] 胡维杰，周友飞．城镇污水处理厂污泥单独焚烧工艺机理研究［J］.中国给水排水，2019，35（10）：15-20.

[22] 张宁．污泥协同处理处置国内外现状及发展趋势分析［J］.城市道桥与防洪，2023（10）：23-27，56，13.

[23] 戴晓虎，杭世珺，罗臻，等．污泥炭化工艺环境影响及产物资源化利用分析［J］.给水排水，2023，59

（12）：21-29.

[24] 吴云生，汪国梁，银正一，等.市政污泥热解炭化工程应用及运行分析[J].给水排水，2022，58（6）：
43-48.

[25] 唐建国，吴炜，周振，等.污泥脱水性能测定对污泥调理与脱水的重要性分析[J].给水排水，2017，
53（12）：11-16.

[26] 张洁，赖月，杨朝辉，等.污泥脱水絮凝剂的研究进展及应用探索[J].工业水处理，2024，44（2）：
48-62.

[27] 于沛然.活性污泥深度脱水过程的跨尺度研究[D].广州：华南理工大学，2020.

[28] 林凤.胞外聚合物对污泥深度脱水性能的影响及水分迁移转化机制的研究[D].广州：华南理工大学，
2021.

[29] 中国工程建设标准化协会.城镇污水处理厂污泥深度脱水工艺设计与运行管理指南：T/CESCS 20005—
2021[S].北京：中国建筑工业出版社，2021.

[30] 刘洋，李雪，鲍利.浅析污泥处理的三种方式[J].科技创新与应用，2015（21）：161.

[31] 牟雨希，吴海波，白玉华，等.基于高压污泥压榨技术的污泥深度脱水系统及其应用[J].四川建材，
2017，43（9）：35-36，46.

[32] 贾秀明，狄剑英，王艳，等.市政污泥直压式压滤与高压隔膜板框压滤技术和经济对比分析[J].给水
排水，2019，55（5）：37-40，45.

[33] 赵利利.污泥低温真空脱水干化成套技术概述[J].能源研究与管理，2017（2）：110-113.

[34] 卢宇飞，曲献伟，许太明，等.污泥低温真空脱水干化成套技术与应用[J].建设科技，2018（8）：110-113.

[35] 吴健，曲献伟，倪明辉.污泥低温真空脱水干化一体化技术装备在大型全地埋城镇污水处理厂的创新应
用[J].当代化工研究，2023（13）：60-62.

[36] 王首都.集约化低温真空干化技术在嘉定某污水处理厂的应用[J].中国给水排水，2019，35（22）：91-95.

[37] 李建，阮燕霞，陈良才，等.粉煤灰改性——高压带式连续脱水设备用于污泥减量[J].中国给水排水，
2019，35（14）：105-109.

[38] 滕红文.电渗透污泥脱水技术及其应用[C]// 中国环境科学学会 2019 年科学技术年会——环境工程技
术创新与应用分论坛论文集（三），2019.

[39] 张峥嵘，黄少斌.污水污泥肥料化利用的分析与研究[J].化肥工业，2007（1）：26-31.

[40] 袁荣焕.城市生活垃圾堆肥腐熟度综合评价指标与评价方法的研究[D].重庆：重庆大学，2005.

[41] 王长宁.一种处理污泥制备生物有机肥料的方法和应用[J].安徽农学通报，2013，19（6）：63-65.

[42] 宇鹏.好氧堆肥过程中的物料和能量平衡的计算与研究[D].武汉：华中科技大学，2008.

[43] 冯春.城市污水处理厂污泥蚯蚓堆肥技术研究[D].贵阳：贵州大学，2009.

[44] 杨文霞.城市有机混合垃圾和农业有机废弃物的蚯蚓堆制处理[D].南京：南京农业大学，2007.

[45] 周玮.静态通风堆肥技术[J].农业工程技术（新能源产业），2012（3）：34-35.

[46] 郭立月.蚯蚓处理牛粪及其产物对大豆、玉米生长和品质的影响[D].泰安：山东农业大学，2013.

[47] 黄友良，欧玲利.蚯蚓堆肥在污泥中的应用[J].农业与技术，2019，39（23）：133-134.

364

[48] 徐鹏翔，王大鹏，田学志，等.国内外堆肥翻抛机发展概况与应用[J].环境工程，2013，31（S1）：547-549.

[49] 屈秀娟.污泥好氧发酵技术在准能污水处理厂中的应用[J].科技创新导报，2017，14（27）：77-78，80.

[50] 李君，李成江，徐文刚.秦皇岛市绿港污泥处理工程设计特点[J].中国给水排水，2010，26（12）：39-41.

[51] 张格红.城市污水处理厂污泥中温两相厌氧消化及资源化的研究[D].西安：长安大学，2006.

[52] 肖丽君.城镇污水处理厂进水碳源利用潜力及分配策略研究[D].青岛：青岛理工大学，2019.

[53] 尹洪军，蒲贵兵，吕波.污水污泥厌氧消化的超声预处理研究进展[J].水处理技术，2009，35（9）：6-10.

[54] 顾廷富，刘丽红，苏春东.大庆市餐厨垃圾厌氧处理工艺条件的研究[J].黑龙江环境通报，2013，37（4）：54-57.

[55] 殷涛.常用污泥脱水处理技术比较[J].河南建材，2009（6）：59-60.

[56] 余瑞.餐厨垃圾厌氧消化处理技艺探讨[J].绿色科技，2012（12）：86-87.

[57] 张洪.餐厨垃圾与污泥混合两级厌氧消化工艺影响因素的研究[D].苏州：苏州科技学院，2015.

[58] 张萌，赵文喜.石化废水剩余污泥厌氧消化预处理技术[J].再生资源与循环经济，2008（2）：40-44.

[59] 赵文喜，张萌.污泥前置物化减量技术的研究与进展[J].安全与环境工程，2008（2）：75-80.

[60] 白杨，王鹤立，李广，等.强化污泥厌氧消化的前处理技术研究进展[J].工业水处理，2011，31（6）：1-4.

[61] 李东，孙永明，袁振宏，等.食物垃圾和废纸联合厌氧消化产甲烷[J].环境科学学报，2009，29（3）：577-583.

[62] 王晓霞.剩余污泥减量化处理中细胞物质的释放特性与磷回收研究[D].上海：华东理工大学，2010.

[63] 曲本亮.炼油厂剩余污泥高温厌氧消化实验研究[J].辽宁师范大学学报（自然科学版），2008（3）：329-332.

[64] 杜元元.水热处理对污泥中物质的释放及厌氧消化的影响[D].武汉：武汉科技大学，2021.

[65] 赵兰，冷云伟，任恒星，等.纤维素原料厌氧产甲烷气的研究进展[J].安徽农学通报（上半月刊），2010，16（17）：56-58.

[66] 李建军，马嘉乐，董芳.城镇污水处理厂污泥处理处置新技术介绍[J].世界环境，2020（4）：70-73.

[67] 李如意.有机固体废物厌氧消化技术现状研究及前景分析[J].科技风，2021（18）：175-178.

[68] 林伟华.应用于污水处理工程的Lipp制罐技术的研究[D].杭州：浙江大学，2003.

[69] 谢文宁，郑见粹.筒仓分类及相关技术研究[C]//北京机械工程学会，重庆市机械工程学会，甘肃省机械工程学会，黑龙江省机械工程学会，吉林省机械工程学会.十三省区市机械工程学会第五届科技论坛论文集，2009：6.

[70] 田晓东，张典，俞松林，等.沼气工程的技术设计[J].可再生能源，2011，29（3）：157-159.

[71] 司红杰，解彬，王宪保，等.简单自动控制系统在沼气回收利用工程中的设计应用[J].数字技术与应用，2012（12）：111.

[72] 吴檬檬，于干，林春绵.沼气脱硫技术研究进展[J].可再生能源，2012，30（10）：73-78.

[73] 寿亦丰，蔡昌达，林伟华，等.杭州灯塔养殖总场沼气与废水处理工程的技术特点[J].农业环境保护，

2002（1）：29-32.

[74] 张婷婷．《邵阳市餐厨废弃物资源化利用和无害化处理项目可行性报告》英译实践报告——功能对等理论视角 [D]．长沙：长沙理工大学，2020.

[75] 向宏．造气气柜常见故障及处理 [J]．氮肥与合成气，2017，45（9）：30-31.

[76] 蓝天，蔡磊，蔡昌达．大型蛋鸡场 2MW 沼气发电工程 [J]．中国沼气，2009，27（3）：31-33.

[77] 宋媛媛，张淑玲，马换梅．沼气净化工艺在餐厨垃圾处理厂的应用 [J]．中国沼气，2022，40（6）：61-67.

[78] 赵玲，刘庆玉，牛卫生，等．沼气工程发展现状与问题探讨 [J]．农机化研究，2011，33（4）：242-245.

[79] 孙卫东，孙欣，尹兴蕾，等．保定市污泥处理中心工程的设计总结 [J]．中国给水排水，2018，34（12）：98-102.

[80] 杨玉梅．重庆鸡冠石污水处理厂的设计特点及运行管理改进 [J]．中国给水排水，2008（16）：35-39.

[81] 肖广伟．浅谈优化污泥处理系统的对策 [J]．价值工程，2010，29（36）：235-236.

[82] 李姗．不同温度下的城市污泥高级厌氧消化工艺效能及其比较研究 [D]．西安：西安工程大学，2020.

[83] 李云玉．循环流化床一体化污泥焚烧工艺实验研究 [D]．北京：中国科学院大学（中国科学院工程热物理研究所），2012.

[84] 李成，杜善明，王立新，等．浅析污泥干燥技术在某煤化工项目中的应用 [J]．神华科技，2016，14（6）：64-67.

[85] 陈海波，丘锦荣．空心桨叶干燥机在印染污泥干化工艺中的应用实例 [J]．广东化工，2013，40（4）：103-104.

[86] 王春芳，周清岭，戴建民，等．用于污泥干化的新型桨叶式干燥机的设计 [J]．浙江化工，2010，41（11）：20-22.

[87] 李伏虎．真空桨叶干燥机在高黏度物料的应用实验 [J]．化工设计通讯，2017，43（10）：116-117，135.

[88] 王洪祥．污泥干化系统工艺运行总结 [J]．贵州化工，2012，37（5）：39-41.

[89] 郭淑琴，孙孝然．几种国外城市污水处理厂污泥干化技术及设备介绍 [J]．给水排水，2004（6）：34-37.

[90] 俞丽瑾．环保项目招标中的污泥干化问题 [J]．中国招标，2014（25）：29-31.

[91] 宗皓．污泥干化处理技术的现状及未来发展 [J]．清洗世界，2022，38（5）：38-40.

[92] 徐彦国，候建功，边宏伟，等．盘式连续干燥器在间苯二甲酸二甲酯 -5- 磺酸钠干燥中的应用 [J]．精细化工中间体，2005（4）：70-72.

[93] 徐彦国，张晓松，安小刚，等．真空盘式连续干燥器在维生素 C 生产中的开发应用 [J]．现代化工，2005（S1）：263-264，266.

[94] 邓文义．污泥间接式干化机理及处置过程中污染物排放特性研究 [D]．杭州：浙江大学，2012.

[95] 刘欣．印染污泥干燥特性和干燥工艺的研究 [D]．广州：华南理工大学，2011.

[96] 司孟华，刘松琴，王丰，等．盘式连续干燥器在苯胺黑生产中的应用 [J]．化工进展，2004（12）：1356-1358.

[97] 司孟华，赵民刚．饲料生产中盘式连续干燥器的应用 [J]．饲料工业，2000（6）：6-7.

[98] 杨玫，岳永飞，王仕君．甲酸和磷酸二氢钠混合物干燥分离试验研究 [J]．石油化工设备，2015，44（5）：

12-16.

[99]   田苗，柴宗曦，王昊.一种新型高效污泥烘干设备的设计研发 [J].当代化工研究，2018（7）：129-130.

[100] 张秀礼，张郢.圆筒形污泥桨搅拌叶干燥机设计与研究 [J].科技视界，2012（3）：125-126.

[101] 房凯文，曹宪周.城市河道污泥干燥技术研究现状与装备性能分析 [J].河南科技，2020（16）：131-
       134.

[102] 宋周兵，周杰炜，朱冠楠，等.威海市城市污水厂污泥处理方案建议 [J].环境卫生工程，2011，19
       （4）：38-41.

[103] 张水英，赵颖，顾剑，等.增钙干化污泥技术再生利用 [J].中国建设信息（水工业市场），2008（2）：
       22-24.

[104] 肖立光，龚朝兵，李海华，等.炼厂污水场三泥减量化处理的探讨 [J].中外能源，2017，22（9）：85-90.

[105] 谭忠冠.太阳能光热资源化利用污泥处理技术 [J].资源节约与环保，2015（12）：17-19，22.

[106] 曹晶.城区集中式污泥处理处置中心建设的技术方案 [J].净水技术，2012，31（4）：1-3，60.

[107] 梁晓东.基于Climatix平台的空气能热泵烘干机组和烘房智能控制系统研究 [D].北京：北京工业大学，
       2020.

[108] 李树森.低温干化技术在酒精废水剩余污泥减量处理的应用 [J].酿酒，2020，47（1）：59-61.

[109] 谢英柏，宋蕾娜，杨先亮.热泵干燥技术的应用及其发展趋势 [J].农机化研究，2006（4）：12-15，38.

[110] 柴卓旻，梁家雨，孙雨晨，等.有机朗肯循环系统的工质选择 [J].电子元器件与信息技术，2022，6
       （9）：16-18，26.

[111] 邱松华，郭宏伟，张黎明，等.污泥干燥与焚烧过程分析 [J].能源研究与利用，2012（5）：37-39.

[112] 李鹤，尹连庆，康鹏.流化床污泥焚烧工艺的影响因素及排放控制研究 [J].科技信息，2012（21）：
       99-100.

[113] 周玲，廖传华.污泥焚烧设备的比较与选择 [J].中国化工装备，2018，20（2）：13-22.

[114] 周玲，廖传华.污泥单独焚烧工艺的应用现状 [J].中国化工装备，2017，19（6）：16-22.

[115] 杭世珺，关春雨，戴晓虎，等.污泥水泥窑协同处置现状与展望（上）[J].给水排水，2019，55（4）：
       39-43，49.

[116] 杨亮亮，尹力，黄洁.市政干化污泥掺烧对生活垃圾焚烧的影响及应对措施 [J].环境卫生工程，2018，
       26（4）：9-11.

[117] 韩大伟.利用生活垃圾焚烧厂处理处置污水厂污泥研究 [D].重庆：重庆大学，2009.

[118] 杨亮亮，尹力，黄洁.市政干化污泥掺烧对生活垃圾焚烧的影响及应对措施 [J].环境卫生工程，2018，
       26（4）：9-11.

[119] 冯士国，吴伟伟，王泽彪.水泥窑协同处置市政污泥实践 [J].中国水泥，2018（12）：86-87.

[120] 沈怡雯，汪喜生，鲍悦，等.污泥焚烧烟气处理工艺探究 [J].资源节约与环保，2019（3）：97-98.

[121] 李海英.生物污泥热解资源化技术研究 [D].天津：天津大学，2006.

[122] 熊思江.污泥热解制取富氢燃气实验及机理研究 [D].武汉：华中科技大学，2010.

[123] 毛彦霞，张占梅.市政污泥炭化处理技术研究进展 [J].环境科学与管理，2013，38（10）：132-135.

[124]　蔡炳良，辛玲玲 . 污泥热解技术特性分析 [J]. 中国环保产业，2011（8）：51-54.

[125]　陈冠益 . 有机废物热解气化技术 [M]. 北京：化学工业出版社，2022.

[126]　闫志成，许国仁，李建政 . 污水污泥热解过程中有机物转化机理研究 [J]. 黑龙江大学自然科学学报，
　　　2017，34（4）：450-458，505.

[127]　刘屏周 . 工业与民用供配电设计手册 [M].4 版 . 北京：中国电力出版社，2016.

[128]　陆德民 . 石油化工自动控制设计手册 [M].3 版 . 北京：化学工业出版社，2000.

[129]　乐嘉谦 . 仪表工手册 [M]. 北京：化学工业出版社，2000.

[130]　厉玉鸣 . 化工仪表及自动化 [M].4 版 . 北京：化学工业出版社，2006.

[131]　中华人民共和国住房和城乡建设部 . 城镇污水处理厂臭气处理技术规程：CJJ/T 243—2016 [S]. 北京：
　　　中国建筑工业出版社，2016.

[132]　广东省住房和城乡建设厅 . 城镇地下污水处理设施通风与臭气处理技术标准：DBJ/T 15—202—2020
　　　 [S]. 北京：中国建筑工业出版社，2021.

[133]　周杰，吴敏，牛明星，等 . 污泥干化过程恶臭气体释放的研究进展 [J]. 中国给水排水，2015，31（4）：
　　　25-27.

[134]　王涛 . 污泥堆肥项目中除臭技术的选择与设计 [J]. 中国环保产业，2010（4）：33-36.

[135]　何进 . 大型污泥干化焚烧厂除臭工程技术与设计要点 [J]. 净水技术，2023，42（8）：172-179，197.

[136]　李鸿江，顾莹莹，赵由才 . 污泥资源化利用技术 [M]. 北京：冶金工业出版社，2010.

[137]　金溢，李宝霞，金诚 . 不同温度区间内污泥热解气固相产物特征 [J]. 化工学报，2014，65（6）：2316-
　　　2322.

[138]　Shen L，Zhang D K . An experimental study of oil recovery from sewage sludge by low-temperature
　　　pyrolysis in a fluidised-bed[J]. Fuel，2003，82（4）：465-472.

安莹玉，高级工程师，大连理工大学和新加坡南洋理工大学联合培养的工学博士，曾就职于新加坡吉宝集团，现任北控水务集团总裁助理，从事水务环保行业多年，在资产收并购、供应链管理、产品策划与开发、产品营销与系统解决方案管理等方面具有丰富的工作经验，累计发表学术论文20余篇，授权专利100余项，曾担任"互联网+"创新创业大赛专家委员会评审工作组组长，任国内多所知名高校特聘教授和校外导师。所管理的项目曾获省级、市级或协会级科技奖20余项，并获得过国际GWI全球水峰会最佳交易奖、市政园林水生态水景观大奖、绿色低碳标杆奖、当代好设计奖等多项荣誉。

吴云生，正高级工程师，现任北控水务集团技术工程中心总工办负责人，主要从事市政污水及工业废水处理、污水资源化以及污泥处理处置设计和技术管理工作。参编、审查再生水及污泥处理标准5项，授权发明和实用新型专利20余项，发表核心期刊论文20余篇，提出了"七段式生化组合工艺"，曾担任"互联网+"创新创业大赛评委和导师、中国化工学会工业水处理专业委员会专家库专家、中国科学院生态环境研究中心校外研究生导师、《给水排水》期刊审稿专家、《水处理技术》期刊审稿专家、《中国给水排水》期刊青年编委。

陈云，高级工程师，时任北控水务集团原产品中心固废业务部资深产品经理，曾先后就职于北京机电院高技术股份有限公司、中国恩菲工程技术有限公司，主要从事污泥、餐厨垃圾、生活垃圾等固废项目的工程设计、技术评审、设计管理及施工技术支持工作。主持设计固废工程施工图10余个，设计管理及评审固废工程项目130余个，参编污泥标准1项，授权发明和实用新型专利20余项，曾担任"互联网+"创新创业大赛固废板块评委。